全国餐饮职业教育教学指导委员会重点课题“基于烹饪专业人才培养目标的中高职课程体系与教材开发研究”成果系列教材
餐饮职业教育创新技能型人才培养新形态一体化系列教材

总主编 ◎杨铭铎

宴会设计与管理实务

主　编　刘　硕　武国栋　林苏钦
副主编　徐　婵　王文英　张　旭　侯邦云
参　编　郭英敏　乔柳杨　陈　程　丁冠辉

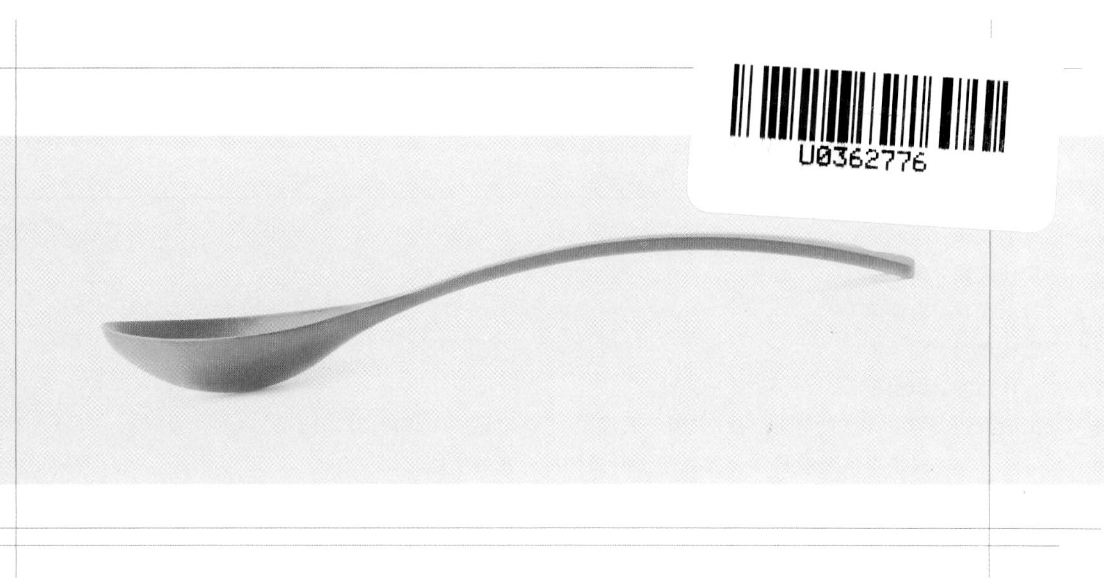

華中科技大學出版社
http://www.hustp.com
中国·武汉

内 容 简 介

本书是全国餐饮职业教育教学指导委员会重点课题“基于烹饪专业人才培养目标的中高职课程体系与教材开发研究”成果（系列教材）、餐饮职业教育创新技能型人才培养新形态一体化系列教材。

本书共分为六个模块、十六个单元，内容包括：饮食美学与宴会设计、商务宴会设计、亲情宴会设计、主题宴会设计、宴会服务设计、宴会经营管理。

本书既可作为烹饪类、酒店类、餐饮类等相关专业的教学用书，又可作为其他专业的公共选修课教材，也可作为酒店、餐饮从业者和宴会设计爱好者的读物。

图书在版编目(CIP)数据

宴会设计与管理实务/刘硕，武国栋，林苏钦主编. —武汉：华中科技大学出版社，2020.8(2024.1 重印)
ISBN 978-7-5680-6380-7

Ⅰ.①宴…　Ⅱ.①刘…　②武…　③林…　Ⅲ.①宴会-设计-高等职业教育-教材　②宴会-商业管理-高等职业教育-教材　Ⅳ.①TS972.32　②F719.3

中国版本图书馆 CIP 数据核字(2020)第 149891 号

宴会设计与管理实务　　刘　硕　武国栋　林苏钦　主编
Yanhui Sheji yu Guanli Shiwu

策划编辑：汪飒婷
责任编辑：余　琼
封面设计：廖亚萍
责任校对：阮　敏
责任监印：周治超
出版发行：华中科技大学出版社(中国·武汉)　　电话：(027)81321913
武汉市东湖新技术开发区华工科技园　　邮编：430223
录　　排：华中科技大学惠友文印中心
印　　刷：武汉科源印刷设计有限公司
开　　本：889mm×1194mm　1/16
印　　张：12.5
字　　数：366 千字
版　　次：2024 年 1 月第 1 版第 6 次印刷
定　　价：49.80 元

全国餐饮职业教育教学指导委员会重点课题“基于烹饪专业人才培养目标的中高职课程体系与教材开发研究”成果系列教材

餐饮职业教育创新技能型人才培养新形态一体化系列教材

丛书编审委员会

网络增值服务

使用说明

欢迎使用华中科技大学出版社医学资源网

教师使用流程

（1）登录网址：http://yixue.hustp.com （注册时请选择教师用户）

注册 → 登录 → 完善个人信息 → 等待审核

（2）审核通过后，您可以在网站使用以下功能：

浏览教学资源　建立课程　管理学生　布置作业　查询学生学习记录等

教师

学员使用流程

（建议学员在PC端完成注册、登录、完善个人信息的操作）

（1）PC 端操作步骤

①登录网址：http://yixue.hustp.com （注册时请选择普通用户）

注册 → 登录 → 完善个人信息

②查看课程资源：（如有学习码，请在个人中心－学习码验证中先验证，再进行操作）

首页课程 →（选择课程）→ 课程详情页 → 查看课程资源

（2）手机端扫码操作步骤

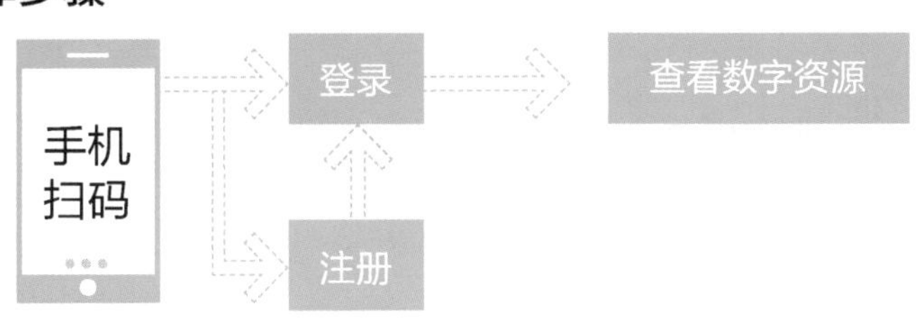

开展餐饮教学研究　加快餐饮人才培养

餐饮业是第三产业重要组成部分，改革开放40多年来，随着人们生活水平的提高，作为传统服务性行业，餐饮业对刺激消费需求、推动经济增长发挥了重要作用，在扩大内需、繁荣市场、吸纳就业和提高人民生活质量等方面都做出了积极贡献。就经济贡献而言，2018年，全国餐饮收入42716亿元，首次超过4万亿元，同比增长9.5%，餐饮市场增幅高于社会消费品零售总额增幅0.5个百分点；全国餐饮收入占社会消费品零售总额的比重持续上升，由上年的10.8%增至11.2%；对社会消费品零售总额增长贡献率为20.9%，比上年大幅上涨9.6个百分点；强劲拉动社会消费品零售总额增长了1.9个百分点。全面建成小康社会的号角已经吹响，作为满足人民基本需求的饮食行业，餐饮业的发展好坏，不仅关系到能否在扩内需、促消费、稳增长、惠民生方面发挥市场主体的重要作用，而且关系到能否满足人民对美好生活的向往、实现小康社会的目标。

一个产业的发展，离不开人才支撑。科教兴国、人才强国是我国发展的关键战略。餐饮业的发展同样需要科教兴业、人才强业。经过60多年特别是改革开放40多年来的大发展，目前烹饪教育在办学层次上形成了中职、高职、本科、硕士、博士五个办学层次；在办学类型上形成了烹饪职业技术教育、烹饪职业技术师范教育、烹饪学科教育三个办学类型；在学校设置上形成了中等职业学校、高等职业学校、高等师范院校、普通高等学校的办学格局。

我从全聚德董事长的岗位到担任中国烹饪协会会长、全国餐饮职业教育教学指导委员会主任委员后，更加关注烹饪教育。在到烹饪院校考察时发现，中职、高职、本科师范专业都开设了烹饪技术课，然而在烹饪教育内容上没有明显区别，层次界限模糊，中职、高职、本科烹饪课程设置重复，拉不开档次。各层次烹饪院校人才培养目标到底有哪些区别？在一次全国餐饮职业教育教学指导委员会和中国烹饪协会餐饮教育委员会的会议上，我向在我国从事餐饮烹饪教育时间很久的资深烹饪教育专家杨铭铎教授提出了这一问题。为此，杨铭铎教授研究之后写出了《不同层次烹饪专业培养目标分析》《我国现代烹饪教育体系的构建》，这两篇论文回答了我的问题。这两篇论文分别刊登在《美食研究》和《中国职业技术教育》上，并收录在中国烹饪协会发布的《中国餐饮产业发展报告》之中。我欣喜地看到，杨铭铎教授从烹饪专业属性、学科建设、课程结构、中高职衔接、课程体系、课程开发、校企合作、教师队伍建设等方面进行研究并提出了建设性意见，对烹饪教育发展具有重要指导意义。

杨铭铎教授不仅在理论上探讨烹饪教育问题，而且在实践上积极探索。2018年在全国餐饮职业教育教学指导委员会立项重点课题“基于烹饪专业人才培养目标的中高职课程体系与教材开发研究"(CYHZWZD201810)。该课题以培养目标为切入点，明晰烹饪专业人才培养规格；以职业技能为结合点，确保烹饪人才与社会职业有效对接；以课程体系为关键点，通过课程结构与课程标准精准实现培养目标；以教材开发为落脚点，开发教学过程与生产过程对接的、中高职衔接的两套烹饪专业课程系列教材。这一课题的创新点在于：研究与编写相结合，中职与高职相同步，学生用教材与教师用参考书相联系，资深餐饮专家领衔任总主编与全国排名前列的大学出版社相协作，编写出的中职、高职系列烹饪专业教材，解决了烹饪专业文化基础课程与职业技能课程脱节，专业理论课程设置重复，烹饪技能课交叉，职业技能倒挂，教材内容拉不开层次等问题，是国务院《国家职业教育改革实施方案》提出的完善教育教学相关标准中的"持续更新并推进专业教学标准、课程标准建设和在职业院校落地实施"这一要求在烹饪职业教育专业的具体举措。基于此，我代表中国烹饪协会、全国餐饮职业教育教学指导委员会向全国烹饪院校和餐饮行业推荐这两套烹饪专业教材。

习近平总书记在党的十九大报告中将"两个一百年"奋斗目标调整表述为：到建党一百年时，全面建成小康社会；到新中国成立一百年时，全面建成社会主义现代化强国。经济社会的发展，必然带来餐饮业的繁荣，迫切需要培养更多更优的餐饮烹饪人才，要求餐饮烹饪教育工作者提出更接地气的教研和科研成果。杨铭铎教授的研究成果，为中国烹饪技术教育研究开了个好头。让我们餐饮烹饪教育工作者与餐饮企业家携起手来，为培养千千万万优秀的烹饪人才、推动餐饮业又好又快地发展，为把我国建成富强、民主、文明、和谐、美丽的社会主义现代化强国增添力量。

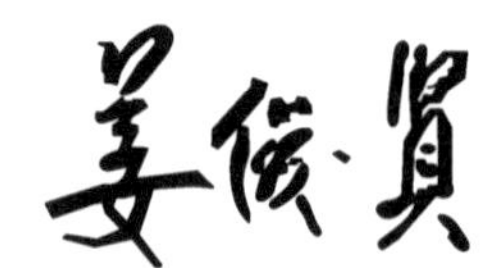

全国餐饮职业教育教学指导委员会主任委员

中国烹饪协会会长

《国家中长期教育改革和发展规划纲要(2010—2020年)》及《国务院办公厅关于深化产教融合的若干意见(国办发〔2017〕95号)》等文件指出:职业教育到2020年要形成适应经济发展方式的转变和产业结构调整的要求,体现终身教育理念,中等和高等职业教育协调发展的现代教育体系满足经济社会对高素质劳动者和技能型人才的需要。2019年2月,国务院印发的《国家职业教育改革实施方案》中更是明确提出了提高中等职业教育发展水平、推进高等职业教育高质量发展的要求及完善高层次应用型人才培养体系的要求;为了适应"互联网+职业教育"发展需求,运用现代信息技术改进教学方式方法,对教学教材的信息化建设,应配套开发信息化资源。

随着社会经济的迅速发展和国际化交流的逐渐深入,烹饪行业面临新的挑战和机遇,这就对新时代烹饪职业教育提出了新的要求。为了促进教育链、人才链与产业链、创新链有机衔接,加强技术技能积累,以增强学生核心素养、技术技能水平和可持续发展能力为重点,对接最新行业、职业标准和岗位规范,优化专业课程结构,适应信息技术发展和产业升级情况,更新教学内容,在基于全国餐饮职业教育教学指导委员会2018年度重点课题"基于烹饪专业人才培养目标的中高职课程体系与教材开发研究"(CYHZWZD201810)的基础上,华中科技大学出版社在全国餐饮职业教育教学指导委员会副主任委员杨铭铎教授的指导下,在认真、广泛调研和专家推荐的基础上,组织了全国90余所烹饪专业院校及单位,遴选了近300位经验丰富的教师和优秀行业、企业人才,共同编写了本套餐饮职业教育创新技能型人才培养新形态一体化系列教材,它们也是体现全国餐饮职业教育教学指导委员会重点课题"基于烹饪专业人才培养目标的中高职课程体系与教材开发研究"成果的系列教材。

本套教材力争契合烹饪专业人才培养的灵活性、适应性和针对性,符合岗位对烹饪专业人才知识、技能、能力和素质的需求。本套教材有以下编写特点:

1. 权威指导,基于科研。本套教材以全国餐饮职业教育教学指导委员会的重点课题为基础,由国内餐饮职业教育教学和实践经验丰富的专家指导,将研究成果适度、合理落脚于教材中。

2. 理实一体,强化技能。遵循以工作过程为导向的原则,明确工作任务,并在此基础上将与技能和工作任务集成的理论知识加以融合,使得学生在实际工作环境中,将知识和技能协调配合。

3. 贴近岗位,注重实践。按照现代烹饪岗位的能力要求,对接现代烹饪行业和企业的职业技能标准，将学历证书和若干职业技能等级证书（“1+X”证书）内容相结合，融入新技术、新工艺、新规范、新要求，培养职业素养、专业知识和职业技能，提高学生应对实际工作的能力。

4. 编排新颖，版式灵活。注重教材表现形式的新颖性，文字叙述符合行业习惯，表达力求通俗、易懂，版面编排力求图文并茂、版式灵活，以激发学生的学习兴趣。

5. 纸质数字，融合发展。在新形势媒体融合发展的背景下，将传统纸质教材和我社数字资源平台融合，开发信息化资源，打造成一套纸数融合的新形态一体化教材。

本套教材得到了全国餐饮职业教育教学指导委员会和各院校、企业的大力支持和高度关注，它将为新时期餐饮职业教育做出应有的贡献，具有推动烹饪职业教育教学改革的实践价值。我们衷心希望本套教材能在相关课程的教学中发挥积极作用，并得到广大读者的青睐。我们也相信本套教材在使用过程中，通过教学实践的检验和实际问题的解决，能不断得到改进、完善和提高。

随着我国餐饮业竞争日益激烈，酒店、餐饮企业对宴会业务的依存度进一步提高，企业对宴会从业人员的综合技能和综合素质提出了更高的要求。目前大多数宴会设计与管理的相关教材或参考书都是以宴会设计要素为载体的章节学科体系书籍，未能将宴会设计的工作任务与职业标准融入其中，对从业人员的指导作用略有欠缺。在全国餐饮职业教育教学指导委员会重点课题"基于烹饪专业人才培养目标的中高职课程体系与教材开发研究"立项之时，我们就将专业、课程、教材紧密联系，整合优势资源，将教材内容对接新的职业标准和新的产业需求，并据此开发出反映新知识、新技术、新工艺和新方法的基于工作过程系统化的课程教材《宴会设计与管理实务》，以更好地服务于烹饪等专业和高等职业教育教学改革。

"宴会设计与管理实务"课程是高职烹饪等专业的职业能力拓展课，以培养学生实践能力和可持续发展能力为目的，使学生掌握宴会设计与管理所必需的专业基础知识和管理技能，提高学生专业技能和职业素质，提升学生专业知识的综合运用能力和审美层次，培养学生可持续发展能力。

本教材是体现专业人才培养目标的要求，实现课程内容与职业技能标准、教学过程与生产过程对接的烹饪等专业课程创新教材，其特色主要体现在以下四个方面。

一是以专业人才培养目标为出发点，以职业技能标准为结合点。本教材编写前进行基于课程开发的工作任务分析和职业能力分析，找出符合本课程人才培养目标的中式烹调师职业技能标准需掌握的理论点和技能点。由此，本教材共设计六个模块，16 个学习单元，涵盖职业技能标准 15 个技能点，19 个知识点，实现了烹饪专业中高职人才培养目标与岗位需求对接，课程标准与职业标准对接。

二是以饮食美学为切入点，从饮食美的本质、形体、美感、范畴和创造五个方面对宴会设计进行渗透，全面系统地阐释宴会饮食审美活动的规律，以此指导宴会生产实践，提高宴会产品综合价值，全方位满足宾客的物质与精神的双重需求；同时对学生进行审美教育，提升学生审美层次，陶冶学生心灵，提高其专业知识的综合运用能力，拓展其专业视野，增强其核心竞争力。

三是以工作过程系统化为基本点，以宴会类型为载体，选取和排列课程内容，紧扣宴会设计与管理的工作要素和工作流程，内容循序渐进，以"工作任务驱动、理论实践融合"为宗旨，设计"能力实训过程"，注重学生实际工作能力的培养。

四是以教材编写形式创新为关键点，与传统教材相比，教材整体设计上不以学科逻辑划分篇章，而是以模块-单元的形式划分全书的结构，在各模块的主要栏目间不固定地穿插一些具有启发性的问题，"想一想""练一练""知识拓展"等，并尽量使用表格、图片，用通俗易懂的语言和讲故事等形式增加对学生的亲和力和吸引力，减少学生对知识学习的畏惧情绪，以便更好地使学生加深对职业情感、态度、价值观的理解。

本教材是由编写团队分工合作完成的。具体分工如下：黑龙江建筑职业技术学院刘硕负责全书统稿工作和模块一单元一、模块六的编写，内蒙古商贸职业学院武国栋、陈程及呼和浩特市商贸旅游职业学校丁冠辉负责模块四的编写，太原慈善职业技术学校王文英负责模块五知识拓展的编写，韩山师范学院张旭负责模块三的编写，黑龙江农垦职业学院徐婵负责模块一单元二的编写，黑龙江建筑职业技术学院郭英敏负责模块一单元三、模块二、模块五单元一和单元二的编写，广东碧桂园职业学院乔柳杨负责模块五单元三的编写，上海旅游高等专科学校林苏钦、云南能源职业技术学院侯邦云负责部分数字资源的开发和统稿工作。

本教材在编写过程中得到了杨铭铎教授的悉心指导和华中科技大学出版社汪飒婷编辑的大力帮助，参考和借鉴了众多专家、学者的研究成果和酒店、餐饮企业的企业成果，在此一并表示衷心的感谢。

由于编者能力有限，对本教材编写虽已尽心尽力，但难以尽善尽美，希望广大教师和学习者提出宝贵意见和建议。本教材既可作为烹饪类、酒店类、餐饮类等相关专业的教学用书，又可作为其他专业的公共选修课教材，也可作为酒店、餐饮从业者和宴会设计爱好者的读物。

编　者

目录

模块一

饮食美学与宴会设计

扫码看课件

单元一 基于饮食美学的宴会设计

单元描述

在宴会设计中将饮食美学从饮食美的本质、形体、美感等方面进行渗透与融合，并全面系统地阐释宴会饮食审美活动的规律，包括饮食美的本质、形态、特征以及饮食美感等，以此指导宴会生产实践和服务管理，提高宴会产品综合价值，全方位满足宾客的物质与精神的双重需求；同时通过饮食美学的学习和运用，提升审美层次，陶冶心灵，增强自信和核心竞争力。

单元目标

1. 能够运用饮食美学原理，结合宾客需求进行宴会策划和接待设计，提升宴会产品价值。
2. 理解饮食美的本质，掌握饮食美的十大形态，饮食美的特征，饮食美感的产生和特征。
3. 提升审美层次和审美品位，陶冶性情，养成认真、细致、耐心的良好品质。

任务实施

“中国古代宴会之最”——满汉全席是大型豪华宴会，其讲究质美、味美、触美、嗅美、色美、形美、器美、序美、境美以及趣美的和谐统一。在这种审美观的指导下，其美食活动融工艺、雕刻、书法、绘画、园林、盆景、音乐、歌舞等多种艺术手段于一体，升华为一种富有诗情画意的美的意境(图 1-1-1)。豪华精美的肴馔充分呈现出用料考究、技艺精湛、品类繁多、款式高贵等特征，加上整个饮食过程的礼仪隆重，场面宏大，情趣高雅，充分体现出富丽典雅而含蓄凝重，华贵尊荣而精细真实，仪式庄严而气势恢宏，外形美与内在美高度统一的风格，使饮食活动成了物质和精神、科学与艺术高度和谐统一的系统过程。

图 1-1-1　宴会美食场景

满汉全席源于满汉两族风味肴馔兼用的盛大宴会。其规模盛大可谓“食前方丈，罗致珍馐，陈馈八簋，味列九鼎”，一套满汉全席 108 道菜，要吃六天六餐，菜点数目最多的设计可达 11 轮 215 道，要吃五天十餐。精美珍奇的上乘用料，可谓“灶上烹天煮海，席间布列千珍”，主要以各类八珍为主。再加上满族风味的乳猪、烤鱼等。其是时间节奏和空间结构的完美结合，先是“四经果”“四御点”之类的名品小吃，然后是前菜——八冷拼、御汤，然后是大菜即主菜，接着是尾菜，最后还有宫廷御点水果拼盘等，这才完成第一阶段。整个宴饮活动的展开、起伏、变换、高潮、结束，极具程式和节奏，同与宴者的生理与心理变化协调，使与宴者徜徉于“吃”的审美享受中。因此，吃满汉全席可以看作是对中国饮食文化的一次巡礼，从中不仅能领略到中国菜的美学风格，更能体会出中国饮食文化吸收烹饪学、营养学、生物学、历史学、社会学、民俗学、心理学、工艺美术、音乐歌舞等的精髓所展现出的兼容并蓄。

一、宴会的特征和分类

宴会是因习俗或社交需要而举行的宴饮聚会。《说文》曰："宴，安也。"从字义上看，"宴"的本义是"安逸""安闲"，引申为宴乐、宴享、宴会。"会"是许多人集合在一起的意思。久而久之，便衍化成了"众人参加的宴饮活动"。宴会有着不同的名称：筵席、宴席、筵宴、酒宴等。人们通过宴会，不仅获得饮食艺术的享受，而且可增进人际间的交往。

（一）宴会的特征

1 社交性 社交性是宴会的一个重要特征。众所周知，宴会可以说是美食汇展的橱窗，它既可以使人心情愉悦、健身强体、满足口腹之欲，又能使人受到精神文化的熏陶，陶冶情操，给人以精神上、艺术上的享受。但从另外一个角度看，国内外的任何宴会均有它举办的目的。大到国家政府举办的国宴，小到民间举办的家宴，远到唐代举办的烧尾宴，近到一年一度举办的迎春宴，都有一定的主题。它们或者纪念节日、欢庆盛典，或者治理事务、展开公关，或者接风洗尘、表示欢迎、致以酬谢，或者为了和平与友谊，或者为了亲情和友情等。总之，人们聚在一起围绕宴会主题，在品佳肴、饮琼浆、促膝谈心交友的过程中疏通关系，增进了解，加强情谊，解决一些其他场合不容易或不便于解决的问题，从而实现社交的目的，这也正是宴会自产生以来几千年长盛不衰，普遍受到与宴者的重视并广为利用的一个重要原因。

2 聚餐式 聚餐式是宴会很重要的一个特征，它主要指宴会的形式。中国宴会自产生以来都是在多人围坐、亲切交谈的氛围中进行的，它一般采用合餐制，其中十人一桌的形式最为常见，也寓意十全十美，有吉祥祝福之意。餐桌大都选用大圆桌，也象征团团圆圆、和和美美。与宴者通常由主人、副主人、主宾、副主宾及陪客组成，桌次也有主桌、次桌之分。虽然席位有主次，座位有高低，但大家都在同一时间、同一地点品尝同样的菜肴、享受同样的服务，更重要的是大家都是为了同一目的而聚集一堂，特别是围餐宴饮时很容易沟通，缩短宾主、宾客之间的距离，产生宾至如归感，所以聚餐式饮食是宴会的一个基本特征。

3 规格化 规格化是宴会内容上的一个重要特征。宴会之所以不同于一般便餐、大众快餐等，就在于它的规格化和档次。一般便餐、大众快餐等是以吃饱为主，在进餐环境、菜肴组合、服务水平及就餐礼仪上都无过多要求，但宴会则要求进餐环境幽雅、布置得当，菜品制作精美、营养均衡，餐具、盛器精美典雅，服务礼仪标准高，从而彰显宴会的规格。

4 礼仪性 礼是指一种秩序和规范。礼不仅是一种表现形式，更是一种精神文化和内在的伦理道德。宴会的礼仪性含义有二，一是指饮宴礼仪，要求每位与宴者都要遵守。所谓"设宴待嘉宾，无礼不成席"就是这个意思，历代的席礼、酒礼、茶礼等均由此而来。二是指服务礼仪，凡是举行宴会，主人都希望他所请的宾客得到无微不至的照顾，都希望能享受到与宴会菜品质量相匹配的服务，所以宴会服务人员要经过严格的训练，不但要求其基本操作技能过硬，还要求其有系统的理论知识和丰富的实践经验。他们为宾客提供的服务须遵循一定的程序，讲究礼节礼仪，准确服务好每道特殊菜肴，同时要尊重宾客的风俗习惯和饮食禁忌，满足宾客追求食品卫生和安全、追求尊重等的各种就餐心理，从而提高本饭店的知名度。

（二）宴会的分类

1 按宴会菜式划分

（1）中餐宴会：在中餐宴会（图 1-1-2）上，多人围坐在圆桌旁聚餐，食用中式菜肴，饮中式酒水，使用中式餐具，其中最具代表性的餐具是筷子，并采用中式服务。在环境布置、台型设计、台面物品摆放、菜品制作风味、背景音乐选取、服务流程设计、接待礼仪的繁简和隆重程度等方面，都能反映中华民族的传统饮食习惯和饮食文化特色。中餐宴会形式多种多样，如根据宴会性质和目的，可分为国宴、公务宴、商务宴、婚宴等类型；根据菜点的档次，可以分为高档宴会、中档宴会和一般宴会。

（2）西餐宴会：按照西方国家宴会形式举办的宴会（图 1-1-3）。宴会的桌面以长方形为主，采用分餐制，食用西式菜肴，饮西式酒水，使用西式餐具，如刀、叉等各式餐具，采用西式服务。西餐宴会讲究酒水与菜品的搭配、酒水与酒水的搭配，讲究宴会环境的优雅，通常台面采用蜡烛光，以此营造宴会气氛。西餐宴会在环境布置、台型设计、台面物品的摆放、菜肴制作风味、服务方式上都有鲜明的西方特色。

图 1-1-2　中餐宴会场景

图 1-1-3　西餐宴会场景

（3）中西合璧宴会：中餐宴会与西餐宴会两种形式相结合的一种宴会。宴会菜品既有中式菜肴又有西式菜肴，酒水既有中式酒水也有西式酒水，所用餐具既有中式的筷子、勺也有西式的各式刀、叉，服务方式主要根据中西菜品而定。这种宴会给人一种新奇、多变的感觉，各地常常采用这种宴会形式来招待中外宾客。

（4）鸡尾酒会：具有欧美传统的集会交往方式的一种宴会。鸡尾酒会形式较轻松，一般不设座位，没有主宾席，宾客可随意走动，以便于宾客间广泛接触、自由交谈。鸡尾酒会可作为晚上举行的大型中、西餐宴会，婚、寿、庆功宴会及国宾宴会的前奏活动，或与记者招待会、新闻发布会、签字仪式等活动结合举办。鸡尾酒会以饮为主，以食为辅，除各种鸡尾酒外，会场还备有其他饮料，但一般不准备烈性酒。举行酒会的时间较为灵活，中午、下午、晚上均可。

（5）自助餐宴会：也称为冷餐会、冷餐酒会，是在西方国家较为流行一种宴会形式。现在中国也有中式自助餐宴会、中西合璧自助餐宴会。其特点是以冷菜为主，热菜、酒水、点心、水果为辅。会场有设座和不设座之分，讲究菜台设计，所有菜点在开宴前全部陈设在菜台上。自助餐宴会适合在节假日或纪念日聚会、展览会的开幕闭幕，各种联谊会、发布会，迎送宾客等场合举行。自助餐宴会规格可根据主、客身份或宴请人数而定，隆重程度可高可低，可在室内或庭院里举行。主、客可以自由活动，多次取食，方便与宴人士的广泛接触。举办时间一般在中午或晚上。

❷ 按宴会接待规格划分　宴会规格通常视主人、宾客、主要陪客的身份而定，同时还参考过去相互接待时的礼遇，以及现在相互间关系的密切程度等因素而定。

（1）正式宴会：一般指在正式场合举行的宴会。宾主均按身份安排席次就座。对环境气氛、使用餐具、酒水、菜肴的道数及上菜程序、服务礼仪和方式、菜单设计都有严格的规定。席间一般都有致辞和祝酒，有时也安排乐队演奏席间音乐。正式宴会有国宴、公务宴会、商务宴会。国宴是正式宴会中规格最高的一种。

国宴是国家元首或政府首脑为国家的重大庆典，或为外国元首、政府首脑来访而举行的正式宴会，是接待规格最高、礼仪最隆重、程序要求最严格、政治性最强的一种宴会形式，也是规格最高的公务宴会，一般在晚上举行。国宴设计既要体现民族自尊心、自信心、自豪感，又要体现兄弟国家宗教信仰和风俗习惯，以及民族之间的平等、友好、和睦气氛。国宴环境布置讲究，厅内要求悬挂国旗，设乐队演奏国歌及席间音乐，菜单和座席卡上均印有国徽。

(2) 便宴:非正式宴会。便宴较随便、亲切,一般不讲究礼仪程序和接待规格,对菜品的道数也没有严格要求,宜用于日常友好交往中,如在家中招待宾客的便宴。西方人喜欢采用家宴的形式,以示亲切友好,我国文化界的一些名人也喜欢这种宴请形式。

3 按宴会性质和举办目的划分

(1) 公务宴会:政府部门、事业单位、社会团体以及其他非营利性机构或组织因交流合作会议、庆典庆功、祝贺纪念等公务事项接待国际、国内宾客而举行的宴会。宴会活动围绕主题展开,讲究礼仪和环境布置,服务形式可繁可简,宴会程序和规格都是固定的。

(2) 商务宴会:各类企业和营利性机构或组织为了一定的商务目的而举行的宴会。商务宴会是所有宴会中最为复杂的一种,商务宴会宴请目的非常广泛,有的想通过宴会探视对方虚实,获取商务信息;有的为加强感情交流,达成某项协议;有的是为消除某些误会,相互达成共识。在宴会设计中,注意厅房、餐具、台面、菜肴都要有特点,在宾客谈话中出现不融洽时,要有改变话题的题材。宴会座位要求舒适,饭菜可口,服务要求减少打搅且到位。

(3) 婚宴:人们举行婚礼时为宴请前来祝贺的亲朋好友而举办的宴会。婚宴在环境布置上要求富丽堂皇,在菜式的选料与数量上要符合当地的风俗习惯,菜名要求寓意吉祥如意,要满足主人追求祥和的目的。不同文化层次、不同出身的宾客,对婚宴有不同的要求,档次差异非常大。

(4) 生日宴会:人们纪念出生日和祝愿健康长寿而举办的宴会。有满月酒、六十大寿宴、六十六大寿宴、七十大寿宴、八十大寿宴等。寿宴在菜品选择上突出健康长寿的寓意,用分生日蛋糕、点蜡烛、吃长寿面、唱生日歌这些活动烘托气氛,祝贺生日宴会主角生日快乐。

(5) 朋友聚餐宴会:朋友聚餐宴会是一种宴请频率最高的宴会,公请、私请都有,要求、形式多样,追求餐厅装饰新颖。宴会的举办者喜新厌旧心理强烈,对酒店的特色要求较高。有嘉年华会、同学聚会、行业年会等形式。

(6) 答谢宴会:为了对曾经得到过的帮助,或对即将得到的帮助表示感谢而举行的宴会。这类宴会的特点是为了表达自己的诚意,故宴会要求高档、豪华,就餐环境要求优美、清静。有谢师宴、答谢宴、升迁宴等形式。

(7) 迎送宴会:主人为了欢迎或欢送亲朋好友而举办的宴会。菜品一般根据宾主饮食爱好而设定。环境布置突出热情喜庆气氛,体现主人对宾客的尊重与重视。

(8) 纪念宴会:人们为了纪念重大事件或与自己密切相关的人、事而举办的宴会。这类宴会在环境布置上突出纪念对象的标志,如照片、实物、作品、音乐等,来烘托思念、缅怀的气氛。

4 按宴会规模划分 按参加宴会的人数和宴会的桌数,可分为小型宴会、中型宴会和大型宴会。10 桌以下的为小型宴会;10～30 桌的为中型宴会;30 桌以上的为大型宴会。

5 按宴会菜式风格划分

(1) 仿古宴:将古代非常有特色的宴会与现代餐饮文化融合而产生的宴会形式。如仿唐宴、孔府宴、红楼宴、满汉全席等。这类宴会继承了我国历代宴会形式、宴会礼仪、宴会菜品制作的精华,并在此基础上进行了改进创新。仿古宴增加了宴会的花色品种,传播了中华文化。

(2) 风味宴:风味宴将具有某一地方风味的特色食品用宴会的形式来表现,具有明显的地域性和民族性,强调正宗、地道。有粤菜宴、川菜宴、鲁菜宴、苏菜宴、徽菜宴、闽菜宴、浙菜宴、湘菜宴等。

知识拓展

1-1-1

(3) 全类宴:也称为"全席"。如全羊席、全鸭宴、全鱼宴、全素宴、山珍宴等,这类宴会的所有菜品均用一种原料,或以具有某种共同特性原料为主料,每道菜品在配料、调味料、烹饪方法、造型等方面各有变化。

二、饮食美学与宴会设计的融合

饮食美学是以美学原理为指导,将美学与烹饪学、服务学、心理学、社会学、管理学以及艺术理论进行具体结合和有机统一，专门研究饮食活动领域美及其审美规律的新兴交叉学科。

宴会是中国传统的聚餐宴饮形式，是人们为了一定的社会目的而采取的一种正式的、隆重的聚餐活动。中国宴会讲究质美、味美、触美、嗅美、色美、形美、器美、序美、境美以及趣美的和谐统一，是饮食艺术的最高表现形式，也是体现菜肴水平的最全面的场合，自始至终充满着美学内容（图 1-1-4）。宴会设计（工作者）者将饮食美学的原理应用于宴会设计，研究宴会全过程中所表现出来的各种美学现象，从美学角度把握中国烹饪的规律，自觉地用美学来指导宴会设计，使宴会的饮食美创造和饮食美欣赏达到合目的性与合规律性统一，全方位满足宴会宾客的生理需求和心理需求，直接体现美学“效用”。

图 1-1-4　充满美学内容的宴会场景

（一）饮食美的本质

美是客观地存在于人类社会范围以内的具体感性的客观对象，是人类通过创造性的社会实践，把自身所具有的求真与向善的品格的本质力量在对象中展示出来，从而使对象成为一种能够引起人们心灵愉悦的观赏形象，同理，饮食美是指人类在饮食活动中运用饮食科学客观规律，为达到营养、享受与社交的目的，所产生的那种营养与卫生、感官性状俱佳的食品及其饮食过程所呈现的美。在本概念中实际上涉及了“饮食科学客观规律”——饮食真、“营养、享受与社交的目的”——饮食善和“营养与卫生、感官性状俱佳”——生动可感的形象三个饮食美构成要素及其相互之间既不可分割又不可等同的关系。

❶ 饮食真　美学理论认为，“真”是客体对象的认识价值，是客观世界内在规律性的反映，是不依赖于人的主观意识而存在的。同理，“饮食真”是指饮食活动内在的各种科学规律，其内容主要表现在食物原料之“真”和烹饪工艺之“真”两个方面。

（1）食物原料之“真”：食物原料之“真”是指食物原料的形状、色泽、气味、味道、质地、营养成分等自然属性及其在烹饪过程中的变化规律和具体食品生产的选料规律。而前两类规律又以具体食品生产的选料规律综合体现。正确选料规律又可以从两个角度去把握：食物原料客观的种类、质量和规格三个方面的正确选择以及与宴者主观的饮食习惯与食物原料选择的关系。从客观方面看，如在原料种类的选择方面，在进行大、小黄鱼的辨别时，餐饮生产者必须明了，大黄鱼的嘴略圆而小黄鱼的嘴略尖，大黄鱼的鳞片较小而小黄鱼的鳞片较大，大黄鱼的尾柄细长而小黄鱼的尾柄短宽等自然属性与特征的知识；在原料质量选择方面，餐饮生产者必须根据大小均匀，形状完整；色泽鲜亮，结构紧密；无异色；无损伤，无病虫害，无干疤、水锈，无枯萎现象等标准来选择新鲜的蔬菜与水果，同时依据活鱼体表无损伤，呼吸均匀，游动自如；鲜鱼体硬，挺直不弯，鳃盖紧合，鳃鲜红，鳞片紧附鱼体，肉不离刺，肚不破，无腐败气味；冻鱼体硬，眼明亮等规律、标准来选择时鲜的鱼等水产品；而在原料规格方面，餐饮生产者必须掌握煸白肉选用五花肉，滑炒肉丝选用精瘦肉，烹调川菜选用四川豆瓣辣酱等因菜选料的规律与原则。从主观方面看，食物原料禁忌的规避是饮食美形成的根本前提。

（2）烹饪工艺之“真”：烹饪工艺可分为烹调工艺和面点工艺，这里重点介绍烹调工艺。就烹调工艺之“真”而言，是指涉及原料加工、干货原料涨发、挂糊上浆、勾芡、制汤、加热烹制、调味等操作单元的整个烹调流程的食品营养学、饮食卫生学、微生物学、生物学、食品化学、物理学以及心理学、工艺美术等多种学科的综合性知识。依据烹调工艺流程顺序以及烹饪工艺构成要素的次重等级，烹调工艺核心之“真”主要包括刀工技艺之“真”、配菜方法之“真”、火候控制之“真”、味的调和之“真”和造

型设计之“真”五大要素。

❷ 饮食善 美学理论认为，“善”是客体对象的实用(功利)价值，也就是人在实践活动中所追求的有用或有益于人类的功利价值。换句话说，要求客体对象必须符合主体实践的目的性。同理，“饮食善”是饮食活动的主观目的、追求目标。饮食活动的目的不仅仅是满足延续生命、保健养生的需要，也不仅仅是满足个人享受的需要，甚至还不仅仅是满足赠送或共享等融洽感情的需要，而是一种体系完善的集饮食礼仪、饮食礼制、饮食礼义、饮食礼俗于一身的社会活动。因此，它的内涵面向营养保健、个人享受、社会交往三大基本功利的广阔范围，进而最终实现调节人与自然、人与人(人与自身、人与他人)、人与社会之间的关系的终极目标。

(1) 饮食初衷——营养保健：人类饮食的根本目的就是通过从外界摄取食物，经过消化吸收和代谢，获取人体所需的能量和一切营养素，即蛋白质、脂肪、碳水化合物(糖类)、矿物质、维生素、微量元素、膳食纤维和水，以维持机体正常的生理功能、促进生长发育、保持人体健康。如：食用鱼、肉、蛋、禽、奶等摄取的蛋白质可以提高人的免疫力、记忆力和识别能力；食用蔬菜水果摄取的膳食纤维可以降低血清胆固醇浓度、增强肠道功能；食用主食摄取碳水化合物，可以为人体大部分组织、器官提供能量，尤其是一些具有特殊结构的碳水化合物类物质及其衍生物，还可以起到防止血液凝结、化解某些化学药品和细胞分泌物毒素的作用。

(2) 自我发展——个人享受：在营养保健、维持生存的基础上，饮食活动更是个人实现身、心共同发展的途径。一方面，在饮食过程中，人会依据自己的饮食审美观，自觉地追求、选择与自身所在饮食文化背景内涵趋向一致的饮食，以便在进食中实现味、香、色、形、器等美好感官享受，满足自身口腹之欲。另一方面，饮食对象的自主选择也是为了满足自身修养性情的精神需要。当然，这不仅来自食物本身客观属性对于人情绪的影响作用，如茶性温和以宁神，而酒性刚烈以亢神；还来自人主观上的“以‘食’明志”“以‘食’怀旧”等精神追求，前者不能不提的就是儒家经典“饭疏食饮水，曲肱而枕之，乐亦在其中矣”一说，而后者我们最为熟悉的莫过于“忆苦思甜”和“以菜思乡”的经历了。

(3) 集体融合——社会交往：然而，立足人类的群居性、社会性，饮食活动更多时候表现为人类最基本的社会活动，是人类通过共同进食交流感情、沟通文化的集体活动。其具体可以分为以下两个层面。

① 私人情感——会亲访友：饮食活动把一家老少联系起来，餐桌成为聚会之地，边吃边聊，是家庭交流思想、商讨家政不可或缺的环节；而对外宴请，朋友之间，既重离别，又喜重逢，能诗者吟，善酒者饮，更是联络感情、增进友谊必不可少的手段，还具有区别亲疏、尊卑的礼教功用。因此，早在《周礼·春官·大宗伯》中就有记载，以饮食之礼，亲宗族兄弟；以婚冠之礼，亲成男女；以宾射之礼，亲故旧朋友；以飨燕之礼，亲四方宾客，形成“亲友相聚，无酒食不能成其礼、融其情”一说。具体有婚嫁宴、祭祀宴、丰庆宴、寿庆宴、文会宴、赏花宴、登高宴、开业宴等。

② 公务交往——谢上励下：饮食活动是调节上级对下级、下级对上级关系及联络感情的常规方式。正如朱熹在《诗集传》中云：盖君臣之分，以严为主；朝廷之礼，以敬为主。然一于严敬，则情或不通，而无以尽其忠告之益。故先王因其饮食聚会，而制为燕飨之礼，以通上下之情。宴席之上，上级首要为明主从之义，次则旨在优遇员工、厚待先进，鼓励他们为单位、为公司出力；下级则可答谢识才、用才之礼，进献良策、委婉建议。具体如满汉全席、烧尾宴、谢恩宴、敬祖宴等。

❸ 生动可感的形象 作为客观物质对象，食品及其饮食过程都会通过色、声、形等物质材料属性和构成的外在形式表现出来，而形成相应的静态、动态形象。而这个形象是否“生动可感”则直接影响到食品及其饮食过程能否产生美。当然对其根本原因的解释，我们还是要回到基础美学理论中去。美学理论认为，美的客观物质属性是美的存在条件和物质基础。因此，美的存在的首要条件就是赋予物体一定特征的自然物质属性——由特定的物质材料所构成，可以为人们的感官直接感受到它的具体形态，进而言之，美作为客观对象，通过它的形象性，通过具有一定形象特征的物质形式，表现出一定的社会内容，而引起审美主体的审美感受。同理，对食品及饮食过程而言，不论它们是否达

到了“饮食真”“饮食善”的条件，只要没有由静态层面的“饮食品”（卫生营养、美好味道、宜人香气、绝佳质感、美妙色彩、生动造型）、饮食附加条件（协调的食器搭配、优雅的就餐环境）以及动态层面的饮食活动中所呈现出的“和谐的节奏感、雅致的情趣”所综合形成的“生动可感的形象”，它就肯定不会呈现出“美”的状态。具体而言，一方面，如果食品及饮食过程连“饮食真”“饮食善”的条件都不具备——在没有基本的饮食科学客观规律的指导下生产出来的，背离了人类饮食的主观目的，毫无疑问，它们连人类饮食的生理需要都不能满足，就更不可能让人产生审美感受了；另一方面，即使食品及饮食过程具备了“饮食真”“饮食善”的条件，也不可能改变其“不美”的实质。因为“饮食真”和“饮食善”是内化于饮食美创造者的内心的本质力量，它通过劳动过程进行物化，如果不能形成“生动可感的形象”，就无法让饮食欣赏者感受，不能实现二者的外显，不能表现出一定的社会内容，而引起审美主体的审美感受，至多也就只能满足人类饮食的生理需要而已。

从以上对于“饮食真”“饮食善”以及“生动可感的形象”的剖析中，我们可以得出：“饮食真”是饮食活动的客观规律性，是其科学内涵；“饮食善”是饮食活动的主观目的性，是其社会功利价值；而当饮食活动的合规律性、合目的性通过对象化在具体可感的、生动的饮食形象中表现出来时，这就形成了“饮食美”。换句话说，在餐饮生产活动中，工作者必须具备高深的艺术修养、精湛的烹饪技艺和全面的饮食文化、饮食服务知识，并将其合理而巧妙地运用到饮食创造中，才能最终创造出能够满足人类身心需要的餐饮产品形象。而世人对饮食美的赞叹，其实质也无不是对餐饮工作者精湛的技艺、高深的艺术造诣、娴熟的服务技能的赞赏和折服。因此，“饮食真”“饮食善”和“饮食美”的关系可系统概括为：“饮食真”是“饮食美”的基础，任何饮食美的实现都离不开餐饮工作者对所用的各种物质材料的自然属性及各种工艺流程的科学把握；“饮食善”是“饮食美”的前提，“饮食善”本身就是饮食活动功利价值的代名词，只有对人体有益有利的饮食，才有可能是“美”的，才会被人们认可。因而，“饮食美”蕴含着“饮食真”与“饮食善”——在“饮食美”中，“饮食真”的纯客观性（饮食活动中系列科学与美学规律）被扬弃了，而作为餐饮工作者的智慧形式出现；善的直接功利性（营养保健、个人享受、社会交际）被扬弃了，成为间接的功利性（饮食审美享受），成为“饮食美”的潜在因素。简而言之，“饮食美”是“饮食真”“饮食善”以及“生动可感的形象”的协调统一（图 1-1-5）。纵观人类饮食的历史，传统饮食活动正是沿着饮食的“真、善、美”的轨迹日益完善、日臻完美的。当今的饮食发展阶段，也并非到了至真、至善、至美的地步，还必须用“真、善、美”的美学理论不断提高餐饮工作者的素质，弘扬传统，大胆扬弃，才能将人类的饮食生活推向新的发展高度。

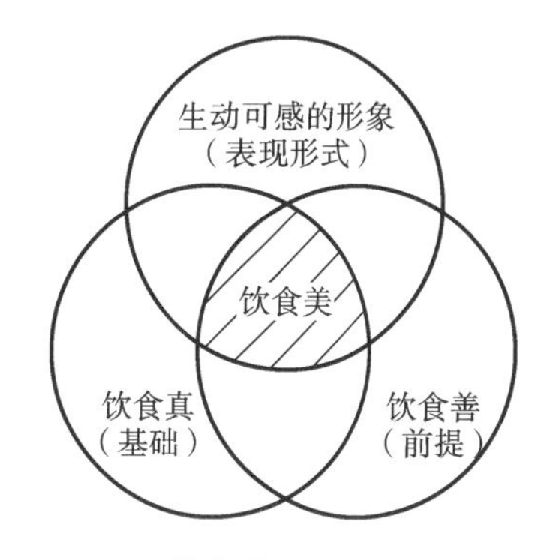

图 1-1-5 饮食真、善、美之间的关系

（二）饮食美的特征

由以上对饮食美概念内涵的层层剖析可知，饮食美是饮食美学的核心概念，是饮食活动和饮食本身所表现出来的审美价值和美感特性，是一种综合性的高级形态的美。它与自然美不同，是按照人的饮食审美需要，通过人的本质力量的物化而创造出来的“人造美”或“人工美”。同时，它也与艺术美不同，它不是精神生活领域中的纯艺术美，而是物质生活领域中具有特定使用价值的美。饮食美的这些特殊性，使它具有其他审美形态所没有的显著特征。

❶ 功能美与形式美的统一 饮食美作为人类物质生活领域的美，形成了其功能美与形式美交融统一的内涵和本质特征，而且二者是一种源于内（营养、卫生与社交功能——实用性）形于外（悦心悦目的形式——审美性）的关系。饮食功能美不是蕴藏于它的外在形式，而是蕴藏于它的内在实用性，是食品把自身内部应该能够发扬的在其所有的相协调的式样上可展现的美。因此，我们说，一方面，饮食美是在食用的基础上和功能的主导地位上被确立和被肯定的；另一方面，饮食的形式美也是

其功能美不可或缺的表达方式。饮食功能美与形式美越是统一得好，饮食形式越是鲜明、积极地表现饮食功能，该饮食就越是能作为饮食审美对象而被饮食欣赏者（宾客）感知、接受（图 1-1-6）。

图 1-1-6　宴会菜肴（一）

体现出功能美与形式美的统一

❷ 静态观赏与动态参与的统一　虽然饮食审美对象的形式美可以像纯粹艺术审美过程一样在知觉静观中完成，但对饮食审美对象的功能美的深层体验则需要知觉与动觉的配合，感知与食用的统一。因为饮食欣赏者必须通过食用的手段才能完成其视觉、听觉、味觉、嗅觉、触觉综合的审美过程，形成完整的饮食审美体验。然而事实也是因为这一点使得饮食审美长久以来得不到应有的承认。食用决不会消淡饮食的审美性，相反它将饮食美提高到审美的境界。倘若美食也像其他的艺术产品一样，只是供人们把玩、欣赏的样品，那么，饮食美也就失去了其存在的价值和必要。也正是因为这种人人都能、都欲享受的食用价值，才使得饮食美令人既乐意创造，更喜于接受，能够产生出广泛而深刻的社会效应。

❸ 易逝性与永久性的统一　同样，由于食用这一根本功能属性，使得饮食美不能像艺术品和其他产品那样具有永久的审美价值，而是随着饮食欣赏者的动态性欣赏（食用）而"化为乌有"，这种特征即为饮食美的易逝性。但与此同时，从美感的心理要素来说，饮食活动的综合感官审美经验却能通过"即时欣赏"和"追思回味"，使人的饮食美感在饮食活动中上得到升华，引起人的丰富想象，诱发人的强烈的兴趣，产生深刻的印象，而长久保留在人们的记忆中，这也就是我们想强调的永久性。例如，我们参加一次丰盛的宴会，通过美食、美事等一系列具体、生动的审美体验，难免会自然而然地对美好生活和朋友友谊等产生一种信念、一种看法，而终生难忘。

❹ 现实性与发展性的统一　饮食美既是从千千万万食品具体的、生动的形象中总结出的抽象逻辑性概念，同时又是随着社会进步、科技进步以及由此推动的价值观念、审美观念的发展而发展变化的历史的发展性概念。某一新技术、新材料、新工艺、新需求的出现，必然在食品功能与形式的统一上开拓、发展饮食美的具体形态。因此，饮食美的具体内涵会随着人类饮食生活实践活动的不断拓展、不断深化而呈现出与时俱进的特征。如在人类物资匮乏的历史阶段，饮食美的内涵是以饮食功能美为重心，兼顾以清洁卫生为标准的"简朴"饮食形式美；而到了人类物资充裕、精神发展的历史阶段，饮食美的内涵则为以饮食功能美为基础，以全方位、多角度的饮食形式美为载体，追求饮食功能美与形式美的完美统一。因此，我们决不能把饮食美看成是一个固定的、不变的式样，而应当如实地将其看作为一个时代发展性的式样，是与时代主题相结合的产物（图 1-1-7）。

（三）饮食美的形态

中国饮食文化与审美哲学思想在中华民族数千年饮食文明史上，经历了不断的演化和完善的历史过程，已经渗透到人类饮食生活的各个层次，从饮食审美活动中的审美客体——饮食本身性质出发，按照饮食美的具体存在的形式，对饮食美的具体形象进行深入研究分析，最终形成了独立的、系统的和严密的饮食"三特性""十美"，即表示饮食实质美的营养卫生特性，具体为质美；表示饮食感觉美的机能、嗜好特性，具体为味美、触美、嗅美、色美、形美；表示饮食意美的附加特性，具体为器美、境美、序美和趣美（表 1-1-1）。

❶ 质美　质美是指食品良好的营养与卫生的状态所呈现出来的功能之美、品质之美。首先，从人类的饮食活动的实质来看，其饮食的初衷就是通过饮食而摄取蛋白质、脂肪、糖类、维生素、矿物质、水等六大营养素，与人体形成"动态平衡"，满足维持正常的生理功能、促进生长发育、保持人体健康的生理需要。其次，从实质美与感觉美的关系来看，食品三要素——食品营养、食品卫生及食品感

官性状之间是相互联系、互为因果的关系。食品良好的感官美和卫生条件有利于食品营养的吸收；而食品本身首要的是对人体安全无害，这应当是实质美的前提。因此，食品原料的质美既是各种营养素的物质载体（图 1-1-8），又是构成菜点味美、触美、嗅美、色美、形美的基础。换句话说，离开质美，饮食美就会变成无源之水、无本之木。

图 1-1-7　宴会菜肴(二)

体现出现实性与发展性的统一

❷ **味美**　味美是指在进食的过程中的食品以纯正的食物本味、单一味及其组合形成的复合味，作用于舌苔乳头、味蕾所呈现出来的味觉美。众所周知，中国“烹饪王国”的美称与菜点的口味众多、精粹之极是截然分不开的。我们参加宴会时，虽然开始不免为它的色彩、形状、香气所吸引，但菜点是否是真正美食，还要看其是否有味觉上的美感。尤其对于历来就重视“以味媚人”、强调“食以味为先”的中国，食品的形式美若放弃了或脱离了味觉上的美感，成为色彩艳丽、形态动人、香气扑鼻，但味觉差劲的东西，严格来说就不能称其为美食，不能称为中国烹饪艺术。因此，有人说过“调味是中国烹饪技术的核心”，那么味美也就成了中国饮食美当之无愧的焦点。

表 1-1-1　饮食美的形态构成

饮食美的形态	营养卫生特性（实质美）——质美	
	机能、嗜好特性（感觉美）	味觉特性——味美
		触觉特性——触美
		嗅觉特性——嗅美
		视觉特性——色美、形美
	附加特性（意美）	器皿特性——器美
		环境特性——境美
		秩序特性——序美
		情趣特性——趣美

图 1-1-8　食品原料

美味的种类大致可分为单一味和复合味。针对不同的饮食主体，其内涵又是有所差异的。先就单一味而言，中国习惯分为酸、甜、苦、辣、咸五味，在日本则分为酸、甜、苦、辣、咸、鲜六味，欧美国家则盛行酸、甜、苦、咸、金属味、碱味六味说，在印度却分为酸、甜、苦、咸、涩、辣、淡、不正常味八味。而复合味即以其中一味为主味，由两种或两种以上的单一味进行有机组合而来。常见的有鲜咸味、酸甜味、甜辣味、甜咸味、香辣味、香咸味、麻辣味、怪味等。其特点是变化多样、回味无穷（图 1-1-9）。

❸ **触美**　触美是指在进食过程中食品的物质组织结构性能作用于口腔所呈现出的口感美。正如《后汉书·蔡邕传》“含甘吮滋”中“甘”意为味道，“滋”意为触美。触美在饮食美中的作用仅次于味美，两者的共同点是作用于口腔，而不同点是，味美是所谓的化学味，触美则是物理味。因此，“饮食之道，所尚在质”是中国饮食古来有之的又一审美标准。如元代谢宗可《海蜇》诗“海气冻凝红玉脆”中的“冻”与“脆”，明代屠本畯《蹲鸱》诗“玉脂如肪粉

图 1-1-9 宴会菜肴(三)

且柔"中的"粉"与"柔"都是对适宜质美的咏赞。中国菜肴成千上万,任何一份菜肴都有它各自特定的"质"的要求。如油爆双脆要求质"脆",冰糖湘莲要求质"糯",东坡肉要求质"酥烂",雪山驼掌要求质"爽"等,达到要求方能体现出各自的特色,否则再好的调味也是枉然。

食品触美大体可分为以下三种:由温度引起的凉、冷、温、热、烫的感觉即温觉感;由舌的主动触觉和咽喉的被动触觉对刺激的反应,即触压感,包括大小、厚薄、长短、粗细以及清爽、厚实、柔韧、细腻、松脆等;以及由牙齿主动咀嚼引起的动觉感,它是触美的主要来源,又具体分为嫩、脆、酥、爽、软、烂、柔、滑、松、黏、硬、泡、绵、韧等单一触感和脆嫩、软嫩、滑嫩、酥脆、爽脆、酥烂、软烂等复合触感。这里的复合触感除了有其构成各单一咀嚼触感的整合触感之外,还必须与温觉感、触压感相协调,才能构成食品触美的全面审美享受。此外,触美既要在每个菜点中充分体现,又要在筵席中有规则地分布。

触美的实现主要取决于餐饮生产过程中的选料、配料、烹饪技法、火候和刀工的技艺水平,其中犹以烹饪技法、油温和火候掌握正确、出锅及时等最为关键。中国烹饪中多用鲜活,少用陈腐;多用鲜嫩,少用老硬的选料;食不厌精,脍不厌细的刀工;酥烂脱骨而不失其形,滑酥爽脆而不失其味的火功;还有挂糊、上浆、拍粉、勾芡以及多种多样的烹饪法都是长期经验的总结。凡选料不精粹、刀工不细腻、规格不整齐、烹饪技法不得当、上菜温感不足之食品均视为质地不佳。

④ **嗅美** 嗅美是指食品以香气刺激人的鼻腔上部嗅觉细胞所呈现出的嗅觉美。正如袁枚所言:嘉肴到目、到鼻,色臭便有不同……其芬芳之气,亦扑鼻而来,不必齿决之,舌尝之,而后知其妙也。作为嗅觉器官的鼻子,可以单独起到欣赏饮食美的作用,它的美妙之处在于能够引起人的情感冲动和思维联想,进而引起人的食欲,起到似先声夺人的作用。精烹饮食各异,其香味也不尽相同,随着食品香气溢出,使人进入食品品尝性审美的前状态,这不仅本身是一种审美活动,更是正式品尝食品的重要前奏。

根据分类标准的不同,嗅美的分类主要有两种。其第一种分类是根据香味的来源,将饮食嗅美分为天然香与烹饪香。天然香是指食品原料天然呈现或经成熟后而挥发出的香味,如肉香、谷香、蔬香、花香、果香等,而烹饪香是指在烹饪过程中,加入调味料,并对火候、时间等因素进行控制,而形成的食品特殊香味。如炸以酥香引人、爆以浓香诱人、焖以鲜香招人、拌以清香袭人、烤以焦香迷人、炒以芳香惹人、糟以酒香醉人。其第二种分类是根据香味本身的差异进行的,主要包括浓香(如红烧肉、烤乳猪之嗅美)、清香(如清蒸整鸡、纯炖芥菜之嗅美)、芳香(如松子肉、五香葱油鸭之嗅美)、醇香(如醉虾、糟鸡之嗅美)、异香(如佛跳墙、臭豆腐之嗅美)、鲜香(如炒鱼片、清炒莴苣之嗅美)、甘香(如甜烧白之嗅美)、幽香(如各种以花为料的菜肴之嗅美)、干香(如卤鸡、熏鹅、酱鸭等卤制、熏酱菜之嗅美)等。

⑤ **色美** 色美是指食品主料、辅料通过烹制和调味后显示出来的色泽以及主料、辅料、汤料相互之间的配色方面呈现出来的视觉美。所谓"远看色,近看形",在餐桌上,赏心悦目的颜色常是引人愉悦的形式先导,引人产生美好的情感,给人以美的享受,进而增强人的食欲。一般来说,红色、橙色、黄色能使视觉处于舒适状态,称之为暖色调。而蓝色、青色使视觉处于紧张状态,称之为冷色调。相对于冷色调而言,暖色调更易于让人接受,如红色能给人以强烈的香甜感,黄色能给人以软嫩、清新感,绿色能给人以鲜嫩、淡雅感,而褐色则能给人以芳香、浓郁感,颜色的变化往往左右与宴者的情绪。因此,色美是构成饮食形式美的首要因素。

具体而言，由于色彩是由其色相（即色彩名，如红、黄、蓝）、明度（即色彩的明暗度）、纯度（即色彩的饱和度）三个要素构成的，追求色美必须依据形式美法则，通过对食品色彩的调配和色调的处理，合理地进行色彩搭配。这样所制成的食品自然纯真，不带半点的矫饰之态，但又显得华贵夺人，招人喜爱。从实用的角度来说，这也符合卫生原则，有利于本味的发挥，制作也十分方便。

食品色彩的调配是表示拼盘主题内容，决定色彩效果的一个重要环节。色彩调配应注意以下几点。

（1）调和色的配合。同一种色相或类似的色相所配合的色彩，是比较容易调和统一的。它具有朴素、明朗的感觉。例如口蘑扒油菜这一菜品，浅黄色的口蘑和青绿色的油菜相配，不但口味相合，而且色彩相近，色调统一。

（2）对比色的配合。运用对比色，可以使菜肴有愉快、热烈的气氛。对比色的使用，必须抓住主要矛盾，即在运用对比色时，色彩的面积可以不相等，要把主要的颜色作为菜肴的主色，次要的颜色作为衬托。例如芙蓉鸡片这一菜品，取红绿原料相配，衬以白色，非常醒目（图 1-1-10）。

图 1-1-10　对比色配合的菜肴

扫码看彩图
（图 1-1-10）

（3）同类色的配合。同类色即色相性质相同的颜色，如朱红、火红、橘红，或一种颜色的深、中、浅的色彩。例如糟熘三白这一菜品，用的是鸡片、鱼片、笋片，色泽近似，鲜亮明洁。

食品的色调是色彩总的倾向性，它是统治食品的主要色彩，其对食品的色彩起统帅和主导作用。食品色调除以上提到的从色性上分成暖色调、冷色调，从色度上还可分为亮调、暗调、中间调。由于色彩具有冷与暖、膨胀与收缩、前抢与后退的感觉，不同色调就会有不同的感情色彩。表现热烈、喜庆、兴奋，总是以红色、黄色等暖色调为主调。如喜庆宴席中，常以暖色调的菜肴为主，灿烂的菜肴色彩造成一种热烈的节奏和欢快、喜庆的气氛。而绿色、青色、紫色等冷色调常作为清秀、淡雅、柔和、宁静的色调，素雅洁净的菜肴色彩给宴席营造出宁静优雅、和谐舒服的气氛（图 1-1-11）。而亮调与暗调营造的关键是食品原料的色彩鲜明状况设计。在设计亮调或暗调时，要相互点缀。亮调中要有暗色的点缀，暗调中要有亮色的点缀，这样才能有生动、悦目的效果。如菜肴雪丽大蟹（图 1-1-12）、爆乌鱼花、浮油鸡片等，色调明亮，铺以少量的红、绿、黑等深色配料点缀，整体食品色调给人一种纯洁中秀出绚丽的美感。

⑥ 形美　形美是指食品在其主料、辅料成熟后的外表状态或造型、图案和内在结构等方面呈现出来的视觉美。虽然饮食是以食用为目的的，饮食艺术也是以味美为主旋律的艺术，但它也需以具体的外在形态为依据，来表现它的题材和内容。其中尤以冷菜造型为典型，由其形象造型所昭示的宴会主题，以及由其形象所隐喻的象征意义，立刻便能把人们宴会前散乱纷杂的心绪导引到特定的宴会场景中来，诱发人们的饮食审美想象和情趣，渲染宴会的气氛，带着人们步入宴会佳境。而且由于饮食形美在很大程度上表现的是造型艺术的特征而成为饮食本身最具表现力和艺术性的部分，加之“其食用为先”的宗旨，使其成为一种不仅能被视觉，还能被嗅觉、触觉所感受的综合艺术。因此，形美也是中国饮食历来关注的焦点，在饮食美中具有特殊的魅力（图 1-1-13）。

饮食形美具体可分为以下三种。

（1）自然形态：保留原料本身的原始形态，只需与特定的餐具配合，放正放稳，尽可能显示出形体的特点。如干烧岩鲤、片皮乳猪等，这些菜的原料形象完整饱满，充分把握、利用原料的自然形态，以体现原料本身的固有面貌。

扫码看彩图
(图 1-1-11)

图 1-1-11　宴会菜肴(四)

左为冷色调菜肴,右为暖色调菜肴

图 1-1-12　雪丽大蟹

(2) 几何形态:属于有规律的组合形态,常常适合于餐具的造型,构成圆形、椭圆形、扇形、半圆形、方形、梯形、锥形或多种形状的综合形,且常常运用中心对称和轴对称的表现手法,有时也采用重点点缀和均衡的表现手法(图 1-1-14)。

图 1-1-13　宴会菜肴(五)

体现出饮食形美

(3) 象形形态:其绘画性和雕塑性强,常见的有模拟动物、花卉、建筑等。取形要求美观、大方、吉利、高雅,是食品造型艺术中难度最高的一种(图 1-1-15)。

食品造型不是纯粹的艺术品的创造,其具有特定的造型原则——以实用性为基础,以技术性和艺术性为提升。在食品造型艺术中,实用性即食用性。也就是说,一切形式和内容都要围绕食用,组成这些艺术形象的原料必须是可食的、味美的,烹饪技术必须是合理的,从而使食品造型取得最佳的食用效果。技术、艺术是手段,食用是目的,关系不可颠倒。否则,其造型再优美,色彩再华丽也无实际意义,因为它脱离了食品存在的功能基础。而对于技术性和艺术性来说,饮食形美创造既不像绘画——可采用各种丰富的色彩颜料调配涂抹,也不像工艺雕刻——可采用各种材料随意凿琢,而必须选用各种食用的美味原料,凭借餐饮工作者高超的造型设计和娴熟的表现手法,抢时快制,塑造出形形色色的艺术形态和精美图案(图 1-1-16)。总之,现代人要求的饮食美,不是要华而不实、食品装饰的堆砌,也不是要烦琐的造型,而是要一种恰到好处的自然的美、实在的美。

❼ **器美**　器美是指食品与其盛装之器的搭配方面呈现出来的美(图 1-1-17)。古语曰:美食不如美器,充分说明了器皿在饮食活动中举足轻重的地位。中国饮食器具的发展,经过原始陶器阶段、青铜器阶段、漆器阶段,发展至瓷器时代达到鼎盛。不仅器物种类繁多,主要有玉器、金银器、漆器、陶器、瓷器等;造型或清秀大方,或玲珑小巧,或庄重典雅,或富丽堂皇,或精雕细琢,或简洁凝练,或抽象,或象形,或寓意,可谓千姿百态;质地光泽或类玉似冰,或温润光滑,或浑厚朴拙,也称得上各有千秋,美不胜收;纹样和色彩装饰则更加百花盛开,争奇斗艳,优雅的青花瓷、鲜艳的红釉、洁雅的白

图 1-1-14 几何形态宴会菜肴

图 1-1-15 象形形态宴会菜肴

瓷、斑斓的开片釉、凝重的黑瓷乃至印有各种象形、几何图案的盛装之器，充分表现了艺术性、文化性和装饰性价值，本身就是使人愉悦的审美对象(图 1-1-18)。而且中国饮食还讲究“因食施器”——不同的食物，配不同的器具，从而既方便食用，又相互映衬、相得益彰。袁枚早就提出，在食与器的搭配时，宜碗者碗，宜盘者盘，宜大者大，宜小者小，参错其间，方觉生色。大抵物贵者器宜大，物贱者器宜小。煎炒宜盘，汤羹宜碗；煎炒宜铁锅，煨煮宜砂罐。这样，各式盛器参差陈设在席上，令人觉得更加美观舒适。因此，器美一直是中国传统饮食美的一个重要方面。

图 1-1-16 宴会菜肴(六)

图 1-1-17 宴会菜肴(七)体现出器美

饮食器美不是美食加上美器那种简单的加法关系。其完整的内涵应既是一菜一点与一碗一盘之间的和谐，也是一席肴馔与一席餐具饮器之间的和谐。一桌美食，菜的形态有丰整腴美的，有丁、丝、块、条、片及不规则的；菜的色泽有红、橙、黄、绿、青、蓝、紫各种颜色的，若恰如其分地与饮食器皿相配合，高低错落，大小相同，形质协调，组合得当，美食与美器便能使审美主体有更完美的审美感受。因此，饮食器皿在使用过程中也要遵循美的规律，具体应做到以下几个方面。

第一，饮食器皿之间的配合协调。作为饮食器皿的食具、酒具、茶具不但要达到它们之间造型风格上的统一，而且也要达到装饰风格上的统一。

第二，食具与菜肴的配合协调。食具的大小应与菜肴的量相适应，菜肴入盘后，左右不出，前后不露。食具的造型与菜肴造型的配合应遵循适形造型的原则，应符合与宴者的视觉效果。另外食具的图案形式与菜肴图案的配合应遵循变化统一的原则，既要突出食具的图案美，又要突出菜肴的造型美。最后，食具的色调与菜肴色调的配合还应遵循对比调和的美学原则(图 1-1-19、图 1-1-20)。

第三，饮食器皿与餐厅环境风格的配合协调。饮食器皿在使用时，应做到与餐厅家具陈设、室内装饰以及服务人员的服饰风格、进餐人员的审美修养相契合，做到传统风格的一致性或现代风格的一致性。

8 境美 境美是指宴会环境布置格局所呈现出来的美。人总是置身于一定的环境之中，任何客观的环境都会表现出一种超出环境的语言和情调，影响人的心理。人的心理和环境是双向作用的关系。人的不同心理会给环境蒙上一层主观色彩，而环境的客观规律性，又会给人以心理上的干扰

图 1-1-18　宴会餐具

图 1-1-19　宴会菜肴(八)

图 1-1-20　宴会菜肴(九)

和影响。优美的宴会环境等，在与宴者就餐前就能起到“未尝美味先得意”的作用，而且它将伴随与宴者的饮食活动始终，直接影响到就餐全过程中与宴者的情绪，给人以美的享受。因此，“小体之食与大千世界相映成趣”是我国饮食美的一个重要方面(图 1-1-21 至图 1-1-23)。

图 1-1-21　宴会境美(一)

宴会环境有自然、人工，内、外，大、小等区别。对自然美景的追求与描写古来有之。然而，现代餐饮环境的审美则更多在人工——宫室楼馆。人造饮食境美主要可以分为以下几种：以中国封建时代皇家庄严雄伟、金碧辉煌的风格为模式的宫殿式；以中国古代清淡优雅的江南园林或富丽堂皇的皇家园林为模式的园林式，如颐和园的听鹂馆、杭州天香楼；以民族建筑艺术为主题的民族式，如彝族村、傣乡风味餐厅以及现在较流行的农家乐；以干净、挺拔的几何形体和直线条为特征的中西结合的现代式，如北京饭店、上海国际饭店；将上述两种或两种以上形式结合成新模式的综合式，如北京建国饭店、广东白天鹅宾馆；餐厅处于移动或旋转的造成变幻景致的游动式，如苏杭的画舫、现代旋转餐厅。

当然，宜人的就餐环境并无固定的模式，也不仅仅指物质设施的豪华，关键在于顺应自然、因势利导，达到和谐统一、恰

图 1-1-22　宴会境美(二)

图 1-1-23　宴会境美(三)

到好处的境界。宋代名画《清明上河图》中的酒楼，左临城门，右临十字大街，面对繁华闹市，背靠护城河水，城外是幽远的乡村。就餐者可在楼上观赏四周风光：喜欢大气磅礴者，可坐于靠城门的窗

口；喜欢繁华喧闹者，可坐于靠大街的窗口；喜欢幽静安闲者，可坐于靠护城河的窗口，可谓经典。因此，具体宴会环境的设计，应依与宴者的年龄、职业、习性等不同而异，不同的宴会主题也应有特定的环境与之相适应。一般将时、空、人、事多种因素加以综合考虑，讲求良辰、美景、可人、乐事的有机联系。吉日良辰、触景生情，可增进饮食之情趣；敞厅雅座、山涧水边得高贵典雅之熏陶，抑或自然清净之野趣，皆畅饮嚼味之佳处；天伦至亲、良师益友席间便谈，海阔天空皆美食之妙境，宴会可用自然环境和优美的风光来配合，美景加美食，风光美和饮食美几乎调动了一个人的全部审美器官，人的审美情绪和感受也就达到了更高的层次。

⑨ 序美 序美是指一台席面或整个宴席肴馔在原料、温度、色泽、味型、浓淡等方面的合理搭配，上菜的科学顺序，宴饮设计和饮食过程的和谐与节奏化程序呈现出的美。从宴席设计的角度，应用形式美法则表现出序美；从欣赏宴席的角度，和谐而有节奏则表现出序美。早在清朝，袁枚就说过：上菜之法，盐者宜先，淡者宜后；浓者宜先，薄者宜后；无汤者宜先，有汤者宜后。……且天下原有五味，不可以咸之一味概之。度客食饱，则脾困矣，须用辛辣以振动之，度客酒多，则胃疲矣，须用酸甘以提醒之。这是袁枚先生对味序的理解和总结，具有一定的科学道理。如果我们身临其境来体会，则不难发现其寓意之深了。除了味序之外，还有质序、触序、香序、色序、形序、器序等。只有这些"序"的科学组合，才能使序美充分地体现，使整个宴会过程或进食过程和谐而有节奏。

宴席上菜顺序，原则上是根据宴会的种类和各地的传统习惯来决定，但安排是否合理、是否科学，对与宴者的就餐情绪、生理要求乃至对整个宴席效果的影响是很大的。例如，按照常规，先上冷菜，其性清凉，可以慢慢品尝而不会变味，节奏是缓慢的，犹如音乐中的序曲。从上热菜开始，节奏加快，进入高潮。此后便上清汤、水果，节奏由快而慢，相当于音乐的尾声。

⑩ 趣美 趣美指饮食活动中愉快的情趣和高雅的格调所呈现出的美。在饮食活动中，当人们不能仅满足于口腹之欲时，常常通过丰富多彩的文娱活动渲染气氛。如古代贵族的"以乐侑食""钟鸣鼎食"，即是在进食时，配以丝竹、唱吟或击奏编钟助兴，或观看舞蹈表演；现代的音乐餐厅、卡拉ok餐厅，就餐者边用餐边看表演，或自唱自乐，最终达到物质享受与精神愉悦相结合的人生享乐目的和意境，从而使宴会过程成了立体和综合性的文化活动。因此，趣美是饮食美的最高表现，其内涵丰富，远胜过质、味、触、嗅、色、形、器、境、序诸方面。当然，需要实质美、感觉美、意美中的其他饮食美构成要素统一且无瑕，才能使趣味浓，达到趣美的意境。因此，严格地说，趣美是不能和其他诸项并列的，趣美是其他美的升华和统一。只有当十美均具有，饮食美才达到了完善的境界、文化艺术的最高层面，于是才会有"胜地不常，盛筵难再，兰亭已矣，梓泽丘墟，临别赠言，辛承恩于伟饯……一言均赋，四韵俱成"的感慨和名篇；才会有"醉翁之意不在酒，在乎山水之间也"的绝唱；才会悟出"盖将自其变者而观之，则天地曾不能以一瞬；自其不变者而观之，则物与我皆无尽也"的深远、超凡的哲理。

知识拓展

1-1-2

我们以上分别讨论的饮食十美构成了饮食美形态的全部，它们相互独立，各属不同内涵；又相互影响，形成统一整体。质美属于实质美，味美、触美、嗅美、色美、形美属于感觉美，而器美、境美、序美和趣美属于意美。依据饮食美实用美的本质，饮食美产生于质美，被味美、触美、嗅美、色美、形美调养，被器美、境美、序美润色，趣美为最高追求(图 1-1-24)。

三、饮食美感特征

饮食美感是饮食审美主体面对饮食客体时，由一种以情感为推动力，始终不脱离具体食物形象的特殊的认识方式，而引起的赏心悦目、怡情悦性的心理状态(图 1-1-25)。而饮食美感的本质是饮食审美主体通过对饮食美创造过程中融入食品中的本质力量的自我观照，从中产生了无比喜悦和获得了精神上的满足。换句话说，饮食美感形成的根源是饮食实践活动。因此，在多彩的审美世界中，

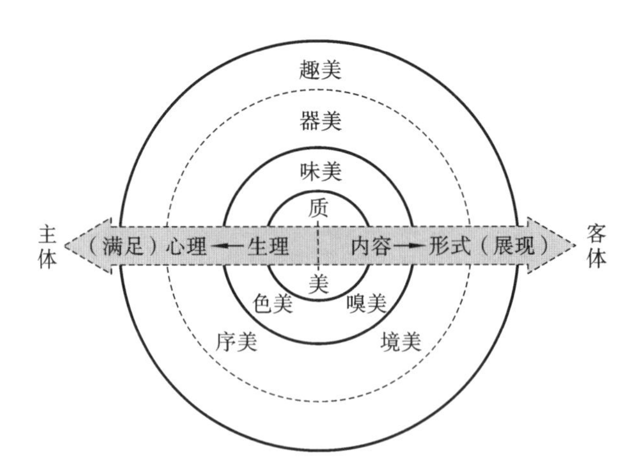

图 1-1-24　饮食美形态结构图

作为与生命的本源结合得最为密切、最能体现生命感性意义的审美形式，饮食美感永远跃动着、充溢着不息的活力。因此，饮食美感这一被人看作带有更多感性和功利性的、人人都能感受的最普遍的审美感受，而且也是一种永恒的审美形式。

图 1-1-25　宴会菜肴（十）

饮食美感是饮食审美主体在观赏饮食审美对象时，以对于饮食审美对象的直接感受为起点，经由感知、想象、联想、情感、理解在内的主动领悟，并始终贯穿着情感活动，最终所产生的动情的、积极的综合心理反应。

在饮食审美活动过程中，感知、想象、情感、理解等因素是相互渗透、相互融合的。感知——导向饮食审美愉快的出发点；想象——给饮食审美添加了翅膀；情感——提供饮食审美的动力；理解——为饮食审美指明了方向。感知、想象、情感和理解等心理功能的综合交错，产生了饮食美感，把人引向一种如痴如醉的喜悦情趣（图 1-1-26）。

饮食美感是人类饮食生活审美活动的必然产物，是人类在创造实践中的一个独特领域。饮食生活所以能够进入美学领域，不在于它在某些方面同艺术有着相似之处，而在

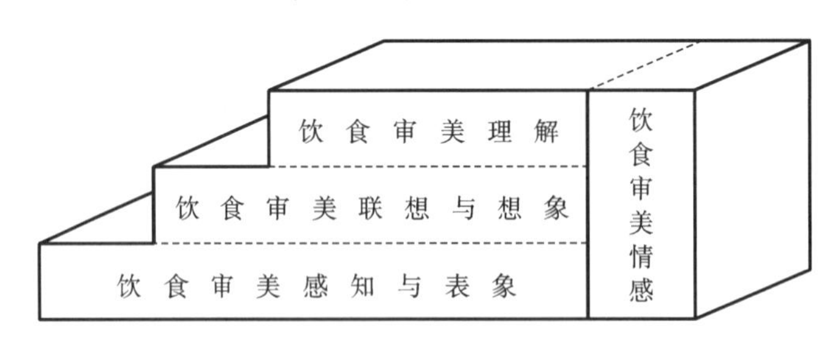

图 1-1-26　饮食美感心理过程

于它在本质上具备审美的要素，不仅仅有视觉和听觉的审美，更有以味觉、嗅觉、触觉为中心展开的审美。因此，饮食美感无论从它的审美规律，还是从它的审美性质来看，与传统的视、听觉美感相比，有着明显的不同和本质的区别。

❶ 直觉性　饮食美感的直觉性是指饮食审美者在饮食美的欣赏中，只需凭借饮食审美对象的直观形式，而不需要借助于抽象的推理或思考，就能立刻把握和领悟饮食审美对象的美，是一种融理性于感性之中的认识方式。如欣赏一道菜肴，我们不需要知道这个菜肴的营养成分、原料的档次等，

就能马上为它明快的颜色、诱人的香味、爽滑的口感而倾心。但正如车尔尼雪夫斯基所说，美感认识的根源无疑是在感性认识里面，但美感认识毕竟与感性认识有本质的区别。饮食美感的直觉性虽离不开感觉、直觉等感性内容，却又含有区别于感性认识的理性思维。其根本原因在于饮食审美对象不仅具有生动可感的形象，而且还有对应于饮食美感中的理性因素的内在本质和一定的生活内容。它们不是概念和逻辑推理，不是直接外露的，而是潜藏在、沉淀在对美的感性形象的品评和体验之中。进一步深入可知，饮食美感之所以有这样的"寓理性于感性"的直觉性，其更深层次的内涵在于：在人类长期的饮食生活实践中，饮食审美活动来源于人类长时期从机体需要出发食用某类食物而逐步形成的对该类食物的饮食美感。长此以往，人的饮食感受器形成了适合人类生存和发展的饮食审美自控系统，并与人思维功能具有的逻辑系统相辅相成，组成了人的潜藏思维功能的感性系统。此系统使我们在动态的饮食审美中，只需获取直观感受信息，即可自动得出超越于理性分析的准确判断和审美评价，连饮食审美者自己也感觉不到具体的进行过程。

❷ **功利性**　饮食美感的功利性是指饮食审美活动的社会功利目的，其来源于饮食对象的实用性和所表现的社会生活内容。因此，对于必须以"食用"为欣赏手段的饮食活动来说，饮食实用功利和饮食精神功利是同时存在的，只是随着时代的进步，在保证实用功利基础上，会不断增加实现精神功利的饮食美的表现力、艺术感染力，以充实丰盈饮食审美对象的美感内涵。换而言之，对于饮食活动中的实用功利与精神功利的关系的理解如下。首先，我们需要承认饮食活动既有生理的功能，又有心理的功能，进而能同时给饮食审美者以生命营养和饮食美感，因为物质文化是精神文化的载体。其次，由于实用功利是凭借理智来认识的，精神功利是凭借感性来认识的，饮食活动中饮食美的实用功利虽然具有引导我们的饮食美感到饮食审美对象实际意向上面去的作用，却不能代替饮食美的精神功利，因而不是决定性的审美因素。正如普列汉诺夫所说，人们是不顾任何实用的考虑而喜爱美的东西的。饮食美感的功利性扬弃了饮食的实用功利，将其表现在饮食审美喜悦、爱好、兴趣等精神功利之中。这是因为随着饮食审美实践的长期发展，人们对于饮食需求的层次越来越高——从纯粹的生理需求向心理需求不断上升，使得饮食活动的实用功利在漫长岁月里沉淀在、融化在饮食美感的喜悦、爱好、兴趣之中，成为饮食美感的潜在内容，而逐渐忘记了饮食活动的实用功利目的和内容。

❸ **综合性**　饮食美感的综合性是指饮食审美活动中必须凭借多种审美感官以及统觉机制、通感效应来完整把握饮食美。从前面饮食美的形态论可知，饮食美是由各种美的形式因素综合而成的，其必然指向人化的饮食审美的五官机能，指向感性和理性相一致的精神的自由贯注，从而实现多层次、多侧面的饮食审美感受，有助于饮食审美者从整体上把握饮食世界的美。以动态宴饮过程为例，首先，每道美食，总是具有味、触、嗅、色、形、器等方面的刺激，这就涉及味觉、触觉、嗅觉、视觉几个方面的感官活动。但这仅仅是饮食美感的基础构成要素，对于菜肴美的深层次、全方位的感受和体会，还需要这些感官的综合活动——统觉机制和通感效应，形成想象、联想、理解等一系列饮食美感心理过程，提升饮食美感。如对于中国人来说，咸辣味具有质朴美感，淡甜味具有含蓄美感。其次，与宴地点布置的境美、时空安排的序美以及贯穿于就餐过程的娱乐活动的趣美，三者正好构成一个心理学上所谓的场（精神空间），温馨的灯光、典雅的家具与观赏品、悦耳的音乐、艺术的摆台设计以及科学的宴席菜点安排与服务节奏可以提高饮食本身的味、嗅、触三觉的效应，进而达到饮食气氛的愉快和精神的振奋。这时，各种感觉所引起的生理心理活动和周围的情境都消融在一个统一的完形结构之中，而使人们达到饮食审美的最佳境界。

❹ **差异性**　饮食美感的差异性是指人们对同一个饮食审美对象所产生的审美感受是不同的。造成饮食审美个体差异的主要原因是在饮食审美的过程中总是伴随着饮食审美主体能动的选择过程，选择的依据就是个人的习惯和偏爱。这就是说，在饮食美感形成过程中，总会有一种影响感觉的因素预先就存在着，并左右着对饮食审美对象的审美评价。首先，不同的饮食审美主体都是站在一

个特定的"位置""角度"上做出生理、心理反应的。从纵的方面讲，饮食审美主体立足于饮食文化史的一个特定的发展阶段，所以他的生理、心理反应必受到饮食文化的影响，传统的习惯、态度会在一定程度上左右他此时此刻的反应；从横的方面讲，饮食审美主体又受到他自己的生活环境、经历、兴趣、修养、个性、气质、潜能因素的牵制。其次，即使对同一个饮食审美主体来说，他的味觉审美标准也不可能一成不变。第一，随着社会经济发展和文化观念等方面的变化，无论是个人，还是民族、地区的饮食审美标准都处在变动之中，不会永远停留在一个凝固不变的标准上，而始终带有开放的特点。如从宏观上看，人类的饮食习惯的嬗变大体上按照以下的趋向：从崇尚浓厚到喜爱清淡，从偏爱肉食到转向蔬菜，从繁复到简单到注重方便，从注重美味到讲究营养等。第二，饮食审美主体的心境、环境以及生理状况等不同，也会强化或钝化其饮食审美能力，影响饮食审美的效果。因为饮食美感的产生，是饮食审美主体的生理感觉和心理活动协同配合的结果，缺少了任何一个环节，都会给饮食审美带来消极的影响。

知识拓展

1-1-3

单元二 宴会设计的内容

单元描述

春秋时期，孔子在《论语》中提出"食不厌精，脍不厌细"，这个理念推进中国宴会异彩纷呈发展。《礼记·王制》记载的虞舜时代"养老宴"，被视为最早的宴会；《清异录》记载了唐代韦巨源官拜尚书令左朴射时设"烧尾宴"宴请唐中宗，其食单列有58道肴馔；《东京梦华录》载有宋皇寿宴如何编排的资料；《武林旧事》记录了清河郡王张俊接待宋高宗的御宴菜单；清代李斗《扬州画舫录》书中载有满汉全席菜品，是现存最早的满汉全席菜单。这些古代名宴丰富了饮食文化，同时也突显出中国古代宴会重"宴"而不重"会"，强调菜肴珍贵、丰盛、量多有余，常以菜肴、酒水的贵贱、多少来衡量办宴者情谊之深浅。

随着人民对美好生活的需求水平不断提高，"食有余""贵珍稀""醉方休"等饮食价值观正不断改变，科学、营养、卫生、文明已成为当代宴会设计遵循的基本原则。因此，掌握符合时代发展趋势的宴会场景设计、台面设计、菜单设计、酒水设计、服务设计和安全设计等方面的理论和技能，精准完成宴会设计系列工作，是从事新时代宴会设计与管理相关岗位的必备基础。

单元目标

1. 认识宴会设计的基本要素，熟悉宴会设计的具体内容。
2. 掌握宴会设计的原则、流程与技巧。
3. 能够独立完成宴会设计分析。
4. 能够合作完成宴会场景设计、台面设计、菜单设计、酒水设计、服务设计和安全设计相关工作。
5. 培养较好的服务意识、较强的协调沟通能力和一定的创新意识。

知识准备

2016年9月4日，是一个举世瞩目的日子，也有一场举世无双的宴会。由中国主办的G20峰会在杭州召开，中国为欢迎二十国集团(G20)领导人精心准备的国宴引起了世界各国人们的关注。欢迎晚宴选址西子宾馆，以"西湖盛宴"为主题，围绕"中国青山美丽，世界绿色未来"的设计理念，以"西

湖元素”“杭州特色”为载体，通过西湖梦的主题场景布置、西湖韵的餐具器皿展现、西湖情的礼宾用品展示、西湖味的杭州菜肴烹饪、西湖秀的服务展示，向世界来宾呈现了一场历史与现实交汇的“西湖盛宴”，堪称宴会设计之典范（图 1-2-1）。

图 1-2-1　“西湖盛宴”主台

任务实施

一、宴会场景设计

（一）宴会场景设计认知

❶ 宴会场景设计含义　宴会场景设计是指宴会承办方根据宴会主办方的设宴目的，结合宴会主题、设宴地点、与宴宾客性质等因素，利用装饰物、色彩、灯光、音像等客观现实条件对宴会活动进行统筹规划，形成实施方案的全过程。

从主办方角度看，场景设计是其拟给予与宴者的感受和氛围；从与宴者角度看，场景设计是赴宴全过程所获得的直接感受；从承办方角度看，场景设计是宴会外部场地的周边环境和内部场地的陈设布置。宴会场景直接影响着宾客的赴宴心态和情绪，是宴会质量体系的重要组成部分，关系着宴会的成败。

【想一想】
运用所学，判断图 1-2-2、图 1-2-3 属于哪类宴会场景？

图 1-2-2　宴会场景 1

图 1-2-3　宴会场景 2

❷ 宴会场景构成要素

（1）周边环境：周边环境是场景设计中较复杂的要素。以杭州西湖楼外楼（图 1-2-4）和北京饭店（图 1-2-5）为例，从环境层次方面对比来看，楼外楼坐落在美丽的孤山脚下，与平湖秋月、西泠印社等知名景点为邻是它的宏观环境，“浓妆淡抹总相宜”的西湖山水是它的微观环境；北京饭店位于北京市中心，毗邻昔日皇宫紫禁城，漫步五分钟即可抵达天安门、人民大会堂、国家大剧院及其他历史文化景点，与繁华的王府井商业街仅咫尺之遥是它的宏观环境，“长安大道连狭斜”的车水马龙氛围是它的微观环境。从环境性质方面对比来看，楼外楼地处自然环境，北京饭店地处人文环境，加之二者的环境范围不同，内部环境与外部环境之间的差别都是宴会场景设计需要考虑的因素。

【想一想】
G20 晚宴设宴的西子宾馆，其周边环境有何特点（图 1-2-6、图 1-2-7）？

（2）建筑风格：建筑风格是场景设计最具特色的要点，可分为传统东方风格和自由西式风格两大类，具体又包括宫殿式、园林式、民族式、现代式、乡村式等。

①宫殿式。以古代皇家建筑风格为模式，外观雄伟庄严、气势恢宏。中式宫殿雕梁画栋，色彩多以金黄、大红为基调，如北京仿膳饭庄（图 1-2-8）；西式宫殿富丽堂皇，多用块石、柱石堆砌，如昆明亿壕城堡温泉酒店（图 1-2-9）。

图 1-2-4　杭州西湖楼外楼远景

图 1-2-5　北京饭店夜景

图 1-2-6　西子宾馆建筑全景

图 1-2-7　西子宾馆俯瞰景

②园林式。园林式宴会厅房往往与亭台楼阁、假山飞瀑融为一体，雅静、清幽特征明显，又可分为园林中的餐厅，如扬州个园宜雨轩（图 1-2-10）；餐厅中的园林，如杭州天香楼；园林式餐厅，如陆家嘴香然会（图 1-2-11）。

图 1-2-8　北京仿膳饭庄正门

图 1-2-9　昆明亿壕城堡温泉酒店侧景

③民族式。包括两层含义，一是我国不同民族建筑装饰方面的特点体现在宴会厅房中，如傣族餐厅（图 1-2-12）、蒙古包餐厅（图 1-2-13）；二是我国不同地域文化建筑特征体现在宴会厅房中，如楚文化餐厅、齐鲁文化餐厅等。

④现代式。以现代建筑为载体，也可称为西洋式或综合式，其建筑风格不受颜色、材料制约，可任选某一主题与建筑风格相契合，如哈尔滨书香门第酒店（图 1-2-14）。

⑤乡村式。以宴会厅房与自然环境和谐统一为主要特征，如浙江千岛湖安麓酒店（图 1-2-15），竹林、茶园、渔民生活等元素穿插其中，丝毫也不觉得与外面的世界有隔阂，像是从水墨画里复刻出来的一样。

（3）宴会场地：宴会场地包括可变宴会场地和不可变宴会场地。可变宴会场地主要指根据宴会主题临时布置的场景，如室内清洁程度、光线明暗、温度高低、移动装饰品和绿植等；不可变宴会场地通常包括宴会厅房面积大小和宴会厅房内陈设与固定装饰。对于可变宴会场地，无论是 1～5 桌的

小型宴会厅房还是5桌以上的大中型宴会厅房，都要准确把握宴会厅房面积指标。对于不可变宴会场地，则应注意把握宴会规格与空间的关系。

图 1-2-10　扬州个园宜雨轩全景

图 1-2-11　陆家嘴香然会入口

图 1-2-12　傣族餐厅外景

图 1-2-13　蒙古包餐厅入口

图 1-2-14　书香门第酒店包房内景

图 1-2-15　千岛湖安麓酒店远景

图 1-2-16　西子宾馆景 1

图 1-2-17　西子宾馆景 2

【想一想】西子宾馆属于哪种建筑风格的宴会酒店(图 1-2-16、图 1-2-17)？

（4）宴会氛围：宴会氛围可分为有形气氛和无形气氛。有形气氛是指人的感官所能感受到的宴会厅房环境、建筑、装饰装潢和整体布置等方面所形成的气氛，是宴会场景设计的核心；无形气氛是指宴会服务人员的形象、态度、语言和技能等能够影响宴会宾主心情、满意程度的因素所构成的气氛。

【练一练】
通过网络收集杭州G20峰会晚宴场景构成要素的相关图片。

3 宴会场景设计要求

（1）重视宾主导向：通常情况下，宴会的目的、要求是由宴会主办方提出并确定的；宴会的效果需要宴会主办方和与宴者共同感受；宴会的氛围、成败则受宴会主办方、承办方和与宴者共同影响，往往呈现出多样性、层次性、多变性、流行性和突发性等特征。因此，宴会场景设计要先满足主办方的要求，再要考虑与宴者的需求，以宾主双向为主导完善宴会方案，这也是宴会场景设计的第一原则，只有使宾主双方共同满意的宴会场景设计，才是成功的宴会场景设计。

【想一想】
杭州G20峰会晚宴主题立意是什么？

（2）突出主题立意：根据不同宴会的目的，确定不同的宴会主题，设计不同的宴会场景，是宴会设计的基本要求，各种摆设、布置、点缀、台型都要衬托主席，突出立意。如：国宴的目的是通过宴会促进宴会宾主间友好交往，在设计上应突出热烈、和睦的主题立意；婚宴的目的是通过宴会庆贺喜结良缘，在设计上应突出吉祥、喜庆的主题立意；寿宴的目的是通过宴会表达子女的孝心与祝福，在设计上应突出长寿、团圆的主题立意。

（3）合理布置宴会场地：为了更好地满足宴会主办方要求，宴会承办方往往备有多种类型宴会场地以供选择，如单间单桌宴会厅房、单间多桌宴会厅房、固定面积宴会厅房或多功能宴会厅房等。在宴会场景设计中，要根据宴会规模、主题对宴会场地合理布置，充分体现差异性、专业性和人文性。

【想一想】
杭州G20峰会晚宴场景设计要求是如何体现的？

（4）利用环境点缀：围绕主题对背景、墙面、台面、地毯、家具、布件、摆件等宴会环境要素进行设计，是宴会场景设计中的画龙点睛之笔。如在多功能宴会厅房举办不同主题的宴会，环境布局则显得尤为重要，通常的宴会场景设计会采用围与透、虚与实的布局手法。但实施中，若有围无透，则会令人感到压抑沉闷；若有透无围，则会让人觉得空虚散漫；若虚大于实，则很难引起宾主共鸣；若实大于虚，则有碍营造主题氛围，只有使环境与宴会风格相一致，才能达到事半功倍的效果。

（二）宴会场景设计流程

1 确定餐台 定好餐台的类别、形状、数量及规格。

（1）主台。宴会主台指宴会主宾、主人或其他贵宾就餐的餐台，在宴会场景设计方案或台型设计中通常用“1号台”标示，是整场宴会的核心。主台一般只设1个，安排8～20人就座。中餐宴会以圆形台居多，圆形台直径最小为180 cm，且要比其他餐台大；西餐宴会以长方形台居多，规格至少为240 cm×120 cm，可根据所坐人数，相应增大。

（2）副主台。在中餐宴会中，若参加宴会的贵宾较多时，可设2～4个副主台，每席坐8～12人。其大小应在主台和普通台之间，一般直径为160～180 cm。

（3）一般餐台。多选用圆形台，每席坐10人，餐台的直径至少应为160 cm，但对于中低档大型宴会，由于场地面积的限制，也可相应选用略小的规格。

（4）备餐台。多为长条形台，根据餐桌数量和宴会要求设置，一般是1个餐台配1个备餐台或2～4个餐台配1个备餐台，多为小条桌、活动折叠桌或小方桌拼接而成，其规格不做统一要求，按宴会需求而定。

（5）临时酒水台。宴会规模较大时，可设若干临时酒水台，以方便宴会服务人员取用。精心布置的临时酒水台还具有一定的装饰效果。在有充足备餐台的情况下，亦可不设临时酒水台，而直接将酒水摆在备餐台上。酒水台的形状、规格不做统一要求。

2 确定餐椅 宴会餐椅常以靠背椅为主，主台餐椅可通过颜色、装饰、高低与其他餐台相区别，但要注意统一协调。规格较高的宴会餐椅可通过布件进行装饰，场地较小的宴会可选用餐凳。无论何种宴会均需预留备用餐椅，或根据宴会主题不同准备儿童椅等特殊餐椅。

❸ 确定绿化装饰

图 1-2-18　杭州 G20 峰会晚宴餐台

（1）绿化装饰区域。绿植摆放一般在宴会厅房外两旁、宴会厅房入口、楼梯进出口、宴会厅房内边角或隔断处、话筒前、花架上、舞台边沿等，装饰区域和数量受宴会空间限制。近几年，宴会绿化装饰方面更倾向采用鲜花进行布置，但要注意鲜花花语及色彩搭配，做到相得益彰。

（2）盆栽装饰品种。可供宴会选用的盆栽形式较多，有盆花、盆果、盆草、盆树、盆景等。一般说来，喜庆宴会可选用盆花，以季节的代表品种为主；如为求典雅可多用观赏植物，如文竹、君子兰；至于阔叶植物棕榈、葵树以及苍松、翠柏之类，其树形开阔雄伟，点缀或排列在醒目之处，亦能增强庄重的效果。宴会餐台排列较松散时，可用盆栽点缀。选用盆花时还要考虑各国各地习俗对花的忌讳，如日本忌荷花、意大利忌菊花、法国忌黄花等。

【练一练】
杭州 G20 峰会晚宴餐台（图 1-2-18）类别是什么？

❹ 确定装饰物

（1）标志。宴会厅房中使用的横幅、徽章、标语、旗帜等都属于宴会标志，是表现宴会主题的最直接方式，要根据宴会的性质、目的及承办者的要求来设置。如国宴，就要悬挂主客双方的国旗，菜单上要印国徽；婚宴可悬挂大红喜字或龙凤呈祥图案；其他宴会可悬挂横幅。

【练一练】
结合不同国家的 G20 峰会标志（图 1-2-19 至 1-2-21），列出其不宜选用的盆花品种。

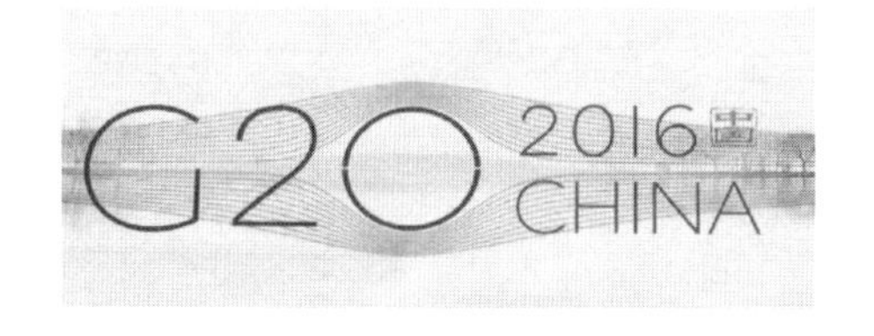

图 1-2-19　中国 G20 峰会标志

图 1-2-20　土耳其 G20 峰会标志

图 1-2-21　澳大利亚 G20 峰会标志

（2）墙饰。宴会厅内四周的字画、匾额、壁毯及其他类型的工艺装饰品都属于墙饰，对整个宴会的环境起着衬托和美化作用。在一般情况下，它是相对固定的，非特殊要求可不做更改。

（3）人工布景。借用人造的某种特定的微型景观，突出宴会的主题风格和特定意境。这种微型景观都属于人工布景，不同宴会呈现明显差异。

①国宴：要在宴会厅房正面并列悬挂主客双方国旗，国旗的悬挂按国际惯例以右为上，左为下。我国政府宴请外宾时，中国国旗挂在左边。

②大型隆重的宴会：一般要在宴会厅周围摆放盆景花草，或在主台后面用花坛画屏（图 1-2-22、图 1-2-23），大型青枝、翠树、盆景作装饰，以增加宴会隆重、热烈的气氛。

③正式宴会：布景一般包括致辞台，致辞台放在主席台的后面或右侧，装有麦克风，台前用鲜花围住。

④婚宴寿宴：婚宴在靠近主席台的墙壁上挂双喜字、贴对联；寿宴挂寿字、贴对联等烘托喜庆气氛。

⑤节日宴会：要布置烘托节日气氛的装饰物。

❺ 确定色彩与灯光　宴会色彩与灯光要与宴会主题相搭配，主要考虑色调、明度、彩度三个方面的因素，从美学角度综合设计。如要想延长宾客的就餐时间，就应该使用柔和的色调、宽敞的空间布局、舒适的桌椅、浪漫的光线和温柔的舒缓的音乐来渲染气氛。

图 1-2-22　杭州 G20 峰会各国元首聚首厅

图 1-2-23　杭州 G20 峰会晚宴厅

⑥ **确定场景平面布局图**　在场景设计要素确定后，遵循突出主题、整齐划一、安全合理、快捷方便的原则绘制场景平面布局图（图 1-2-24），布局图中需标注台号、活动区域、装饰标志灯等图示，供后续宴会设计工作使用。

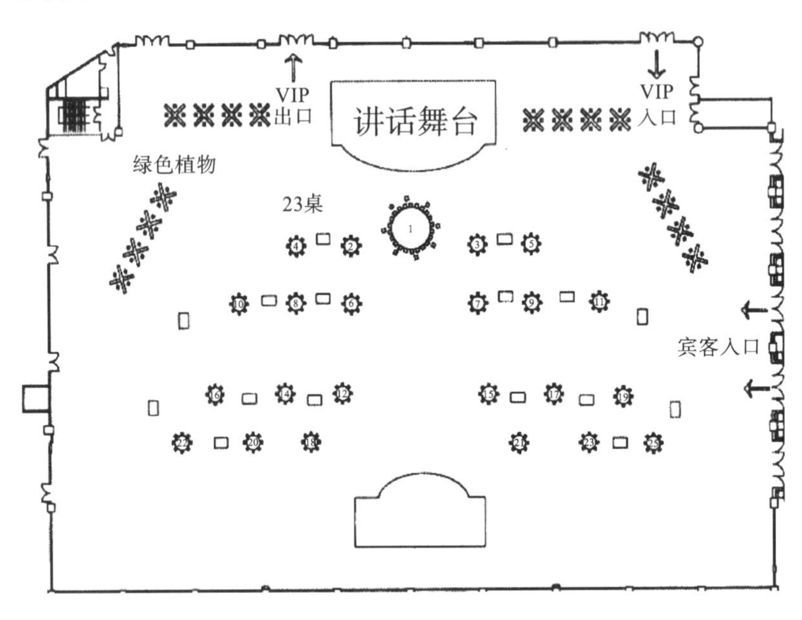

图 1-2-24　宴会场景平面布局图

⑦ **确定场景设计物品配置清单**　较为简单的物品配置可直接在场景布局图上标出，复杂情况下则须另列清单（图 1-2-25），以便有关人员逐一落实。

（三）宴会场景设计技巧

❶ **空间设计技巧**

（1）分割设计。宴会空间通常包括营业空间、公共空间、装饰空间和作业空间，可利用屏风、大型植物、背景板、花台进行分割（图 1-2-26）。

（2）感受设计。根据宴会规模调整空间物品摆放，如摆放宴席数量较多时，可优化家具、墙面、花饰、绿植数量与形式（图 1-2-27）。

（3）形状设计。科学规划宴会空间形状，最大限度发挥宴会不同类型空间功能。如宴会厅房有效使用率最高的房型是以 1.25∶1 的长方形，正方形、圆形次之；厅房门的位置、数量、大小、开启方向也对宴会厅房面积的有效利用产生影响。

（4）指标设置。合理设置宴会各项空间指标，突出以人为本、宾客为主的人性化服务原则。如

宴会会议及会议茶歇设备清单
Meeting & Tea Break Equipment

会议设备Meeting Equipment					
序列号No.	英文名称Item (English)	中文名称Item (Chinese)	尺寸Size	数量Quality	单位Unit
1	Mobile stage	活动舞台	180cm*240cm*40cm	18	个
2	Stage Staircase	二级梯步		4	个
3	Poster Stand	立式水牌	45*60cm	12	个
4	Round Table for 6	6人宴会桌圆型	直径120cm	10	张
5	Round Table for 10	10人圆桌	直径183cm	25	张
6	Round Table for 12	12人圆桌	直径200cm	4	张
7	Round Table for 18	18圆桌	直径360cm	2	张
8	Oblong Table	长方桌	1830*610*760mm	20	张
9	IBM Table	IBM桌	1830*460*760mm	120	张
10	Square Table	方桌	91cm X 91cm*76cm	12	张
11	Banquet Chair	宴会椅	480*560*850*470mm	500	把
12	1/4 Round Tables	四分之一圆形桌	91*91cm	6	张
13	Coat Racks	大衣架	1300*550*1780mm	4	个
14	Chair Trolley	椅　车	392*620*1190mm	4	辆
……	……	……	……	……	……
61	Dish Dolly	餐盘储存车	Cambro TDC30	6	辆

图 1-2-25　杭州 G20 峰会各国元首聚首厅宴会会议及会议茶歇设备清单

图 1-2-26　屏风分割宴会区域

图 1-2-27　宴席较多宴会场景设计

一般宴会人均面积可按 1.8～2.2 m^2 计算；大宴会厅房的餐桌之间要有主、辅通道，主通道的宽度不少于 1.1 m，辅通道的宽度不少于 70 cm；椅子背离桌边大约 76 cm，移动间距为 90 cm，座椅所需宽度为 65 cm；两张餐桌的椅背拉开后间隔应不小于 75 cm，最佳进餐所需宽度为 76 cm 等。

❷ 气氛设计技巧

（1）照明设计。根据宴会厅堂基本条件将自然光源、人工光源和混合光源等光线类型与强、弱、明、暗等照明强度相匹配，形成固定的宴会照明设计方案。

（2）色彩设计。宴会设计宜用暖色调，避免使用墨绿、暗紫、灰色及黑色，根据不同宴会厅房设计个性化配色方案（表 1-2-1）。

表 1-2-1　宴会厅房配色方案参考表

色调主题	中心色	色调主题	中心色
华丽色调	酒红色和米色	娇艳色调	粉红色和白色
硬朗色调	黑色和白色	轻柔色调	奶黄色和白色
高贵色调	玫瑰色和灰色	清爽色调	淡蓝色和浅绿色
喜庆色调	红色和橘色	质朴色调	材料本色

（3）空气设计。宴会厅房温度需根据季节进行调整，一般冬季应为 18～22 ℃，夏季宜为 22～24 ℃，湿度保持在 60%左右，严格注意是否有特异气味产生。

（4）陈设设计。挂件类陈设品，注意突出主题、风格协调、高雅精致、高低适宜、美观安全；摆件类陈设品，注意品味高雅、位置适宜、造型艺术、摆放合规（图 1-2-28）；植物类陈设品，注意契合主题、

清洁卫生、大小得体、移动便捷(图 1-2-29)。

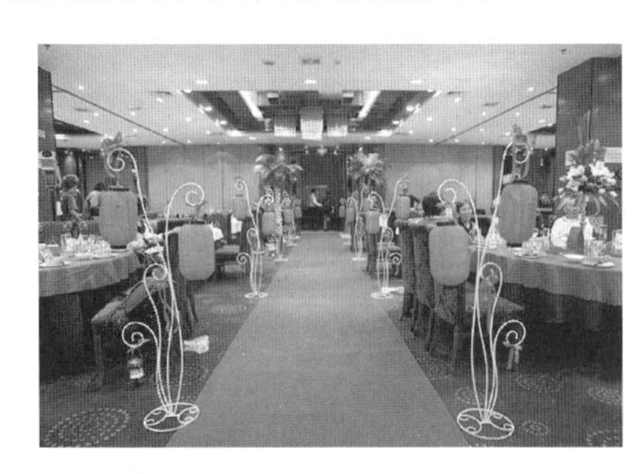

图 1-2-28　宴会摆件类陈设设计

图 1-2-29　宴会植物类陈设设计

【练一练】
试为杭州G20峰会晚宴进行声音设计。

(5) 声音设计。需要根据宴会厅房面积大小、功能需求来选择扬声器规模,通常包括会议系统和扩声系统两个部分,可增设多种发言模式,如先话者优先、后话者优先,主席独控,计时讨论、自由讨论,声控、手动等,为宴会宾主提供便利。还可以增设视像跟踪、远程视频会议等功能使宴会进程中的声音与画面完美结合。

【想一想】
你能找出杭州G20峰会晚宴背景设计特色之处吗?

③ 背景设计技巧

(1) 背景设计。背景是宴会主题与气氛的重要表达载体,可结合主题设计花台背景、屏风背景、绿植背景、造型背景和可变灯光背景等。

(2) 舞台设计。舞台设计应遵循切合主题、新颖独特、便于观看、设施配套的原则,同时要根据厅堂面积、宾客等因素综合考虑搭建规格。

(3) 花台设计。花台的构思要与主题宴会相辅相成,遵循主题突出、完整一致、均衡协调的原则。

④ 娱乐设计技巧

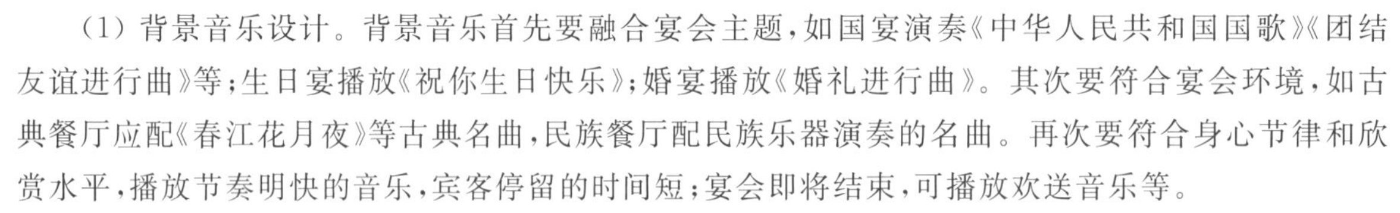

(1) 背景音乐设计。背景音乐首先要融合宴会主题,如国宴演奏《中华人民共和国国歌》《团结友谊进行曲》等;生日宴播放《祝你生日快乐》;婚宴播放《婚礼进行曲》。其次要符合宴会环境,如古典餐厅应配《春江花月夜》等古典名曲,民族餐厅配民族乐器演奏的名曲。再次要符合身心节律和欣赏水平,播放节奏明快的音乐,宾客停留的时间短;宴会即将结束,可播放欢送音乐等。

知识拓展
1-2-1

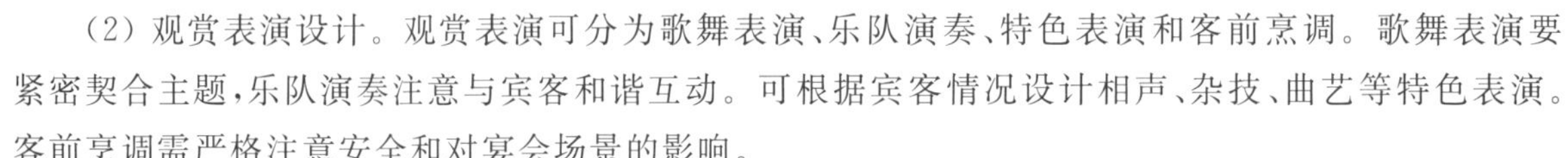

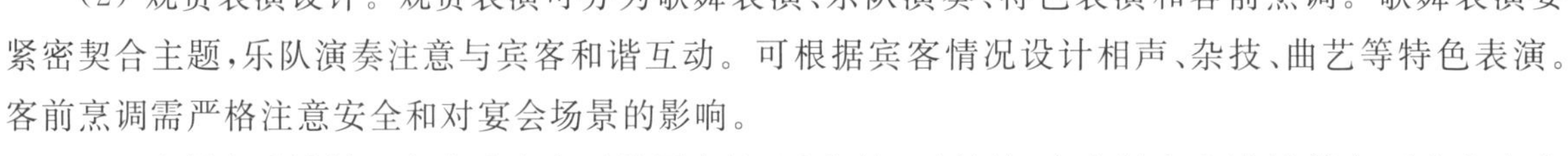

(2) 观赏表演设计。观赏表演可分为歌舞表演、乐队演奏、特色表演和客前烹调。歌舞表演要紧密契合主题,乐队演奏注意与宾客和谐互动。可根据宾客情况设计相声、杂技、曲艺等特色表演。客前烹调需严格注意安全和对宴会场景的影响。

知识应用
1-2-1

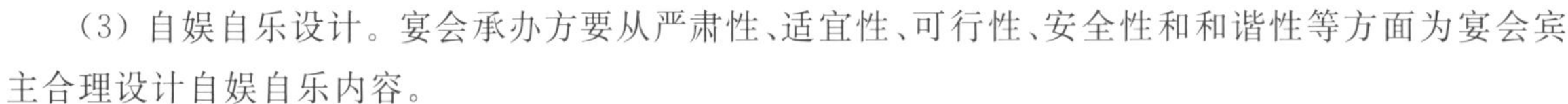

(3) 自娱自乐设计。宴会承办方要从严肃性、适宜性、可行性、安全性和和谐性等方面为宴会宾主合理设计自娱自乐内容。

二、台面设计

(一) 宴会台面设计认知

① 宴会台面与台型　宴会台面设计也称餐桌布置艺术,它是针对宴会主题,运用一定的心理学和美学知识,采用多种手段,将各种宴会台面用品进行合理摆设和装饰点缀,使整个宴会台面形成一个完美的餐桌组合艺术形式的实用艺术创造(图 1-2-30、图 1-2-31)。

宴会台型设计是根据宴会形式、主题、人数、接待规格、习惯禁忌、特别需求、时令季节和宴会厅房的结构、形状、面积、光线、设备等情况,设计宴会餐桌排列的总体形状和布局(图 1-2-32)。其目的是合理利用宴会厅房条件,表现主办人的意图,体现宴会规格标准,烘托宴会气氛,便于宾客就餐和

图 1-2-30　宴会主题台面设计 1

图 1-2-31　宴会主题台面设计 2

服务人员在席间服务。

❷ 宴会台面分类

（1）按餐饮风格分类：可分为中餐宴会台面（图 1-2-33）、西餐宴会台面（图 1-2-34）和中西合璧宴会台面。

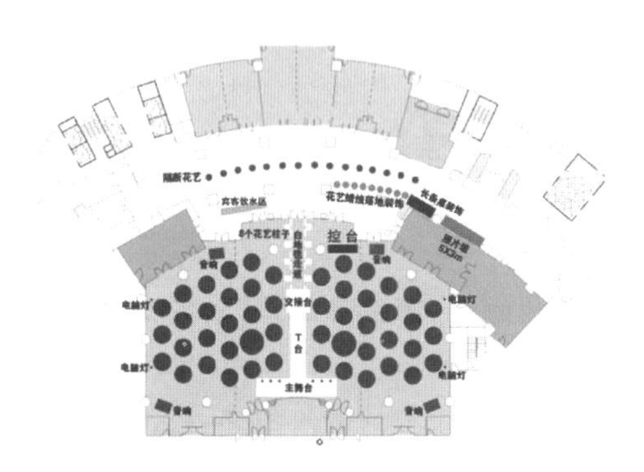

图 1-2-32　宴会台型设计图

图 1-2-33　中餐宴会台面

中餐宴会台面用于中餐宴会。一般用圆形桌面和中式餐具摆设。台面造型图案多为中国传统吉祥图饰，如大红喜字、鸳鸯、仙鹤等。

西餐宴会台面用于西餐宴会。常用方形、长条形、半圆形桌面等。一般摆设西式餐具。

中西合璧宴会台面适用于宾客既有中国人又有外宾的情况，一些宴会采用中菜西吃的方式。在台面摆设上采取了中西餐交融的摆设方法，既有中餐宴会的特点也有西餐宴会的特点。摆放的餐具主要有中餐用的筷子、骨碟、汤碗，西餐用的餐刀、餐叉、餐勺及各种酒具等。

（2）按台面用途分类：可分为餐台、看台（图 1-2-35）和花台（图 1-2-36、图 1-2-37）。

图 1-2-34　西餐宴会台面

图 1-2-35　看台台面

餐台又称食台、素台，也可称为正摆台。宴会台面的餐具应按照就餐人数的多少、菜单的编排和

图 1-2-36　花台台面 1

图 1-2-37　花台台面 2

宴会标准来摆放。餐台上的各种餐具、用具，间隔距离要适当，清洁实用，美观大方，放在每位宾客的就餐席位前。各种装饰物品都必须整齐一致地摆放，而且要尽量相对集中。

看台又称观赏台面。根据宴会的性质、内容，用各种小件餐具、小件物品和装饰物品摆设成各种图案，供宾客在就餐前观赏。在开宴上菜时，撤掉桌上的各种装饰物品，再把小件餐具分给各位宾客，让宾客在进餐时便于使用。这种台面多用于民间宴会和风味宴会。

花台，又称艺术台面。用鲜花、绢花、盆景、花篮以及各种工艺美术品和雕刻物品等，点缀构成各种新颖、别致、得体的台面，既供宾客就餐，又供宾客观赏，融艺术性与实用性为一体。

台面设计要符合宴会的内容，突出宴会主题，图案造型要结合宴会的特点，要具有一定的代表性或者时代性。色彩要鲜艳醒目，造型要新颖独特。

想一想

1-2-1

❸ 宴会台面命名方法

（1）根据台面的形状或构造命名，如中餐的圆桌台面、方桌台面、转台台面；西餐的直长台、T 形台、M 形台和“工”形台等。此种方法为最基本的命名方法，但过于简单。

（2）根据每位宾客面前所摆小件餐具件数命名，如 5 件餐具台面、7 件餐具台面等。这种方法便于使宾客了解宴会的规格和档次。

（3）根据台面造型及寓意命名，如百鸟朝凤席、蝴蝶闹花席、友谊席等。这种方法便于突出主题。

（4）根据宴会的菜肴名称命名，如全羊席、全鸭席、鱼翅席、海参席、燕窝席等。这种方法有利于展示宴席菜肴设计。

❹ 宴会台面设计可用素材

【试一试】参看 2014 年 APCE 欢迎晚宴的台面设计解析，思考哪些物品可以用来做台面设计的素材？

（1）公共物品，如台布、台裙、椅套、转盘和公用菜盘等。

（2）餐位用品，如筷子、口汤碗、饭碗、汤勺、骨碟、味碟、酒杯、口布等。

（3）装饰用品，如各种花卉、草木、雕刻物品、盆景、果品、面塑、奶油、糖酥以及口杯花等。

（4）吉祥用品，如有龙、凤、鸳鸯、仙鹤、孔雀、蝴蝶、金鱼、松柏、桃子造型的用品等。

❺ 宴会台面设计基本要求

（1）根据宾客的用餐要求进行设计。每个餐位的大小，餐位之间的距离，餐、用具的选择和摆放的位置，都要首先考虑到宾客用餐的方便性和服务人员为宾客提供席间服务的方便性。

（2）根据宴会的主题和档次进行设计。宴会台面设计应突出宴会的主题，宴会档次的高低决定餐位的大小，装饰物及餐、用具的造价、质地和件数等。

（3）根据宴会菜点和酒水特点进行设计。餐、用具及装饰物的选择与布置，必须由宴会菜点和酒水特点来确定。不同的宴会配备不同类型的餐、用具及装饰物，饮用不同的酒水也应摆设不同的酒具。

（4）根据美观性要求进行设计。宴会台面设计在满足以上实用性的基础上，应结合文化传统、美学原则进行创新设计，将各种餐、用具加以艺术陈列和布置，起到烘托宴会气氛、增强宾客食欲的

作用。

（5）根据卫生要求进行设计。要保证摆台所用的餐用具都符合安全卫生的标准，在摆台操作时要注意操作卫生，不能用手触餐具、杯具的进口或接触食物的部分。

【想一想】杭州G20峰会台面设计体现其宴会菜点和酒水的什么特点（图1-2-38）？

图 1-2-38　杭州 G20 峰会台面设计

（二）宴会台面设计流程

❶ 宴会餐台设计流程

（1）选餐台。中餐宴会一般选用木制圆形台，常用直径为160～220 cm的圆形桌面。宴会承办方可根据宾客人数的多少、场地的大小等，选择合适的餐台进行摆台。

（2）铺台布、摆上转盘。在铺台布前要对所用的台布进行检查，看是否干净，有无破损。铺台布分站位、抖台布、撒铺台布及台布落台定位四步。待台布铺好后，在餐台中间摆上转盘底座和转盘，使餐台圆心与转盘圆心重合。

（3）围餐椅。从主人位开始围餐椅。每把餐椅之间间距相等，并正对餐位。餐椅的前端与桌边平行，注意下垂的台布不可盖于椅面上。

（4）摆放餐具。中国南北两地摆放餐具的方法不尽相同，但都是先摆放骨碟、筷子、筷架、汤勺等小件餐具，再摆放水杯、色酒杯、白酒杯等饮具，最后摆放餐巾。

【试一试】任选主题按照流程完成宴会餐台设计。

（5）摆放公用餐用具。公共餐用具的摆放包括公用筷子、公用汤勺等公用餐具的摆放和牙签、烟灰缸、菜单、台号等公用用具的摆放。每件物品的摆放都可根据宴会规格有所不同。

（6）美化餐台。全部餐用具摆好后，再次整理，检查台面，调整座椅，最后在餐桌中心摆上装饰物品，如花瓶、花篮等。

西餐宴会餐台设计流程可概况如下。展示盘或叠好的餐巾摆放于餐位正中，左叉右刀，刀刃向左。餐具与菜肴相配，根据食用菜肴的先后顺序，从里至外依次码放。由于用餐方式的不同，西餐宴会餐具的摆放在各国各地都有所不同，摆台时应因人而异。

❷ 宴会看台设计流程　看台设计重在装饰物品摆设的图物，常见的吉祥图物有以下几种。

（1）龙："四灵"之一，万灵之长，是中华民族的象征，最大的吉祥物，常与"凤"合用，为"龙凤呈祥"之意，多用于婚宴。

（2）凤："百鸟之王"，雄为凤，雌为凰，通称"凤凰"，被誉为"集人间真、善、美于一体的神鸟"，亦被喻为"稀世之才"，可用于升学宴。

（3）鸳鸯：吉祥水鸟，雌为鸳，雄为鸯，传说为鸳妹鸯哥所化，故双飞双栖，恩爱无比。比喻夫妻百年好合，情深意长，多用于结婚纪念庆典。

（4）仙鹤：又称"一品鸟"，吉祥图案有"一品当朝""仙人骑鹤"等，为长寿的象征，多用于寿宴。

（5）孔雀：又称"文禽"，言其具"九德"，是美的化身、吉祥的预兆、爱的象征，表示钦佩认可。

(6) 喜鹊:古称“神女”“兆喜灵鸟”,象征喜事濒临、幸福如意。

(7) 燕子:古称“玄鸟”,为吉祥之鸟,表达祝福之意。

(8) 金鱼:有“富贵有余”“连年有余”的吉祥含义之外,更因“金鱼”与“金玉”谐音,民间有吉祥图案“金玉满堂”,多用于商务宴。

(9) 青松:“百木之长”,多用于寿宴。

(10) 桃子:最著名的是蟠桃,为传说中的仙桃。民间视桃为祝寿纳福的吉祥物,多用于寿宴。

③ 宴会花台设计流程

(1) 构思主题。一个好的花台要主题鲜明、独具特色、符合场景。只有充分发挥想象力和创造力,根据主题设计出合时、合意、合适的花台,才能实现花台新奇独特、与众不同、富有吸引力的作用。同时,花台也要符合宴会场景的要求,即要根据宴会厅房的环境,餐桌的大小、形状进行构思设计。如:三角形花台(图 1-2-39)是西方插花的基本形式,常用于教堂、大厅等室内设计;L 形花台(图 1-2-40)是不对称花台,适用于拐角、角落等单面观赏区域;弯月形花台(图 1-2-41)、S 形花台(图 1-2-42)自由活泼,适用于主题轻松愉快的宴会;倒 T 形花台(图 1-2-43)严肃端庄,适用于正式场合宴请;半球形花台(图 1-2-44),最适宜放于餐桌、茶几。

图 1-2-39 三角形花台

图 1-2-40 L 形花台

图 1-2-41 弯月形花台

图 1-2-42 S 形花台

图 1-2-43 倒 T 形花台

图 1-2-44 半球形花台

(2) 选择花材。首先,要尊重赴宴宾主的民族与宗教习惯,从花材寓意出发,选用宾主喜欢的花材,避免使用忌讳花材。其次,花材形状与主题、花器要协调。同时,要按照色彩美学规律选材,根据宴会主题选择主色调,再配置辅色,选用的花材品相应符合色彩艳丽、花朵饱满、花枝粗直、长短适中的要求。

(3) 配置器皿。通常包括配置花器、固定花材用具、其他用具即附属品。花器是栽种花草的容

器的总称，根据材质可分为铁皮花器、木质花器、树脂花器和塑料花器。

（4）造型插作。根据主题和场景对花材进行修剪，弯曲造型达到预设花型，并固定花材。

（5）检查改进。此环节主要为弥补花材不足并清理现场。

（三）宴会台型设计要点

❶ 宴会席位安排

（1）席位排列原则：

一是前上后下。纵向排列时以前为尊，前排高于后排。

二是右高左低。横向排列时以右为尊，右侧高于左侧，就座高于站立。

三是中间为尊。横向排列时以中为尊，中央高于两侧。

四是面门为上、观景为佳、临墙为好。面对正门为上座，背对门为下座；面对观景为上座；背靠主体墙面为上座。

（2）中餐宴会席位：

①主人席位。宴会时首先应确定主人席位，即正对大门、背靠有特殊装饰的主体墙面的一个席位。

②其他席位。中式圆桌排法要求：以离主人席位的远近而定，以右为尊、主客交叉。两种座位安排方法：一是男主人（主位）右上方坐主宾，主陪（副主位）右上方坐第二主宾，其他依次座席。二是男主人（主位）右上方坐主宾，左上方坐第二主宾。桌次高低以离主桌位置远近来定。餐桌间距不少于150 cm，离墙不少于120 cm。

（3）西餐宴会席位：与中餐宴会大致相同。国外习惯男女穿插就座，以女主人为准，主宾在女主人右上方，主宾夫人在男主人右上方。主人席位在席上方和正中，右边是主宾席位，左边是副主宾席位，其他宾客则从上至下、从左至右依次排列。如宴会的正副主宾都偕夫人出席，在有副主人陪同的情况下，主人席位的左边安排主宾夫人，副主人的席位安排在主人席位的对面，即餐台下方的中间席位上，右边安排副主宾，左边安排副主宾的夫人。

值得注意的是，席位安排没有统一不变的标准，因不同的国家、地区和民族，不同的宴会对象等都各有所异。外交活动宴会，根据主办单位提供的主、客双方出席名单，按礼宾次序设计。国内宴请活动中，当主宾身份高于主人时，为表示尊重，可把主宾安排在主人位置上，主人则坐在主宾位置上，第二主人坐在主宾的左侧。

实例研讨

1-2-1

【练一练】

观察图 1-2-45 至图 1-2-48，结合所学分析每个台型设计适合什么形状宴会厅，能满足多大的宴会规模需要，有何优势。

❷ 宴会台型设计要求　宴会台型设计内容包括规划区域、确定主桌、编排台号、编制台号图、确定舞台、设置工作台等。总体来说，宴会台型设计应根据宴会规模，适应餐厅场地，最主要的原则是突出主桌，其他餐桌排列依据宴会厅房形状进行摆设，以利于进餐、方便服务为准。11～30 桌的中型宴会台型设计，主桌不编号，其余餐桌均需要编号，且双数在左边，单数在右边；31 桌以上的大型宴会台型设计，除主桌外，其余餐桌均应编号，按剧院座位排号法编号。

❸ 中餐宴会台型设计基本组合

（1）“一”字形排列。除主桌外，其余餐桌根据宴会厅宽呈“一”字形排列（图 1-2-45）。

（2）“品”字形排列。主桌为第一“口”字，余下各排依次递增，间距保持一致（图 1-2-46）。

（3）圆形排列。以 7 桌为一组将宴会厅房分为同性质区域，各区域均以主桌为圆心排列成圆形，各区域中间为舞台（图 1-2-47）。

（4）五角星形排列。以 5 桌为一组排列成五角星形，五角星顶角正对宴会厅房门，主桌设置在顶角位置（图 1-2-48）。

❹ 西餐宴会台型设计基本组合　由于受民俗习惯、餐饮用具、食品原料、厨房设备、价格因素等影响，除了在大中城市较特殊的日子里，有人数较多的西餐宴会举行外，其他时间西餐宴会的人数都不是很多。西餐宴会以中、小型为主，大型则宁可采用自助餐的形式。西餐宴会餐桌多为长桌，大酒

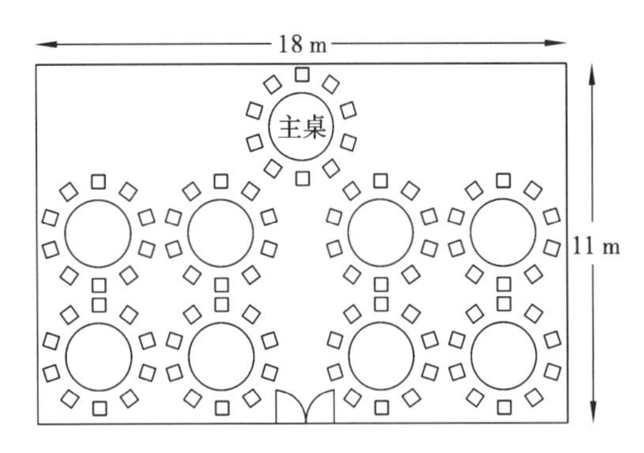

图 1-2-45 “一”字形排列台型布局

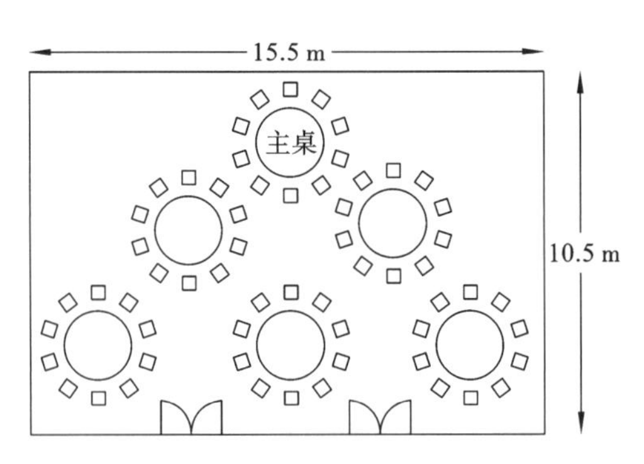

图 1-2-46 “品”字形排列台型布局

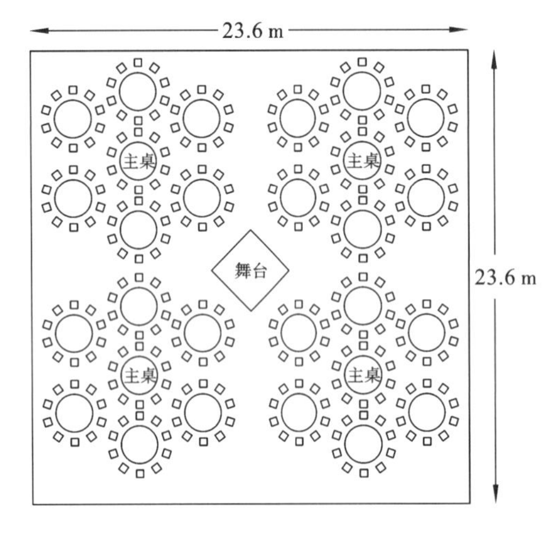

图 1-2-47 圆形排列台型布局

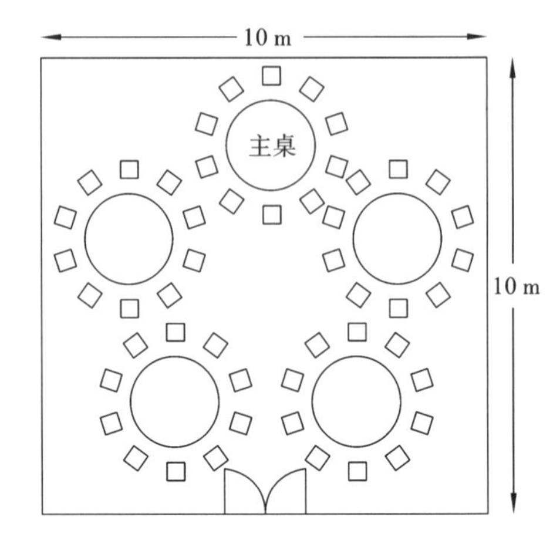

图 1-2-48 五角星形排列台型布局

店里的大型西餐宴会，餐桌主桌采用条桌，其他餐桌大多采用 1.8～2 m 的圆桌。常见组合有“一”字形台型组合（如图 1-2-49、图 1-2-50），U 形台型组合（如图 1-2-51、图 1-2-52），E、M 形台型组合（图 1-2-53、图 1-2-54），T 形台型组合（图 1-2-55），“回”字形台型组合（图 1-2-56）等，为迎合宴会厅房的形状与宴会宾客的人数而设。

实例研讨 1-2-2

知识拓展 1-2-2

知识应用 1-2-2

【练一练】设计一个商务宴会适用的台型。

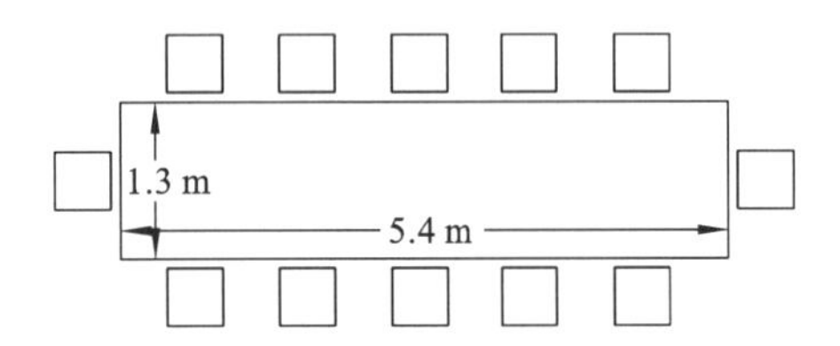

图 1-2-49 “一”字形普通台型组合

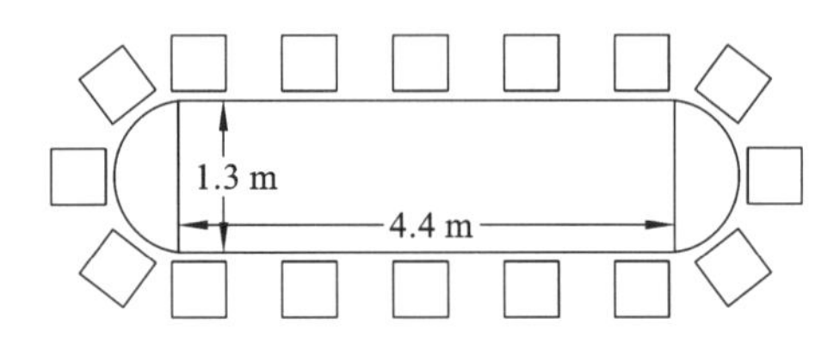

图 1-2-50 “一”字形豪华台型组合

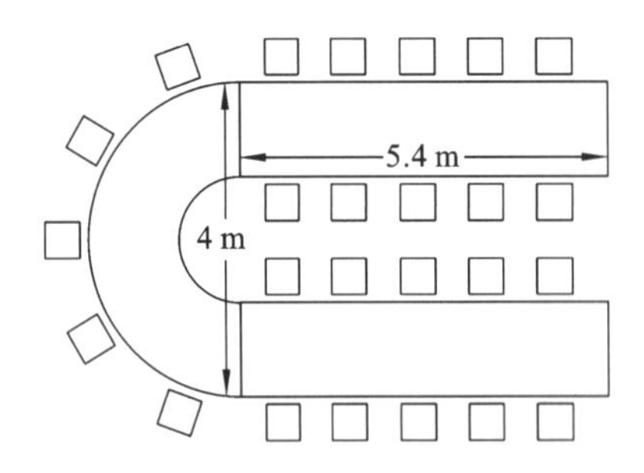

图 1-2-51 U 形圆头台型组合

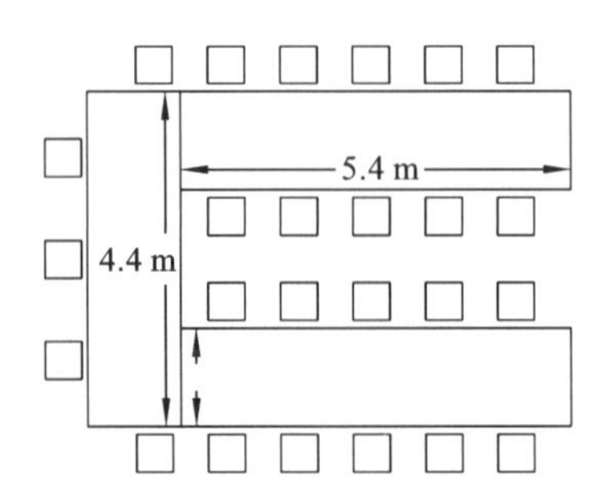

图 1-2-52 U 形方头台型组合

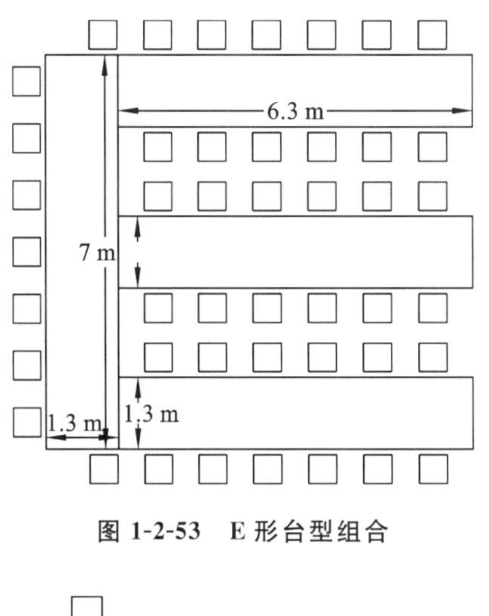

图 1-2-53　E 形台型组合

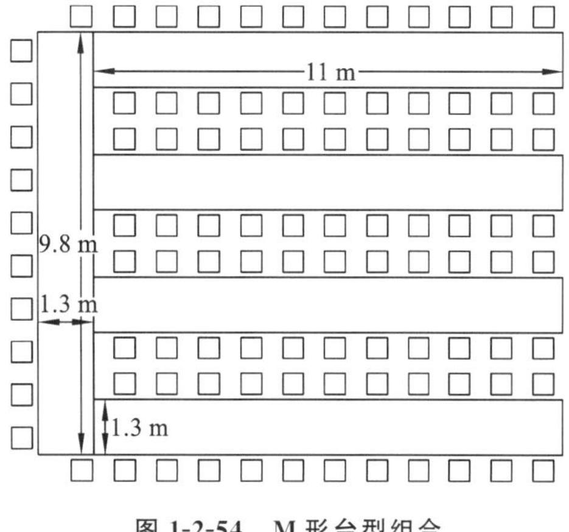

图 1-2-54　M 形台型组合

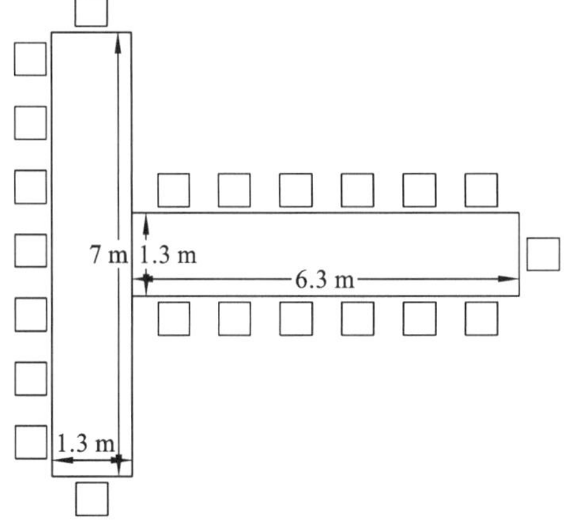

图 1-2-55　T 形台型组合

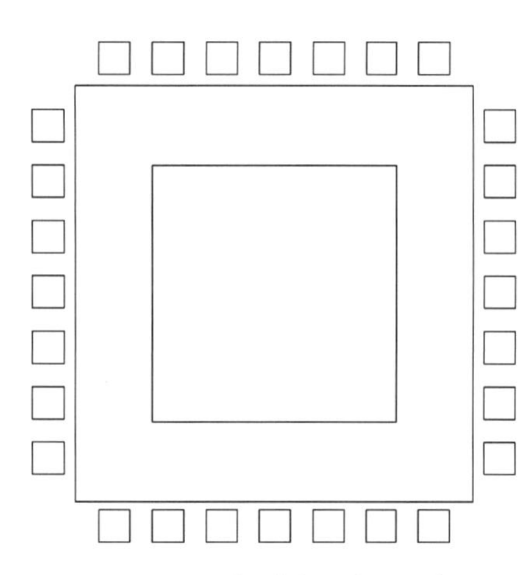
图 1-2-56　“回”字形台型组合

三、菜单设计

(一) 宴会菜单设计认知

❶ 宴会菜单　宴会菜单又称宴会菜谱，是指按照宴会的主题、结构和要求，将酒水、冷碟、热菜、饭点、甜品等菜品按一定比例和程序编成的菜点清单。设计宴会菜单，应持严谨态度，只有掌握宴会的结构和要求，遵循宴会菜单的编制原则，采用正确的方法，合理选配每道菜品，才能使宴会菜单完善合理。宴会菜单不仅是采购原料、生产菜品、接待服务的依据，更是所有宴会工作的“施工图”和“示意图”，也是宴会主办方、与宴者和承办方之间的桥梁，还是实现宴会经营效益的工具、宴会推销的有力手段，是经营水平和管理水平的标志。

❷ 宴会菜单分类

(1) 按设计方式与应用特点分类：可分为固定式宴会菜单、专供性宴会菜单和点菜式宴会菜单。

①固定式宴会菜单(图 1-2-57)：是宴会承办方设计人员预先设计的列有不同价格档次和菜品组合的系列宴会菜单。优势是价格档次分明，由低到高，基本上涵括了常规宴会的范围，所有档次宴会菜品组合都已基本确定，每个档次列有几份不同菜品组合的菜单，供宾客挑选。劣势是仅针对宾客的一般性需要，对有特殊需要的宾客而言，针对性不强。

②专供性宴会菜单(图 1-2-58)：是宴会承办方设计人员根据宾客的要求和消费标准，结合自身资源情况专门设计的菜单。优势是由于宾客的需求十分清楚，有明确的目标、充裕的设计时间，因而

其针对性很强，特色展示很充分。此类菜单在实际生活中应用较广，是目前宴会菜单的一种主要应用形式。

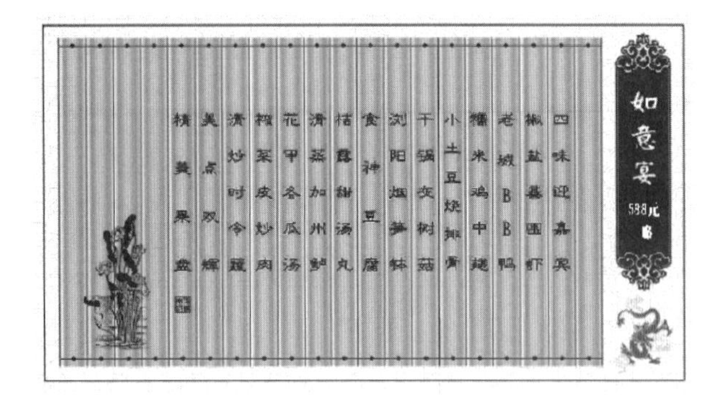

图 1-2-57 固定式宴会菜单

图 1-2-58 专供性宴会菜单

③点菜式宴会菜单：是指宾客根据自己的饮食喜好，在饭店提供的点菜单或原料中自主选择菜品，组成一套宴会菜品的菜单。许多宴会承办方把宴会菜单的设计权利交给宴会主办方，承办方提供通用的点菜菜单，任主办方在其中选择菜品，或在承办方提供的原料中由主办方自己确定烹调方法、菜肴味型等组合成宴会套菜，承办方设计人员或接待人员在一旁做情况说明、提供建议。让宾客在一个更大的范围内，自主点菜、自主设计成的宴会菜单，在某种意义上说，具有适合性。

（2）按菜品排列方式分类：可分为提纲式宴会菜单、表格式宴会菜单。

图 1-2-59 提纲式宴会菜单

①提纲式宴会菜单（图 1-2-59）：又称简式席单，是根据宴会规格和宾客要求，按照上菜顺序依次列出各种菜肴的类别和名称，清晰醒目地分行整齐排列。所要购进的原料以及其他说明，则往往有一附表作为补充。提纲式宴会菜单是宴会菜单的一种主要形式，在餐饮企业中应用极广。

②表格式宴会菜单（表 1-2-2）：又称繁式席单，是将宴会格局，菜品类别和上菜程序、菜名及主辅料数量，刀工成型与主要烹调技法，成菜色泽、口味和质感，餐具尺寸、形状和色调，还有成本与售价等，都列得清清楚楚；宴会结构的三大部分也都剖析得明明白白，如同一张详备的施工图纸。此类菜单比较详尽，但设计较困难，只适用于部分大型的风味宴会或对设计者特别有影响的宴会。

表 1-2-2 表格式宴会菜单示例

江南迎宾宴席单								
类别	菜名	主料	烹法	色泽	质地	口味	外形	成本
冷菜	糖醋油虾	河虾	炸/渍	红亮	外脆内嫩	酸甜	自然形	5 元
	……							
热菜	三色鱼丝	才鱼	滑炒	白色	滑嫩	咸鲜	丝状	11 元
	……							

（3）按菜单使用时间长短分类：可分为固定性宴会菜单、阶段性宴会菜单和一次性宴会菜单。

①固定性宴会菜单：也称为长期菜单，不受季节、宾客、主题等因素而改变，时鲜类菜肴相对较少，一般以地方菜系口味为主要设计原则。

②阶段性宴会菜单(图 1-2-60)：指在规定时限内使用的宴会菜单，受季节、时令或菜肴特点等因素限制，无法因宾客主观意愿而改变。

③一次性宴会菜单(图 1-2-61)：又称即时性宴会菜单，指专门为某一个特定宴会设计的菜单，适用于规格较高的宴会。

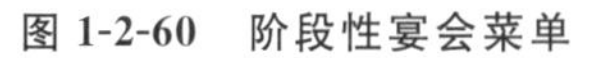
图 1-2-60　阶段性宴会菜单

图 1-2-61　一次性宴会菜单

③ 菜单设计原则

(1) 按需配菜，参考制约因素。“需”，指宾主的要求，“制约因素”指客观条件。忽视任何一方，都会影响宴饮效果。编制宴会菜单，一是要考虑宾主的愿望。对于宴会主办方提出的要求，只要是在条件允许的范围内，都应当尽量满足。二是要考虑宴会类别和规模。类别不同，菜品也需变化。三是要考虑货源的供应情况，因料施艺。四是要考虑设备条件。五是要考虑厨师的技术力量，切忌设计者纸上谈兵。

(2) 随价配菜，讲究品种调配。“价”，指宴会的售价。随价配菜即是按照“质价相称”“优质优价”的原则，合理选配宴会菜品。一般来说，高档宴会，料贵质精；普通酒宴，料贱质粗。既要保证餐馆合理的收入，又不应使宾客吃亏。调配方法：一是可通过选用多种原料，适当增加素料的比例；二是以名特菜品为主，乡土菜品为辅；三是多用造价低廉又能烘托席面的菜品；四是适当安排技法奇特或造型惊艳的菜品；五是巧用粗料，精细烹调；六是合理安排边角余料，物尽其用。

(3) 因人配菜，迎合宾主嗜好。“因人配菜”就是根据宾主的国籍、民族、宗教、职业、年龄、体质以及个人嗜好和忌讳，灵活安排菜品。编制宴会菜单，一要了解国籍，国籍不同，口味嗜好会有差异。如日本人喜清淡、嗜生鲜、忌油腻、爱鲜甜。二要注意宾主的民族和宗教信仰。三是考虑地域差异，我国自古就有“南甜北咸、东淡西浓”的口味偏好。四是注意宾主的职业、体质不同，其饮食习惯也有差异。如体力劳动者爱肥浓，脑力劳动者喜清淡。五是当地的传统风味以及宾主指定的菜品，应更注意编排，排菜的目标应该是让宾主皆大欢喜。

【想一想】
东北、西北、江浙宾客在菜单设计要求方面有何异同？

(4) 应时配菜，突出名特物产。“应时配菜”指设计宴会菜单要符合节令的要求。原料的选用、口味的调配、质地的确定、色泽的变化、冷热干稀的安排之类，都须视气候不同而有差异。首先，要注意选择应时当令的原料。其次，要按照节令变化调配口味。“春多酸、夏多苦、秋多辛、冬多咸，调以滑甘”。最后，注意菜品滋汁、色泽和质地的变化。夏秋气温高，应以汁稀、色淡、质脆的菜居多；春冬气温低，要以汁浓、色深、质烂的菜为主。

【想一想】
中西餐宴会菜单在酒水设计方面有何不同？

(5) 酒为中心，席面贵在变化。“酒为席魂”“菜为酒设”是中国饮食文化传统观念。从宴会编排的程序来看，先上冷碟是劝酒，跟上热菜是佐酒，辅以甜食和蔬菜是解酒，配备汤品与茶果是醒酒。至于饭食和点心的作用则是“压酒”。宴会是菜品的艺术组合，向来强调“席贵多变”。菜品间的配合，注重冷热、荤素、咸甜、浓淡、酥软、干稀的调和。菜品间的配合，要重视原料的调配、刀口的错落、色泽的变换、技法的区别、味型的层次、质地的差异、餐具的组合和品种的衔接。

【练一练】
你能说出高蛋白、高维生素的食物有哪些吗？

(6) 营养平衡，强调经济实惠。人们赴宴，除了获得口感上、精神上的享受之外，还会借助宴会补充营养，调节人体机能。选配宴会菜品，要多从宏观上考虑整桌菜品的营养是否合理，而不能单纯累计所用原料营养素的含量；应考虑所用食物是否利于消化、便于吸收，以及原料之间的互补效应和抑制作用。食物种类齐全，营养素比例适当，提倡高蛋白、高维生素、低热量、低脂肪、低盐饮食。现今的宴会，应适当增加植物性原料，使之保持在 1/3 左右；应控制菜品数量，突出宴会风味特色；应控制用盐量，清鲜为主；应重视烹制工艺，突出原料本味。

（二）宴会菜单设计方法

❶ 菜单设计前的调查研究

(1) 确定调查研究内容。一是宴会主题和正式名称，主办人或主办单位；二是宴会的用餐标准；三是出席宴会的人数，或宴会的席数；四是宴会的日期及宴会开始时间；五是宴会的就餐形式，即是设座式还是站立式，是分食制、共食制或是自助式；六是宴会的类型，即是中餐宴会、西餐宴会、冷餐会、鸡尾酒会或是茶话会等；七是出席宴会的宾客尤其是主宾对宴会菜品的要求，了解他们的职业、年龄、生活地域、风俗习惯、生活特点、饮食喜好与忌讳等，有无特殊需要；八是提供酒水，还是宾客自带酒水，如若谢绝宾客自带酒水，要明确告知；九是结账方式；十是宾客的其他要求。

(2) 开展分析研究。首先，对有条件或通过努力能办到的要求，要给予明确的答复，让宾客满意，对实在无法办到的要求要向宾客解释，使他们的要求和酒店的现实可能性相互协调。其次，要将与宴会菜单设计直接相关的材料与宴会其他方面设计相关的材料分开来处理。最后，要分辨宴会菜单设计有关信息主次、轻重关系，把握住缓办与急办的需要关系。

【练一练】
模拟进行杭州 G20 峰会晚宴菜单设计前的调查研究。

❷ 菜单菜品设计

(1) 确定宴会菜单设计的核心目标。宴会菜单设计的核心目标应包括宴会的价格、宴会的主题、宴会的风味特色。例如，扬州某酒店承接了每桌价格为 888 元的婚庆宴 50 桌的预订，其核心目标：一是婚庆喜宴即宴会主题，它对宴会菜单设计乃至整个宴会活动都很重要；二是每桌 888 元的价格即宴会价格，它是设计宴会菜单的关键性影响因素；三是所选菜品要能突出淮扬风味，宾客对此最为关注。

(2) 确定宴会菜品的构成模式。确定宴会的排菜格局，必须根据整桌宴席的成本规划菜品的数目，细分出每类菜品的成本及其具体数目。在选配宴会菜点前，先可按照宴席的规格，合理分配整桌宴席的成本，使之分别用于冷菜、热菜和饭点茶果，形成宴会菜单的基本架构。例如一桌成本为 400 元的中档宴席，冷碟 60 元，热菜 280 元，饭点茶果 60 元。在每组食物中，又须根据宴会的要求，确定所用菜品的数量，然后，将该组食品的成本再分配到每个具体品种中去。每个品种有了大致的成本规划后，就便于决定使用什么质量的菜品及其用料了。

(3) 选择宴会菜品。第一步要考虑宾主的要求，凡答应安排的菜品，都要安排进去。第二步要考虑饮食民俗，显示地方风情。第三步要考虑最能显现宴会主题的菜品，以展示宴会的特色。第四步要发挥主厨所长，推出拿手菜品。第五步要考虑宴会中的核心菜品，如头菜等。第六步要考虑时令原料，突出宴会的季节特征。第七步要考虑货源供应情况。第八步要考虑荤素菜品的比例。第九步要考虑汤羹菜的配置，注重整桌菜品的干稀搭配。第十步要考虑菜品与其他的协调关系，以菜品为主，点心为辅，互为依存，相互辉映。

想一想
1-2-2

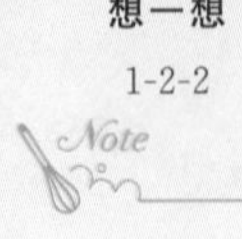

(4) 合理排列宴会菜品。宴会菜品选出之后，还须根据宴会的结构，参照所订宴席的售价，进行合理筛选或补充，使整桌菜品在数量和质量上与预期的目标趋于一致。待所选的菜品确定后，再按照宴会的上菜顺序将其逐一排列，便可形成一套完整的宴会菜单。菜品的筛选或补充，主要看所用菜品是否符合办宴的目的与要求，所用原料是否搭配合理，整个席面是否富于变化，质价是否相称等。对于不太理想的菜品，要及时调换，重复、多余的部分，应坚决删去。

(5) 编排菜单样式。编排菜单的样式，其总体原则是醒目分明，字体规范，易于识读，匀称美观。

中餐宴会菜单中的菜目有横排和竖排两种。竖排有古朴典雅的韵味，横排更适应现代人的识读习惯。菜单字体与大小要合适，让人在一定的视读距离内，一览无余，看起来疏朗开放，整齐美观。要特别注意字体风格、菜单风格、宴会风格三者之间的统一。附外文对照的宴会菜单，要注意外文字体及大小、字母大小写、斜体的应用、浓淡粗细的不同变化等。其一般视读规律：小写字母比大写字母易于辨认，斜体适合于强调部分，阅读正体和小写字母眼睛不易疲劳。

（6）席单的"附加说明"。"附加说明"是对宴会菜单的补充和完善，内容应包括：①介绍宴会的风味特色、适用季节和适用场合。②介绍宴会的规格、宴会主题和办宴目的。③列齐所用的原料和餐具，为办宴做好准备。④介绍席单出处及有关的掌故传说。⑤介绍特殊菜品的制作要领以及整桌宴席的具体要求。

3 菜单设计检查

（1）内容的检查。主要从以下十个方面进行：一是检查是否与宴会主题相符合；二是检查是否与价格标准或档次相一致；三是检查是否满足了宾主的具体要求；四是检查菜品数量的安排是否合理；五是检查风味特色和季节性是否鲜明；六是检查菜品间的搭配是否体现了多样化的要求；七是检查整桌菜品是否体现了合理膳食的营养要求；八是检查是否突现了设计者的技术专长；九是检查烹饪原料是否能保障供应，是否便于烹调操作和接待服务；十是检查是否符合当地的饮食民俗，是否显示地方风情。

（2）形式的检查。主要包括以下内容：一是菜目编排顺序是否合理；二是编排样式是否布局合理、醒目分明、整齐美观；三是是否与宴会菜单的装帧、艺术风格相一致，是否与宴会厅房风格相一致；四是在检查过程中，如果发现有问题的地方要及时改正，发现遗漏的要及时补上，以保证宴会菜单设计质量的完美性。

练一练
1-2-1

知识拓展
1-2-3

知识应用
1-2-3

四、酒水设计

（一）宴会酒水设计认知

1 宴会酒水界定　古语道，设宴待嘉宾，无酒不成席。说明了酒水在宴席上有举足轻重的地位，宴会自始至终都是在互相祝酒、劝酒中进行的。凡是重大的祭祀、喜事、丧事和社会交往等活动都离不开酒水。没有酒水就不能表达诚意；没有酒水就显示不出隆重；没有酒水就不能突现宴饮气氛；没有酒水就如同缺少了灵魂，难以称其为真正意义上的"宴会"了。

宴会酒水根据其酒精含量，可分为酒精性饮料和非酒精性饮料。酒精性饮料是指含酒精0.5%以上，习称为"酒"，通常有酿造酒（啤酒、葡萄酒）、蒸馏酒（威士忌、白兰地、伏特加）和再制酒之分。非酒精类饮料不含酒精成分，通常包括茶、水、牛奶、果汁和咖啡等。

2 宴会酒水类别

（1）中餐宴会主要用酒：中餐宴会用酒多选用白酒和黄酒。常见的白酒（表1-2-3）主要有茅台酒、五粮液、汾酒、洋河大曲、剑南春、古井贡酒、董酒、泸州老窖特曲酒、西凤酒、沱牌酒、二锅头等；常见的黄酒主要有绍兴酒、龙岩沉缸酒等。

【练一练】
对每类宴会酒水进行举例。

表1-2-3　中餐宴会主要用酒列表

品名	产地	酒精度/(%Vol)	主要特色
茅台酒	贵州茅台	53	具有独特的"茅香"。香气柔和幽雅、郁而不猛、香而不艳、入口味感柔绵醇厚，持久不散
汾酒	山西汾阳	65	清香型白酒。酒液清澈透明、清香馥郁，香绵甜润、醇厚、爽冽，素有色、香、味"三绝"之称

续表

品名	产地	酒精度/(%Vol)	主要特色
五粮液	四川宜宾	60左右	酒香属浓香型，具有酒液清澈透明、香气浓郁悠久、回味甘醇净爽的特点
洋河大曲	江苏泗阳	60左右	"甜、绵、软、净、香"，酒液透明、醇香浓郁，质厚而醇、软绵、甜润、圆正、余味爽净，回香悠久
剑南春	四川绵竹	55～60	浓香型大曲酒。酒液无色、晶亮，口味醇和，回甜、清洌、净爽，饮后余香悠长，有独特的"曲酒香味"
古井贡酒	安徽亳州	60～62	浓香型白酒，其香气纯净如幽兰之美，入口醇和，浓郁甘润，回味余香悠长而经久不散
董酒	贵州遵义	58～60	混合香型。酒液晶莹透明、香气扑鼻，入口甘美、清爽，满口香醇，在我国白酒中独占一型、别具一格
绍兴酒	浙江绍兴	15	以糯米为主料，加酒药、麦曲等，用摊饭法、发酵法等工艺酿成。酒液黄亮有光，香气浓郁芬芳，酒味鲜美醇厚
龙岩沉缸酒	福建龙岩	14.5	酒呈鲜艳透明的红褐色，有琥珀光泽，酒味醇厚。糖度高，但无黏稠感，诸味和谐且同时呈现

(2) 西餐宴会主要用酒：西餐宴席用酒以葡萄酒和葡萄汽酒为主(表1-2-4)。西餐宴会有时餐前要用开胃酒，餐后要用利口酒，十分注重酒与菜的搭配。西餐有时也配用啤酒、金酒(荷兰)、白兰地(葡萄酒发酵蒸馏而成)等。

表 1-2-4　西餐宴会主要用酒列表

名称	主要特色	著名品种或地区
开胃酒	以葡萄酒或蒸馏酒为酒基，加入多种香料、草药制成，具有开胃、健脾之功效	味美思、必打士酒
甜食酒	口味较甜，一般作为佐助甜食时饮用的酒品	波特酒、雪利酒
白葡萄酒	白葡萄除去果皮和籽后压榨成汁，经自然发酵酿制而成。怡爽清香，健脾胃、去腥气	法国勃艮第地区"葡萄酒之王"
红葡萄酒	红葡萄酒是用紫葡萄压榨取汁，自然发酵酿制而成，酒液呈红色，分强烈、浓郁和清淡三种	法国波尔多地区葡萄酒之女王
玫瑰葡萄酒	葡萄酒呈玫瑰红色，不甜而粗烈，一般酿制2～3年即可饮用	—
香槟酒	呈黄绿色，清亮透明，口味醇美、清爽、纯正，果香大于酒香，酒精度11%Vol	葡萄酒酒中之王

(3) 啤酒：啤酒是以小麦芽和大麦芽为主要原料，并加啤酒花，经过液态糊化和糖化，再经过液态发酵而酿制成的。其酒精含量较低，含有二氧化碳，富有营养。它含有多种氨基酸、维生素、低分子糖、无机盐和各种酶。这些营养成分人体容易吸收利用。啤酒中的低分子糖和氨基酸很易被消化吸收，在体内产生大量热能，因此往往啤酒被人们称为"液体面包"。啤酒分为鲜啤酒和熟啤酒。鲜啤酒没有经过杀菌处理，在15 ℃以下可以保存3～7天，但口味鲜美，如扎啤。熟啤酒稳定性好，一般可保存3个月。酒液透明、有光泽，色泽深浅因品种而异，泡沫洁白细腻、持久挂杯，有强烈的麦芽香气和酒花苦而爽口的口感。

(4) 茶：以茶树新梢上的芽叶嫩梢为原料。世界上茶叶的90%为全发酵红茶，8%是不发酵的绿

茶,2%是半发酵的乌龙茶。茶水解渴、清热,具有提神、明目、醒酒、利尿、去油腻、助消化、降血脂、防辐射等功效(表 1-2-5)。

表 1-2-5 宴会用茶列表

名称	产地	主要特色
龙井茶	西湖	中国绿茶的代表,以"色翠、香郁、味醇、形美"四绝著称于世。有"明前茶""雀舌茶""雨前茶"之分
碧螺春	太湖	色泽碧绿,外形紧细、卷曲、白毫多,香气浓郁。茶汤碧绿清澈,叶底细嫩明亮,饮时爽口,有回甘感觉
毛峰茶	安徽黄山	绿茶中的珍品,色泽油润光亮,绿中泛出微黄。茶汤清澈微黄,香气持久,犹若兰蕙,醇厚爽口
云雾茶	江西庐山	条索紧结重实,碧绿光滑,香气芬芳。茶汤绿而透明,滋味爽快、浓醇甘鲜,茶叶嫩绿微黄、柔软舒展
祁门红茶	安徽祁门	条索紧细秀长,汤色红艳明亮,香气既酷似果香又带兰花香气,清鲜而持久,香高、味醇、形美、色艳
武夷岩茶	福建武夷山	乌龙茶之极品。茶汤深橙黄色,清澈艳丽,叶底软亮,叶缘朱红,叶心淡绿带黄;兼有红茶的甘醇、绿茶的清香
普洱茶	云南普洱	本是绿茶,经过后氧化、后发酵的方法制成。条索粗壮肥大,色泽乌润或褐红,滋味醇厚回甘,并具独特陈香

(5) 果汁:以水果为原料经过物理方法如压榨、离心、萃取等得到的汁液产品,宴会可用品类较多。天然果汁是指没有加水的100%的新鲜果汁。稀释果汁是指加水稀释过的新鲜果汁,一般加入了适量的糖水、柠檬酸、香精、色素、维生素等。果肉果汁是含有少量的细碎颗粒的新鲜果汁,如粒粒橙等。浓缩果汁在饮用前需要加水稀释,以橙汁和柠檬汁最为常见。蔬菜汁也可加入水果汁和香料等,如番茄汁等。

(6) 碳酸饮料:含碳酸的饮料的总称。其风味物质的主要成分是二氧化碳,还包含碳酸盐等。普通碳酸饮料不含人工合成香料、天然香料,常见的有苏打水、矿泉水碳酸饮料等。果味型碳酸饮料添加了水果香精和香料,如柠檬汽水等。果汁型碳酸饮料含水果汁或蔬菜汁,如橙汁汽水等。可乐型碳酸饮料含有可乐豆提取物和天然香料,如可口可乐和百事可乐。碳酸饮料冰镇后(一般为 4~8 ℃)口感最佳。

(7) 矿泉水:矿泉水是来自地下深部循环的地下水,以含有一定量的矿物盐、微量元素或二氧化碳气体为特征,有不含气矿泉水、含气矿泉水及人工矿泉水之分。矿泉水使用前应先冷却,使其温度达到 4 ℃左右。瓶装矿泉水应在餐桌上当宾客面打开、倒入杯中,由宾客决定是否需要加冰块或柠檬片。

(8) 乳品饮料:以牛奶为主要原料加工而成。常见品种有新鲜牛奶、乳饮、发酵乳饮、奶粉等,含有丰富的蛋白质、卵磷脂、B 族维生素、钙质等营养成分,能有效预防骨质疏松症,对高血压、便秘等有一定疗效。

(9) 咖啡:以含咖啡豆的提取物制成的饮料,有消化、提神、利尿功能,可刺激肠胃蠕动,消除疲劳,舒展血管。各种咖啡可单品饮用,可混合调配(三种以上咖啡混拌称综合咖啡),具有或甘或酸,或香或醇,或苦或浓的特色。

【练一练】
通过网络查找每类宴会酒水的代表及其特色。

(二) 宴会酒水的搭配

❶ 酒水与宴会的搭配

(1) 酒水的档次应与宴会的档次一致:宴会有高、中、低档之分,酒有上品、中品、下品之别,不同档次的宴会用酒应与其规格和档次相协调。如果是高档宴会，则选用的酒品也应该是高质量的。如以往我国举办国宴，用酒往往选用茅台酒，因为它被称为中国“国酒”，其声誉在我国白酒中是最高的，“国酒”用在国宴上，二者相得益彰。但如果是普通宴会，则应该选用档次低一点的酒，如果在低档宴会上用茅台作伴宴酒，那酒水的价值则在整桌菜品之上，这样酒水往往会抢去菜品的风采，让人感到食之无味。如果高档宴会选用低档酒，则会破坏整个宴会的名贵气氛，让人对菜品的档次产生怀疑。

练一练

1-2-2

(2) 酒水的寓意应与宴会主题相结合：不同的宴会有不同的宴会主题，有的庆婚，有的祝寿，有的迎宾，有的团聚。为了衬托和突出宴会主题，酒的选择应该注意针对性。如婚宴气氛热烈、隆重，那么可以适当选择酒精度高一点的酒；寿宴气氛欢快、融洽，那么可以适当选择酒精度低一点的药酒或滋补酒。同时酒的名字也可以使宴会主题生辉，如婚宴选用“喜临门酒”“口子酒”；寿宴选用“麻姑酒”“寿生酒”；家庭宴选用“全家福酒”；学子宴选用“状元红”等。

【想一想】还有哪些酒水可以与宴会主题相结合？

【想一想】不同酒水最佳的饮用温度，你知道吗？

(3) 酒水的温度应与季节相适应：不同的季节，由于气候的差异，宴会宾主对酒的选用也有所不同。冬天喜饮用烫酒，夏天喜饮冰镇酒，这已是普遍的规律。夏天天热，人们多喜饮用啤酒以降温；冬天天冷，人们常饮用白酒以发暖。

(4) 酒水的选用应尊重宴会主办方意见：除了少数宴会用酒水是由主办方委托宴会承办方安排(或包含在宴席内)之外，一般情况下，宴会用酒水是由宴会主办方(或主人)在宴会筹备相应环节，根据需要选定。

(5) 酒水酒精度的选择应以健康适宜为度：随着现代饮食科学知识的逐步普及，越来越多的人开始意识到高度酒的危害性。高度酒的酒精含量较高，对味蕾的刺激强烈，宴会中选用高度酒之后就会使美味佳肴食之无味，也危害身体健康。因此，低度白酒最符合宴会用酒需要。

❷ 酒水与菜品的搭配

(1) 酒水的选用应充分体现菜肴的特色风味：许多酒水具有开胃、增进食欲、促进消化的功能。菜品与酒水搭配得当，能够体现菜品的特色，突出菜品风味。如西餐讲究“白酒配白肉、红酒配红肉”，比较清淡的海鲜、鸡肉适宜配饮淡雅的白葡萄酒，二者辉映，互增洁白晶莹的特色；厚重的牛肉、羊肉，适宜配饮浓郁的红葡萄酒，可使菜品更显浓郁、香馥的风格。

练一练

1-2-3

(2) 酒水的选用要与菜品的风味对等、协调：以酒佐食，必须是以酒为辅，因此在口味上酒水选择应配合菜品并相协调、对等。如咸鲜味的菜品应配干酸型酒，甜香味的菜品应配甜型酒，香辣味的菜肴应配浓香型酒，中国菜尽可能选用中国酒，西式菜尽可能选用西洋酒。

(3) 酒水与菜品的搭配应让宾客接受和满意：除此之外，酒水的选择还应根据宾客的身份、年龄等实际情况，对提出具体要求的宾客，以满足宾客要求为主。例如中餐宴会上，宾客要求选用红葡萄酒佐餐，宴会承办方也应以宾客意见为主。

知识拓展

1-2-4

❸ 酒水与用餐环节的搭配

(1) 餐前酒水选用原则：餐前一般选择饮茶或软饮料，而以饮茶者居多。中国香港的宴会重茶，一般提供普洱茶、花茶、铁观音等茶供宾客选择。餐前软饮料，主要是可口可乐、百事可乐或雪碧之类的碳酸饮料。

知识应用

1-2-4

(2) 佐餐酒水选用原则：佐餐一般选择酒精度较高的白酒和酒精度较低的红葡萄酒或啤酒。每一类酒一般有1～2种供宾客选择。宾客一般都会听从主人或主办方的安排，而且每桌所选用的酒品要相对统一。

(3) 餐后酒水选用原则：中餐习惯在餐后饮用茶水，较少喝餐后酒。但如果朋友相聚酒兴未尽，则另当别论。

五、服务设计

（一）宴会服务设计认知

❶ 宴会服务作用　宴会服务是指宴会承办方根据宴会设计为接待宴会宾主而进行的相关服务工作。宴会服务质量的高低直接体现宴会规格的高低，也间接影响宴会的气氛和与宴者的情绪。宴会服务的成败决定宴会经营的成效，直接影响饭店的声誉。

❷ 宴会服务岗位

（1）宴会厅领班。主要职责是做宴会管理工作，一般情况下，一名领班负责管理一个特定的宴会，同时负责服务宾客、掌握时间及处理其他请求等各方面工作。

（2）宴会厅服务员。主要职责是做宴会服务工作，负责从宴会准备到宴会结束过程中的直接对客服务工作。

（3）宴会厅管理员。主要职责是布置宴会厅房环境，也称为房务员，负责移动地毯、家具等改变宴会厅房布局或按主题布置环境等工作。

（4）音响设备技术员。主要职责是按要求完成宴会音视服务，负责按宴会服务方案完成音响、视频等内容的调试、播放。

（二）宴会服务程序

想一想

1-2-3

❶ 中餐宴会服务程序

（1）中餐宴前服务：

①大型宴会开始前 15 min 左右摆上冷菜，然后根据情况可预先斟倒红葡萄酒。冷菜摆放要注意色调和荤素搭配，保持冷盘间距相等。如果是各客式冷菜则按规范摆放。冷菜的摆放应能给宾客赏心悦目的艺术享受，并为宴会增添隆重而欢快的气氛。

②组织准备工作全部就绪后，宴会主管人员要对卫生、设备、物品、安全、服务人员的仪容仪表各方面做一次全面检查，以保证宴会的顺利进行。所有工作人员各就各位，面带微笑，等待宾客光临。

③宴会前召开宴前会，强调宴会注意事项，检查工作人员仪容仪表，对宴会准备工作、宴会服务和宴会结束工作进行分工。对于规模较大的宴会，要确定总指挥。大型隆重的宴会活动，要求气氛热烈，为了保证活动万无一失，一般都在宴会开始前进行彩排。

（2）中餐宴会服务：

【练一练】
完成主题婚宴备餐台宴前准备工作。

①迎宾。根据宴会的入场时间，宴会主管人员和咨宾提前在宴会厅门口迎接宾客，值台服务员站在各自负责的餐桌旁准备服务。宾客到达时，要热情迎接，微笑问好。将宾客引入休息室就座休息。回答宾客问题和引领宾客时要使用敬语，做到态度和蔼、语言亲切。

②入席服务。当宾客来到席位前时，值台服务员要面带微笑，拉椅帮助宾客入座，要先宾后主、先女后男；待宾客坐定后，帮助宾客打开餐巾、松筷套，拿走台号、席位卡、花瓶或花插，撤去冷菜的保鲜膜。

③斟酒服务。从主宾开始先斟葡萄酒，再问斟烈性酒，最后问斟饮料；葡萄酒斟七成，烈性酒和饮料斟八成。大型宴会为了保证宾主致辞和干杯的顺利进行，还可以提前斟倒酒水。

宾客干杯或互相敬酒时，应迅速拿酒瓶到台前准备添酒；主人和主宾讲话前，要注意观察宾客杯中的酒水是否已准备好；在主人和主宾离席讲话时，服务人员应提前备好酒杯、斟好酒水，按规范在致辞人身旁侍立，随时准备供致辞人祝酒所用。

④菜品服务。上菜位置一般要侧对着主人或主宾进行，也有的在副主人右边进行，这样有利于翻译和副主人向来宾介绍菜品口味、名称，严禁从主人和主宾之间或来宾之间上菜。

在宴会开始前将冷盘端上餐桌；宴会开始，等宾客将冷菜用到一半时，开始上热菜。服务人员应注意观察宾客进餐情况，并控制好上菜的节奏。上菜顺序应严格按照席面菜单顺序进行。要求手法

卫生，动作利索，分量均匀，配好佐料。

⑤席间服务。保持转盘整洁。宾客席间离座，应主动帮助拉椅、整理餐巾；待宾客回座时应重新拉椅、递铺餐巾。宾客席间站起祝酒时，服务人员应立即上前将椅子向外稍拉，坐下时向里稍推，以方便宾客站立和入座。上甜品水果前，送上相应餐具和小毛巾；撤去酒杯、茶杯和牙签以外的全部餐具，抹净转盘，服务甜点和水果。宾客用完水果后，撤去水果盘并摆上鲜花，以示宴会结束。

⑥送客服务。上菜完毕后即可做结账准备。清点所有酒水、香烟等包括宴会菜单以外的加菜费用并算出总数。宾客示意结账后，按规定办理结账手续，注意向宾客致谢。大型宴会结账工作一般由管理人员负责。

主人宣布宴会结束时，服务人员要提醒宾客带齐自己的物品。当宾客起身离座时，服务人员应主动为宾客拉椅，以方便宾客离席行走。视具体情况决定是否列队欢送或送宾客至门口或目送宾客。

在宾客离席时，服务人员要检查台面上是否有未熄灭的烟头和有无宾客遗留的物品。在宾客全部离去后，立即清理台面。先整理椅子，收餐巾和小毛巾，再按规范清理餐具用品并送往后台分类摆放。贵重物品要当场清点。

练一练

1-2-4

收尾工作结束后，领班要做检查。一般大型宴会结束后，宴会主管人员要召开总结会。待全部收尾工作检查完毕后，全部工作人员方可离开。

❷ 西餐宴会服务程序

（1）西餐宴前服务：

①准备酒类饮料。一般应在休息室或宴会厅房一侧设置吧台（固定的或临时的均可）。吧台内备齐本次宴会所需的各种酒类饮料和调酒用具。根据酒水要求，备好酒篮、冰桶、开瓶器、开塞钻等用具。吧台应有调酒师在岗，以便为宾客调制鸡尾酒。另外，还应备好果仁、虾条、面包条等佐酒小食品。

②面包、黄油服务。在宴会开始前 5 min，将面包、黄油摆放在宾客的面包篮和黄油碟内，所有宾客的面包、黄油的种类和数量都应是一致的。同时，为宾客斟好冰水或矿泉水。单桌或小型宴会可在宾客入席后进行此项服务。

练一练

1-2-5

③宴前鸡尾酒会。大型隆重的宴会活动，根据宴会主办方的要求，常为先行到达的宾客准备餐前鸡尾酒服务。一般在大宴会厅接待区由服务人员托送餐前开胃酒和开胃小食品，不设座位，宾客之间可以随意走动交流。

（2）西餐宴会服务：

①引领服务。宾客到达宴会厅门口时，咨宾应主动上前表示欢迎。礼貌问候后，将宾客引领至休息室，并根据需要接挂衣帽。

②休息室鸡尾酒服务。宾客进入休息室后，休息室服务人员应向宾客问候，并及时向宾客送上各式餐前酒。在宾客喝酒时，休息室服务人员应托送果仁、虾条等佐酒小食品向宾客巡回提供。

③拉椅让座。当宾客到达本服务区域时，值台服务员必须主动上前欢迎、问好，然后按先女后男、先宾后主的顺序为宾客拉椅让座（方法与中餐宴会相同），并点燃蜡烛以示欢迎。待宾客坐下后，为宾客铺餐巾，斟倒冰水和派黄油、面包。

④服务头盘。根据头盘配用的酒类，先为宾客斟酒，再上头盘。如是冷头盘，则可在宴前 10 min 事先上好。当宾客用完头盘后应从宾客右侧撤盘，撤盘时应连同头盘刀、叉一起撤下。

⑤服务汤。服务汤时应加垫盘，从宾客右侧送上。喝汤时一般不喝酒，但如安排了酒类，则应先斟酒，再上汤。当宾客用完汤后，即可从宾客右侧连同汤匙一起撤下汤盘。

⑥服务鱼类菜品。如在主菜前多用一道鱼类菜品，可以继续喝配头盘的白葡萄酒，再从宾客右侧上鱼类菜品。当宾客吃完鱼类菜品后，即可从宾客右侧撤下鱼盘及鱼刀、鱼叉。

⑦服务主菜。主菜大多是肉类菜品，一般盛放在大菜盘中由值台服务员为宾客分派，并配有蔬

菜和沙司，有时还配有色拉。上菜前，应先斟好红葡萄酒（斟酒方法与西餐正餐服务相同），并视情况为宾客补充面包和黄油。

⑧服务甜点。待宾客用完主菜后，值台服务员应及时撤走主菜盘、刀、叉、色拉盘、黄油碟、面包盘和黄油刀，摆上干净的点心盘。

用过奶酪后开始上甜品，此时一般安排宾主致辞，因此，值台服务员在撤去吃奶酪的餐具后应先为宾客斟好香槟酒或有汽葡萄酒，摆上甜品餐具，然后上甜品。

⑨咖啡茶和餐后酒服务。待宾客坐下后，休息室服务人员应及时为宾客送上咖啡或红茶，糖缸和淡奶壶放在茶几上（一般每四人配一套），服务方法与西餐早餐服务相同。在宾客饮咖啡或红茶时，休息室服务人员（或调酒师）应向宾客推销餐后酒和雪茄，主要是各种利口酒和白兰地，待宾客选定后斟好送上。

练一练

1-2-6

⑩送客服务。主要是拉椅送客和取递衣帽，具体要求与中餐宴会服务相同。

（三）宴会服务注意事项

（1）宾客在用餐时，餐具或用具不慎掉在地上时，服务人员应迅速将干净的备用餐具或用具补给宾客，然后将掉在地上的餐具或用具拾起拿走。

（2）宾客用餐时，不慎将酒杯碰翻酒水流淌时，服务人员应安慰宾客，及时用干餐巾将台布上的酒水吸去，然后用干净的干餐巾铺垫在湿处，同时换上新酒杯，斟好酒水。宾客若将菜汤洒到身上时，服务人员要迅速将洒落物清除掉，用湿毛巾擦干净，并请宾客继续用餐。

（3）席间若有宾客突感身体不适，应立即请医务人员协助，并向领导汇报，将食物原料保存，留待化验。

（4）在宴会服务过程中，服务人员之间要分工协作，讲求默契，服务出现漏洞，要互相弥补。

（5）每次宴会结束后，宴会主管人员要对任务的完成情况进行小结，以不断提高服务质量和水平。

六、安全设计

（一）宴会安全设计要点

（1）按照宴会主管人员事先的安排，每台的服务人员为该宴会台安全工作的主要负责人，应熟悉并负责台面的疏散路线，需设计宴会安全疏散示意图。

（2）保持疏散通道畅通，不得在疏散通道内放置任何物品。

（3）卷帘门下、消火栓前不得放置物品，现场的灭火器材不能随意移动。

（4）在宴会厅房入口的显著位置设置告示牌。

（5）宴会厅房应急手电筒应按照宴会主管人员要求，放置在固定位置便于取用。

（6）仔细查验请帖等入场票据，防止闲杂人员进入。

（7）提醒宾客，易燃、易爆物品不得带入场内。

（8）宾客存衣物时，提醒其贵重物品不予存放，箱包、大号皮包不存，非活动宾客物品不予存放。

（9）随时注意酒精炉、蜡烛台等明火使用情况，防止着火。

（10）注意发现桌面、地毯上有无烟头、火柴梗等危险物品，如有须及时清理。

（11）自助餐开始后，宾客取食物时，注意提醒宾客随身携带手机、钱包、数码相机等贵重物品。

（12）提醒宾客不要在宴会厅内为手机、数码相机等电器充电。

（13）及时发现对宴会活动不满的宾客，妥善上报处置，防止问题扩大化。

（14）散场时，检查桌面、椅子和台布下等位置，防止宾客遗失物品。

（15）牢记宴会承办方安保部门联系电话，牢记119、110等常规报警电话。

（二）宴会安全事件工作程序与标准

❶ 宾客物品丢失和遗留物品处理

（1）接到宾客物品丢失通知后，保安部主管与宴会主管人员立即赶到现场，向宾客表示歉意，认真听取失主对丢失财物过程各个细节的陈述，详细询问丢失物品的特征。

（2）在丢失物品记录表中记录发生地点和丢失的物品等情况，通知有关部门、岗位的领导，并留下与丢失案件有关的人员。

（3）宾客明确要求要向公安机关报案或丢失财物数额价值较大时，保安部主管人员应立即报告给酒店当日带班领导等。同时派人保护好现场，即在公安人员到来之前，现场不许任何人进出，不许移动、拿走或放入任何物品（发生在公共场所要划出保护区域进行控制）。

（4）失主明确要求不向公安机关报案的，征得失主同意后帮助查找。

（5）相关人员对丢失物品进行调查和处理过程中，首先对事件涉及人员进行谈话，调查了解事发时接触现场的所有人中，谁先进入、谁先离开等情况。引导其回忆接触现场的时间、工作程序、所处的位置、现场状态等情况。

（6）对物品丢失时的当班服务人员，逐一谈话，如已下班，也应立即将其叫回，涉及两人以上的要分别谈话并注意保密，以防串供或结成同盟。

（7）通过调查筛选出的重点嫌疑人员，要尽快取证，做到情节了解清楚，准确无误。

（8）调查处理时，要摆事实，讲道理，重证据。拿出处理意见后，报带班领导批准后执行。

（9）若未能找到丢失的物品，须请宾客填写丢失物品表及联系电话等，并请宾客签字，以备联系。

（10）将事件经过记录于工作日报中，并将宾客丢失物品报告及宾客填写的丢失物品记录表上报给带班领导。

（11）如宾客在所填的丢失物品记录表中有指控酒店的内容，应转由相关法务人员进行处理。

（12）与保安部随时保持联系，了解事态的进展情况；以便及时将结果通知给宾客。

（13）如确属酒店原因造成宾客的物品丢失，须根据酒店领导的意见，联系宾客给予适当赔偿。

（14）对找到的遗留物品，有宾客认领遗留物品时，须查验、核实其有效证件及所述情况等。若情况属实，可予以认领并请宾客签字，且须做好记录。如 24 h 内无宾客认领，须将物品转交保安部保管，并做好交接记录。

❷ 物品被盗及人员被骗事件处理

（1）在酒店范围内的酒店财物和工作人员个人的财物发生被盗及人员在酒店被骗事件，以及工作人员发现酒店的财物和员工个人财物在酒店被盗及人员被骗等均属于此类安全事件。应及时向上级领导和保安部报告，并尽可能保护好现场。

（2）各级领导接到报案后，应立即到现场组织、维护秩序，保护现场，积极发动工作人员向保安部提供情况和线索。

（3）保安部接到报案后，应向报告（反映）人问明发现和发生案件的时间、地点，被盗财物名称、数量，被骗人员及其他情况，认真记录，并及时向带班领导报告。

（4）保安部应衡量评估现场情况及被盗财物价值或被骗严重情况，如需报告公安机关处理的，要先报告给带班领导批准。

（5）在公安人员到现场前，要组织人员保护现场，并向有关人员了解情况，各级配合公安机关调查。

（6）属于保安部查处的案件，由保安部组织人员，认真勘查现场，向有关人员调查、取证，做好详细记录。

（7）根据案情需要找嫌疑人员谈话，应经带班领导同意，并研究谈话内容、方法后方可进行。

（8）对于已经得出调查结论的事件，应将调查结果报领导批准后执行。确定为案件后，保安部应把案发情况和查破结果，填写于案件登记簿，形成材料，整理存档。

3 宾客损坏酒店财物情况处理

（1）宴会主管人员接到宾客损坏酒店财物的通知或报告后，须到现场检查、核对被损坏的财物，并须向宾客调查财物的损坏过程。

（2）根据了解的情况，向有关部门询问被损坏财物的赔偿价格。有礼貌地向宾客讲明酒店有关赔偿制度，并要求宾客赔偿。

（3）对于损坏赔偿的费用须用现金或信用卡支付。将处理经过记录于工作日报中，并及时通知前厅经理和有关部门。

4 宾客受伤事件处理

（1）宴会主管人员接到报告后，与保安人员须在 1 min 之内到达现场，询问、查看受伤宾客的伤情，如伤情严重，协助保安人员护送宾客前往医院就诊。

（2）保持与医院的联系，及时向带班领导汇报宾客的病情。

（3）与有关部门合作，为受伤宾客提供一切酒店能够给予的帮助，如提供一些用品和食物等。

（4）详细记录事件发生和处理的过程。填写包括发生地点、时间、受伤宾客情况、证人等详细资料的报告，进行存档。

（5）将受伤宾客的病历复印，经宾客签字确认后进行存档。

5 停电紧急情况处理

（1）停电时，应迅速了解停电原因，采取补救、安置措施。

（2）启用备用照明系统，事后做好停电记录。

（3）保安部警卫和其他岗位员工应立即打开所配备的应急灯。警卫应急到位，迅速携带对讲机、手电筒及电警棍到酒店重点要害部位进行警戒。

（4）各部门管理人员应立即到所管辖的区域和公共场所，维持、稳定秩序，防止人员伤亡，防止丢失贵重物品，防止出现跑单情况。

（5）如停电时间较长，须通知各部门采取措施，做好安全和服务工作。

（6）将有关信息及时向带班领导报告。

（7）向宾客和各部门转达带班领导的最新指示。

（8）对于宾客的询问，应积极给予回答。向宾客致歉，解释停电的原因并告知此事正在处理、检查之中；询问、答复需要帮助的宾客，通知有关部门解决宾客的需求。

（9）酒店应配备必要数量的应急灯。

6 恶性事件处理

（1）发生打架、凶杀、抢劫等恶性刑事案件时，工作人员一旦发现应立即向保安部或上级领导报案。

（2）保安部主管及保安人员携带必要器材和电警棍、对讲机、记录簿、手电筒等，赶赴现场。

（3）根据事件恶劣程度可制止劝阻的立即制止劝阻；事态严重的则立即疏散人员，划定警戒区，并立即请示店领导是否向公安部门报案。

（4）如酒店物品有损坏，应记录肇事者资料，以备索赔之需。

（5）如肇事者乘车逃离，应记下车牌号码、颜色、车型及人数等。

（6）协助公安部门勘查现场，收缴各种打架斗殴工具。

（7）宴会主管人员负责传递各种信息、保管好宾客遗留的财物及行李；提供抢救受伤人员所需物品。

（8）案发地点负责人员查清设施设备是否遭受损坏，损坏的程度、数量，直接经济损失价值等。

(9) 如发生严重伤害,应按带班领导指示,与急救中心联系前来抢救,如发生死亡,由公安部门处置。

7 食物中毒事件处理

(1) 发现有食物中毒的宾客,立即通知保安主管及上级领导。

(2) 看护中毒宾客,不要将宾客单独留下,不挪动任何物品,保护好现场。

(3) 保安主管到达现场后,视中毒情况严重程度,送医院或拨打"120"急救电话及报警。

(4) 派专职警卫保护好现场,不要让任何人触摸有毒或可疑有毒的物品。

(5) 将中毒宾客的私人物品登记好。

(6) 将有关资料(包括中毒宾客的资料:姓名、电话、单位、家属电话;救护资料:警车、救护车到达及离开的时间,警方负责人姓名等)登记备案。

(7) 宴会主管人员到达现场后,视情况报告给带班领导。

(8) 对可疑食品及有关餐具进行专门控制,以备查验和防止他人中毒。

(9) 做好对发现人和现场知情人的访问记录。

(10) 向宾客做解释,稳定宾客情绪。

(11) 根据酒店领导的指导,由相关部门分别通知公安机关和卫生防疫部门,办公室和餐饮部要分别做好接待工作,并协助他们进行调查。

(12) 通知中毒宾客的接待单位和家属,并向他们说明情况,协助做好善后工作。

(13) 如内部员工食物中毒,办公室负责做好善后工作。

8 火灾及事故处理

(1) 为预防火灾事故发生,或发生时扩大和蔓延,酒店设火灾总指挥部,指挥部设在酒店消防中心。总指挥由酒店总经理担任。如果发生火灾,总指挥对火灾事故有直接指挥、下达命令、组织抢救的权力。

(2) 任何人在酒店发现煳味、烟火、不正常热度等情况,都有责任及时报警。

(3) 发现火情拨打店内报警电话。报警时要讲清起火具体地点、燃烧何物、火势大小,报警人的姓名、身份及所在部门和部位。

(4) 如有可能应先灭火,然后报消防中心,并保护好现场。如火情不允许,应立即按下各通道、楼层墙面上的红色紧急报警按钮报警。

(5) 发现火情时绝对不能高喊"着火了"。如果火势较大,必须迅速报告给酒店总指挥,由其决定后才能拨打"119"报警电话。

(6) 消防中心接到报警器报警或电话报警后,应立即通知相关主管人员携带万能钥匙赶到现场,同时保安部消防员(或警卫)应携带对讲机赶到现场,确认火情,同时应携带近处可取的轻便灭火器,做好灭火准备。

(7) 确认火情时应注意:不要草率开门,先试一下门体,如无温度可开门检查情况;如温度较高,即可确认内有火情。此时如房间内有人应先设法救人;如没有人,应做好灭火准备后再开门扑救。开门时不要将脸正对开门处。

【试一试】任选宴会安全场景进行模拟训练。

(8) 确认火情后,总机值班人员立即通知保安部、工程部经理(或值班人员)立即赶赴现场并组成调查、甄别、确认小组,迅速查清火灾的具体位置,燃烧物品的类别,燃烧范围大小及火势走向,火源,是电起火还是由其他原因引起,火场的详细情况,有无人员被困,有无贵重物品损失等。

(9) 发生火灾时应迅速组成领导小组,负责组织指挥灭火自救工作。小组成员由前厅经理、保安部经理、工程部经理等组成。其主要任务:组织指挥救火;根据火情,决定是否拨打"119"电话报警;根据火势,决定是否关闭送风机组或回风机组,是否切断电源和气源;根据火情决定是否发布疏散命令等。

单元三 宴会设计的程序

单元描述

一场宴会可能只有短短几个小时，但它的准备筹划工作可能需要数月。一场完美的宴会离不开精心的宴会设计，宴会设计是一项综合性、系统性较强的工作，涉及场景布局、台面安排、菜单设计、菜品制作、接待礼仪、服务规程、灯光、音响、卫生、保安……本单元将介绍宴会设计的概念、特点以及宴会设计的具体程序。

单元目标

1. 能够借助流程图使学生理解宴会设计的程序。
2. 通过实例展示使学生掌握接受预订、确定主题、设计方案、执行方案的工作方法。
3. 养成认真、细致、耐心的良好品质。

知识准备

某一城市承办某届全国运动会，在某一酒店举办 500 人参加的大型欢庆宴会，参加对象有政府官员、运动员、裁判员、教练员及工作人员等，酒店为办好这次宴会，从酒店总经理到各部门经理及员工都十分重视，并多次开会研究办好这次宴会的目标、要求及注意事项，每个环节明确主要负责人，从理论上安排得有条不紊、周到细致，可待宴会正式运作时，发现出菜速度太慢，菜品的数量不够，导致部分与宴人员吃不饱等，大会主办方很不满意。

产生这种现象的主要原因，一是对与宴人员的食量估计不足；二是对菜品的制作过程、设备设施及技术力量等因素考虑不周。那么应该怎样办好大型宴会？应该从哪些方面开展宴会设计？应当注意哪些问题？这都是本单元需要探讨和研究的主要内容。

任务实施

一、宴会设计的概念

宴会设计是指酒店宴会部受理宾客的宴会预订后，根据宴会规格要求编制出宴会组织实施计划，包括从宴会准备到宴会结束全过程中组织管理的内容和程序。

宴会设计具有以下要求。

❶ **突出主题** 如国宴目的是想通过宴会促进国家间相互沟通、友好交往，在设计上要突出热烈、友好、和睦的主题气氛；婚宴目的是庆贺喜结良缘，设计时要突出吉祥、喜庆、佳偶天成的主题意境。因此在宴会设计的程序中首先要明确的是宴会的目的，宴会设计脱离了主题将会导致宴会的失败。

❷ **特色鲜明** 宴会设计贵在突出特色，可以在场景布置、菜点酒水、餐台设计、服务方式、娱乐活动等方面进行表现。不同的进餐对象年龄、职业、地位、性格等不同以及饮食习惯、审美爱好各不一样，因此宴会设计不可千篇一律。

❸ **安全舒适** 宴会既是一种欢乐友好的社交活动，同时也是一种颐养身心的娱乐活动。与宴者来参加宴会是为了获得精神和身体的双重享受，因此安全舒适是所有与宴者的共同追求。宴会设计时应充分考虑和防止不安全因素的发生。

❹ **美观和谐** 宴会设计是一种美的创造活动，宴会场景、台面设计、菜点组合、灯光音响，服务

人员的容貌、语言、举止都包含了一定美学内容。宴会设计就是要将宴会过程中各种涉及的审美因素进行有机的组合，以符合协调一致、美观和谐的美感要求。

二、宴会设计的程序

宴会设计涉及方方面面，比如场景布局、台面安排、菜单设计、菜品制作、接待礼仪、服务规程、灯光、音响、卫生、保安等，是一项综合性、系统性较强的工作，在宴会设计过程中需要严格按照一定的工作程序进行（图 1-3-1）。首先，通过与主办方沟通，获取宾客的信息，了解宾客的要求；其次，通过对获取信息的分析研究确定宴会主题，从场景、台面、菜单、服务、娱乐活动等方面体现宴会主题；再次，围绕宴会主题进行宴会设计，从服务方式、宴会场所、场景设计、宴会活动程序、收尾工作等方面制订宴会方案；最后，按照制订的宴会方案多部门配合执行，完成宴会的设计与服务工作。

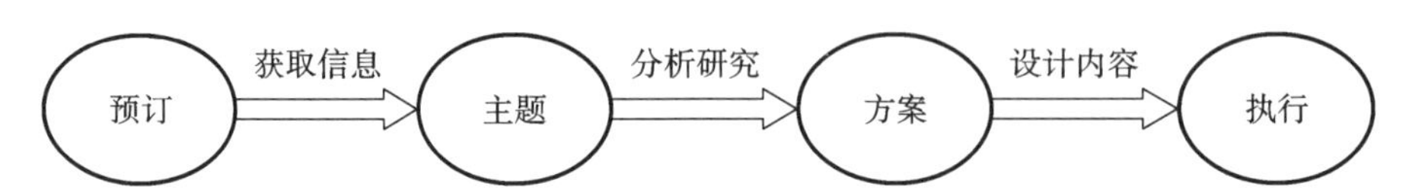

图 1-3-1　宴会设计工作程序

（一）接待预订

宴会设计的关键是宴会的主题，主题的确定会对后期所有的工作和服务起到奠定方向的作用。而宴会主题是怎样确定的呢？一般是根据宴会主办方的要求来进行设计，所以宴会设计的第一步是应尽可能详尽地掌握一些有关主办方需求的信息。而获取信息正是宴会预订的一项主要工作内容。对于一般宴会要了解宾客人数、宴会具体规格，宾客风俗习惯、生活禁忌、特殊需求，宾客国籍、宗教信仰、禁忌和口味特点等；对于规格较高的宴会还应掌握宴会的目的和性质、宴会的主题名称、宾客的年龄和性别，有无席次表、座位卡、席位卡，有无音乐或文艺表演、安排司机用餐、主办方的指示等信息。只有通过预订获取宾客信息，分析宾客需求，才能确定符合宾客心意的宴会主题，从而设计一场宾客满意的宴会。

知识拓展
1-3-1

（二）确定主题

作为餐饮业的流行趋势，主题宴会已经越来越受到宴会主办方和承办方的青睐。各种精心别致、独具匠心的宴会主题设计不仅凸显了承办方的设计和运作能力，也给主办方带来了耳目一新、贴心舒适的宴会享受。因此，宴会主题的创意和设计在宴会活动中占有了越来越重要的地位。宴会的主题多种多样，没有一成不变的样式。要将宴会活动设计得别出心裁，需要在满足宾客基本需要的情况下对主题进行深入的挖掘。

❶ 主题的来源　根据不同的划分方法可以将宴会主题划分为不同的类型。其中设计来源是决定主题的重要因素，从目前的发展状态看，主题来源一般可以划分为八大类。

（1）地域民族特色类主题：其来源包括独特地域的风土人情、地方文化事物及少数民族风情等。如以地域民风民俗及地方文化为主题、以地域代表性自然景观为主题、以地域文化及其景观为主题、以特定民族风情为主题等。

（2）历史材料类主题：我国有着五千年的文明史，历史文化资源非常丰富，这为我们进行主题宴会设计提供了大量并且优质的史料素材。这类主题既可以突出特色，又可以彰显我国优秀的历史文化。其选取点可以是古今文化景观、著名历史与现代人物、典型文化历史故事、经典文学著作等。如以古今著名文化及其景观为主题、以著名历史人物为主题、以经典文学著作与历史故事为主题、以宫廷礼制为主题等。

（3）人文情感和审美意境类主题：此类主题是借助餐饮的形式来表达人的情感意志，它关注的是人与人之间的情感表达和人的审美情趣，寓情于景，既给人视觉上的美的享受，又能引起与宴者的

情感共鸣。其主题设计的选取点有某种审美意象所寄托的事物、特殊的人际关系等。如以对具体事物的赞美为主题、以某种抽象的审美情趣为主题、以表达人与人之间的某种情感为主题等。

（4）食品原料类主题：食品原料的来源极其广泛，对食品原料进行深入挖掘，将其特色进行多样化的呈现，可以给人以耳目一新的感受。如以季节性食品原料为主题、以地域特色性食品为主题。

（5）养生类主题：随着人们养生意识进一步提高，养生为主题的宴会越来越受关注。其主题来源于不同的养生方法或养生文化与饮食业的融合，如以某些养生食品为主题、以特定养生理念为主题等。

（6）节庆及祝愿类主题：此类主题来源广泛，特点鲜明，其选取点可以是中西节庆活动，也可以是某种大型的庆典活动以及对于生活的美好祝愿等。如以中西节日为主题、以大型庆典活动为主题、以对生活的美好祝愿或期望为主题、以对人的祝福为主题、婚宴类主题等。

（7）休闲娱乐类主题：这类主题来源于人们所热衷的某种休闲运动或娱乐活动，是生活方式与美食的完美结合，非常迎合现代人的生活要求。如以某种娱乐节目为主题、以某些特色运动项目为主题、以某种时尚生活方式为主题等。

（8）公务商务类主题：这类主题来源于社会生活中所发生的公务性重大事件，设计者通过对这种主题的设计希望表达对事件的关注，或者希望达到事件营销的目的。如以某种重大事件为主题、以商务宴请为主题。

❷ 主题设计的要求

（1）宴会主题的单一性与个性化：宴会主题的来源众多，但是一个宴会只能有一个主题，只突出一种文化特色。设计主题时要求个性鲜明，与众不同，形成自己独特的风格。其差异性越大，越有优势。而宴会主题的差异的体现也是多方位的，可以从环境、菜单、服务、设施、宣传、营销等方面体现。

（2）宴会主题切记空洞、名不副实：有明确主题的宴会具有一定的吸引力，受到宾客的喜爱，于是涌现出一批扣着“主题”帽子的伪主题宴。这些主题宴会设计中存在着强行主题化的问题，特别是一些古典人文宴和风景名胜宴，菜品设计给人牵强附会之感。在古典人文宴的设计中虽然挖掘文化内涵是对的，但不考虑现在消费者需求，一味地增强菜品文化底蕴，将一些几千年前的华而不实、中看不中吃的菜品挖掘出来，这种形式主义的设计是没有市场的；而很多风景名胜宴为了凸显主题，在盘中摆出山山水水、花花草草、亭台楼阁，导致许多菜难以食用，违背了烹饪的基本规律。或者一味注重菜名的修饰，玩文字游戏，设计一些看不懂、弄不清的文艺菜名。这些空洞、名不副实的主题宴会失去了主题的灵魂，不具有吸引力。

知识拓展

1-3-2

（三）宴会设计的方案

在宴会主题确认之后，宴会承办方需要围绕主题制订宴会方案，宴会方案一般包括服务方式、宴会场所、主题设计、宴会活动程序、收尾工作等内容。

❶ 服务方式　服务方式因宴会提供的菜式的不同可分为中式服务与西式服务。其中西式服务又包含了法式服务、俄式服务、美式服务、英式服务等。

服务方式从经营角度可分为外卖式宴会服务与现场式宴会服务。外卖式宴会是一种新兴的宴会服务，随着经济的发展、社会的进步，有一些主办方举行宴会时不希望拘于某一种场所并且追求个性化体现，那么作为承办方可以提供外卖式宴会服务。外卖式宴会服务即不提供宴会所需的场地，只提供食品、酒水、餐具、桌椅、摆台和现场服务。虽然外卖式宴会服务可以满足宾客个性化的需求，但由于缺乏完备的设施条件，具有一定的挑战性。现场式宴会服务是传统的宴会服务方式，所有的服务都在酒店指定的宴会厅房内进行操作，设计者与执行者操作的稳定性更高，但受到场地的局限，现场式宴会服务缺少个性化。

在制订宴会方案时要根据本次宴会的主办方意愿、宴会主题、宴会菜单选择适合的服务方式。要根据宴会的具体情况选择适合的服务方式。

Note

❷ **宴会场所** 宴会场所分为户外和室内。户外宴会的可选择性较强，可以充分满足宾客个性化的要求，但户外宴会对天气、温度、湿度的要求较高；室内宴会可以提供较为完备的设备设施和较为稳定的温度、湿度，但会受到场地的大小、形状的限制。在进行场所选择时，虽以宾客意愿为主，但承办方应将利弊与宾客讲明，根据实际情况合理选择。

❸ **主题设计** 主题设计是通过多种手段和方法对进餐环境进行艺术加工布置，使其既凸显宴会主题，又满足宾客心理需求的一种艺术创造。在设计时需要充分考虑宴会的形式、宴会的标准、宴会的性质、参加宴会的宾客的身份、主办方的特殊要求等要素，通过场景设计、台面设计、菜单设计、娱乐活动设计、服务设计等不同方面体现宴会主题。

（1）场景设计：场景设计是指通过对宾客就餐时宴会厅房的外部四周环境和内部厅房场地的陈设布置来体现宴会主题。场景设计不仅仅是宴会厅房内部的场地布置，还包括宴会自然环境及餐厅建筑环境的设计。设计要素包括光线、色彩、温度、湿度、气味、家具、花草等。

（2）台面设计：台面是宴会主题设计的重点，因为在宴会过程中宾客观看餐台的时间最长。成功的台面设计就像一件艺术品，令人赏心悦目，凸显主题的同时，为宾客创造了隆重、热烈、和谐、欢乐的气氛。台面设计主要包括餐台（也称食台）、看台（用各种小件餐具、小件物品、装饰物等摆设成各种图案，供宾客在就餐前观赏）、花台（用鲜花、绢花、花篮以及各种工艺美术品和雕刻品点缀构成的台面）三个方面的设计凸显宴会主题。

（3）菜单设计：宴会菜单的主题设计是一项复杂的工作，也是宴会设计最关键的一环。一套完整的宴会菜单需要由厨师长、采购员、宴会主管人员、宴会厅预订员（代表宾客）共同设计完成。菜单的主题设计包括菜名设计、菜点设计和装帧设计。

（4）娱乐活动设计：随着经济水平的不断提高，现代人参加宴会的目的已经有所转变，不再是把吃放在首位，更多的是追求放松，精神上的娱乐享受。精心设计的娱乐活动能够烘托宴会气氛与主题。娱乐活动包括观赏表演（乐队演奏、文艺表演、舞台走秀、厨艺展示、幸运抽奖等）、自娱自乐（唱歌、跳舞）。

（5）服务设计：主题宴会作为高规格的就餐形式，显著的特点是具有礼仪性和程序性，因此，宴请过程中高质量的服务对整体宴会主题的体现起到重要的推动作用。宴会服务设计包括宴会服务方式的设计（中式或是西式，外卖式或是现场式）、服务流程的设计。

❹ **宴会活动程序** 宴会是一项社交与饮食结合的形式，除了美酒佳肴，在宴会过程中需要通过一系列的活动满足宾客社交的需求。不同类型的宴会由于社交目标不同，其活动程序也略有不同。

婚宴是最为常见的一种家庭类型宴会，需根据一对新人的文化背景、社会环境、恋爱经过策划个性鲜明的宴会活动。婚宴的宴会活动根据风格可以分为浪漫欧式婚礼、传统中式婚礼、时尚舞会婚礼、清新草坪婚礼等。不同的婚礼除了场景布置不同外，宴会活动也各不相同，如欧式婚礼有父亲交接、宣读誓言、互戴婚戒、共切蛋糕等环节；中式婚礼则更注重传统习俗，跨火盆、拜天地、交杯酒、同心结发等环节。

公司年会作为商务宴会的一种，是企业和组织一年一度的盛会，主要目的是年度总结、激扬士气，营造组织气氛、加强内部沟通、促进战略分享、增进目标认同，并制定目标，为新一年度的工作奏响序曲。年会的形式多种多样，有激情演艺宴会、体验学习宴会、客户答谢宴会、冷餐会等。不同形式的年会活动内容各不相同，在活动安排上年会更加注重时间的控制，在领导讲话、节目表演、游戏娱乐等方面对整场宴会的节奏进行掌控。

（四）宴会执行方案

宴会的组织实施是按照设计方案从人员分工、物品准备、宴前检查、现场指挥、收尾工作五个方面执行（图 1-3-2）。

❶ **人员分工** 规模较大的宴会要确定总指挥人员，在宴会的准备阶段要向服务人员交代任务、

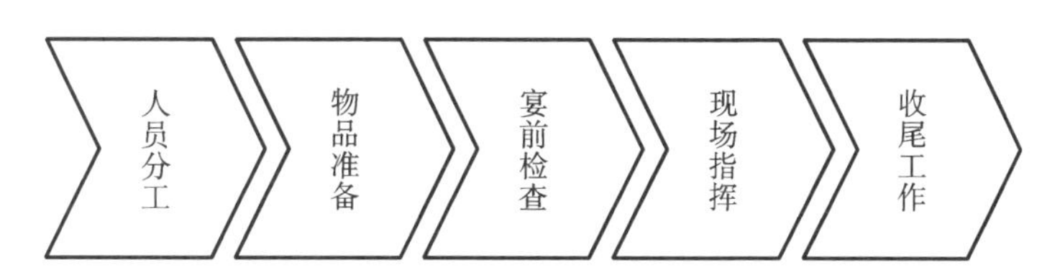

图 1-3-2　宴会方案的执行

要求、分工和注意事项。

（1）分工的内容：要根据宴会要求，就迎宾、值台、传菜、供酒、衣帽间、贵宾休息室服务等岗位制订明确的分工和具体的任务要求，将责任落实到人。

（2）分工的方法：大型宴会的人员分工要根据每个人的特长来安排以形成最佳组合，发挥最大效益。但由于宴会属于点状业务，不是天天都有宴会，在周末、节假日较多，所以很多宴会部为了节省成本，采用兼职的方法以达到人力成本最优化。而外卖式宴会中对兼职的管理最为艰巨，工作中“你不认识我，我不认识你”的情况时有发生。上海波特曼丽思卡尔顿酒店在进行外卖式服务时采取了简单、有效的人员分工方法，分工为同一工作内容的服务人员在腕部系同色腕带，工作时组长随时举起手来召唤有同色系腕带者集合（图 1-3-3）。宴会开始前制作服务“作战图”（图 1-3-4），每个人都有自己的位置，直上直下，简单好记。各级“将帅”标记着只有自己可以看懂的“暗号”。每一处线路安排，都需要精细地计算，甚至匹配到每一道菜的出品耗时。

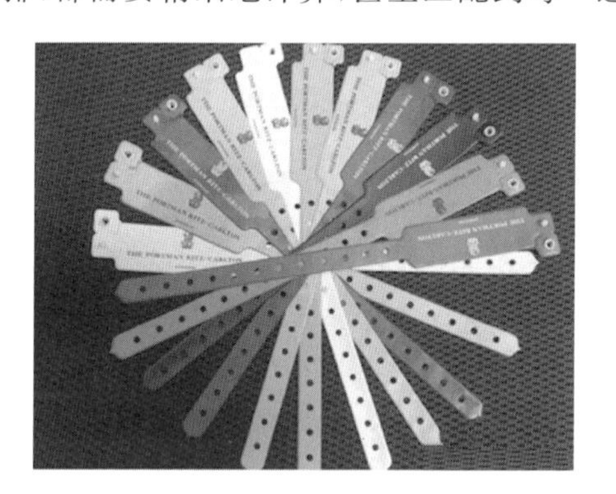

图 1-3-3　外卖式服务腕带

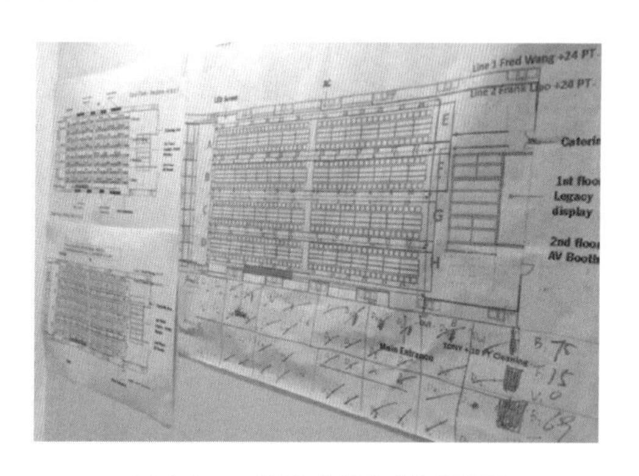

图 1-3-4　外卖式服务“作战图”

扫码看彩图
（图 1-3-3）

❷ 物品准备　宴会开宴前的物品准备广义上是指为了确保准时、高质、高效开宴而做的一切物质上的准备工作，包括场地布置、台型布置；狭义上的物品准备分为公共物品、餐具用品和装饰用品准备三类。

宴会承办方要根据宴会菜品的数量、宴会人数，确定所需餐具的种类、名称、数量，并分类进行准备。宴会服务使用量最大的是各种餐具、酒具，在准备时需要有一定数量备用，以便宴会中宾客人数增加使用或损坏替补，一般备用餐具数量不低于 20%。

宴会开始前 30 分钟按照每桌的数量拿取酒水饮料，取出后要将瓶、罐擦干净，摆放在相应位置。宴会一般开始前 30 分钟还应摆好冷菜。宴会用的水果应选用应季水果，并且考虑宾客的喜好与禁忌，数量适宜，大约每位宾客 250 g。

❸ 宴前检查　宴前检查是执行方案的关键环节之一，在准备工作完成后，应该立即进行检查工作。

（1）餐桌检查：检查摆台是否满足宴会主办方的要求，摆台是否符合本次宴会的规格，每桌餐具和棉织品是否齐全，席次卡是否按规定放到特定席位，值台服务员是否已经就位。

（2）安全检查：安全检查的目的是为了宴会能顺利进行，保证参会宾客的安全。检查宴会厅房的各出入口有无障碍物，安全门标志是否清晰，洗手间用品是否齐全，宴会厅房各种灭火器材是否按

规定位置摆放，酒精、固体燃料等易燃品是否有专人负责，宴会桌椅是否牢固，餐具是否有破损，地面是否有水迹、油渍，地毯对缝处是否平整。以上如有问题应立即处理，以保证参加宴会宾客的人身安全。

（3）设备检查：电器、音响和空调是宴会厅使用的主要设备，应对这些设备进行认真、详细的检查，以避免意外事故的发生，避免因设备故障破坏宴会气氛，影响酒店的声誉。

宴会开始前，要认真检查各种灯具是否完好，插座、电源有无漏电现象。要将开关全部开启检查用电，确保照明灯具效果良好。检查电线有无破损，保证宴会安全。

宴会开始前检查空调是否良好，要求开宴前半小时宴会厅房应达到所需温度，宴会厅房越大开启空调设备的时间越应提前，并始终保证宴会厅房内温度比较稳定、适宜。

宴会开始前应装好扩音器，调整好音量，做到逐个试音，保证音质。同时有线设备应将电线放置在地毯下面。

❹ **现场指挥** 宴会进行过程中，宴会的负责人，如宴会部经理、主管等要加强现场指挥。

一是要了解宴会所需时间，以便掌控上菜的时间，控制宴会的进程。要了解主人致辞的开始时间，以决定第一道菜上菜的时间。要了解不同菜品的制作时间，做好与厨房的协调工作，保证按顺序上菜。同时，要注意主宾席与其他席位的就座进展情况，防止过快或过慢，影响宴会气氛。

二是要在宴会过程中加强巡视，及时纠正服务上的差错，及时处理一些意外事故，特别要督促服务人员严格遵守操作规程，掌握宴会进度。

三是在宴会结束后，要迅速组织服务人员拉椅让座，做好衣帽间服务，送别宾客，并组织服务人员立即清台，收盘撤桌。如果宴会后安排娱乐活动，要组织有关服务人员及时到位，确保娱乐活动正常进行。

❺ **收尾工作** 宴会结束后，要认真做好收尾工作。

（1）结账工作：结账工作是宴会收尾的重要工作之一，要求做到准确、及时，如果出现差错，多算会导致主办方的不满，影响酒店的形象；少算会使酒店遭受经济损失，增加宴会的成本。在宴会临近尾声时，宴会主管人员应让负责账务的相关人员准备好宴会的账单。宴会的酒水饮料由于用量不确定，这部分是宴会结束后结算，如果宴前领取的酒水不够，则将临时领取的酒水饮料及时加入账单中；如果宴前领取的酒水有剩余，则应及时将剩余的酒水饮料退回发货部门，在结算时减去返还的费用。

（2）征求意见：对于宴会组织者、服务人员、厨师而言，每一次举办大型宴会都是提升服务能力的经历。因此，在宴会结束后，应该认真总结经验教训。宴会主管人员应在宴会结束后主动征询主办方对宴会的评价，征求意见包括菜单、服务、场景、台型、台面等方面。如果在宴会过程中发生了一些令人不愉快的事情，要主动向宾客道歉，获得宾客的谅解。当宾客对菜品的口味提出建议时，应虚心接受，及时转达给厨师，以提高菜品品质。宴会结束后，酒店要给主办方发一封征求意见和表示感谢的信件，感谢宾客选择本酒店举办宴会并期待下次合作。

（3）整理宴会厅房：当宾客全部离开宴会厅房后，服务人员应按照分工，及时完成餐具清洗和宴会厅房复原的工作。负责清洗餐具的服务人员应做到清洗干净、分类码放，将餐具破损率降到最低。负责整理宴会厅房的服务人员应及时将宴会厅房恢复原样，包括撤餐台、收餐椅、打扫宴会厅房卫生等。宴会主管人员在各项工作结束后，要认真进行全面检查，关好门窗、关上点亮的灯、切断电源，以确保安全。

模块二

商务宴会设计

扫码看课件

单元一 商务庆功宴设计

单元描述

随着经济的高速发展，国内外的商务交往愈发密切，宴请是商务活动中不可缺少的重要组成部分，商务型宴会的种类与数量逐年增加，人们对商务宴会的设计愈发重视。商务庆功宴是为了庆祝活动顺利开展、表彰获奖者等组织的聚会。商务庆功宴上与宴者可分享胜利的喜悦，肯定获奖者的努力并激励其再创新高，获奖者可发表获奖感言，也可发放福利等。商务庆功宴可以增进商务对象之间的了解和信任，从而促进商务活动良好的发展。本单元将从环境布局及台面、菜单等方面系统地学习商务庆功宴的设计。

单元目标

1. 理解商务庆功宴的特点，掌握商务庆功宴环境布局及台面、菜单的设计技巧。
2. 能够独立完成商务庆功宴的环境布局、台面、菜单的设计与策划。
3. 养成认真、细致、耐心的良好品质，培养创新精神。

知识准备

随着中国经济的不断发展，国际商务交往愈发密切，近几年越来越多的国际性会议在中国举办，随之一场又一场的具有中国特色的宴会应运而生，如 2014 年在北京雁栖湖举办的 APEC 峰会宴会（图 2-1-1）、2016 年在杭州西子宾馆举办的 G20 峰会宴会、2018 年在青岛国际会议中心举办的上合峰会宴会（图 2-1-2、图 2-1-3）……这些国家级别的宴会是商务庆功宴的典范。

图 2-1-1 北京 APEC 峰会宴会

图 2-1-2 青岛上合峰会宴会 1

任务实施

一、商务庆功宴的特点

商务庆功宴一般包括庆功宴、洽谈宴、签字仪式、学术交流宴、联谊宴（同行业）、招标宴、答谢宴、

图 2-1-3　青岛上合峰会宴会 2

产品推介宴等。商务庆功宴具有以下特点。

（一）消费以中高档为主

不论是小范围的包间庆功宴还是大规模的厅堂庆功宴，主办方都希望通过宴请活动给宾客留下美好印象从而达成一定的商务目的，所以对宴会的环境布局、台面、菜单与酒单、服务有较高的要求。商务庆功宴消费以中高档为主。

（二）注重双方的喜好与禁忌

在设计时，需要注重双方共同爱好，环境布局、台面、菜肴除了要突出当地风俗特色外，还要重点考虑宾客的风俗习惯和宗教信仰。

（三）讲究宴饮礼仪礼节

作为商务庆功宴会，特别重视宴饮的礼仪礼节，如席位的安排、席间环节设计，应遵循一定的礼仪规范和程序。

（四）紧扣宴会主题

不同类型的商务庆功宴的宴请目的不同，如洽谈宴是为了建立合作关系，庆功宴是为了庆祝项目完成，产品推介宴是为了推广产品从而达成交易。为了突出宴请目的，应从环境布局、台面、菜单与酒单、服务等方面紧扣主题。

（五）对宴会服务要求较高

知识拓展
2-1-1

商务庆功宴要求服务人员具有较强的应变能力，若宴会过程中出现异常状况，服务人员可以利用灵活上菜、递送香巾等服务转移宾客的注意力。

二、商务庆功宴环境布局设计

环境布局是宴会给宾客的第一印象，决定了一场宴会的基调，对于宴会成功与否至关重要。商务庆功宴的环境布局设计主要包括空间布局和环境设计两个部分。

（一）空间布局

宴会的空间布局是根据宴会流程的需要而设计的，一般商务庆功宴的流程包括嘉宾入场、主持开场、嘉宾致辞、主办方祝酒、现场表演、产品展示、嘉宾离席等。为了促使宴会流程顺利进行，商务庆功宴的空间布局包括签到迎宾区、贵宾休息室、衣帽间、产品展示区、酒水台、舞台、致辞区、就餐区。

❶ **签到迎宾区**　设立在宴会厅入口处，主要负责嘉宾签到，制作发放抽奖券。

❷ **贵宾休息室**　设在宴会厅附近，为贵宾宴前交流、休息而设，贵宾休息室至宴会厅必须设有专门通道。

❸ **衣帽间**　若宴会规模较小，可不设专门的衣帽间，只在宴会厅门前放衣帽架，安排服务人员照顾宾客宽衣并接挂衣帽。若宴会规模较大，则需设衣帽间，凭牌存取衣帽。接挂衣服时应握衣领，切勿倒提，以防衣袋内的物品倒出。贵重的衣服要用衣架，以防衣服走样。重要宾客的衣物，要凭记忆进行准确的服务，贵重物品请宾客自己保管。

❹ **产品展示区**　产品展示区主要负责展示公司的最新产品或主打产品，位置设置可以根据宴会的目的而定。产品推介会的产品展示区可设置在中心显眼的位置或以表演的形式展现，如走秀展示、模特静展。

❺ **酒水台**　商务庆功宴肯定离不开酒水，为了满足宾客饮酒的需求，除了服务人员斟倒外，宴

会厅内应设置相应数量的酒水台，供宾客自行取用。一般情况下应设置在宴会厅的两侧。

❻ 舞台　为了增强宴会气氛，在商务庆功宴上会安排娱乐类节目助兴，如唱歌、弹奏、抽奖等。舞台的设置位置一般分为两种，一种是正对宴会厅门口最里侧靠墙的位置；一种是宴会厅内正中间。

❼ 致辞区　商务庆功宴举办过程中需要有主持、致辞、祝酒等环节，这些环节一般情况下在致辞区进行。致辞区通常设置在舞台的左侧，装有麦克风、配有笔记本电脑，台前用鲜花装饰。

❽ 就餐区　就餐区是宴会厅占地面积最大的区域，如何将餐台合理地摆放在宴会厅内是设计的关键。一桌宴席，餐桌应置于宴会厅的中央位置，宴会厅的屋顶灯对准桌心。二桌宴席，餐桌应分布成横一字形或竖一字形，主桌在厅堂的正面上位。三桌宴席，正方形厅堂可将餐桌摆放成品字形；长方形厅堂可将餐桌摆放成一字形。四桌宴席，正方形厅堂可将餐桌摆放成正方形；长方形厅堂可将餐桌摆放成菱形。五桌宴席，正方形厅堂可在厅中心摆一桌，四角方向各摆一桌，也可以摆成梅花花瓣形；如厅堂是长方形的，可将第一桌放于厅房的正上方，其余四桌摆成正方形。六桌宴席，正方形厅堂可将餐桌摆放成梅花花瓣形；长方形厅堂可将餐桌放成菱形、长方形或三角形。七桌宴席，正方形厅堂可将餐桌摆放成六瓣花形，即中心一桌，周围摆六桌；长方形厅堂可将餐桌摆放成一桌在正上方，六桌在下，呈竖长方形。八至十桌宴席，将主桌摆放在厅堂正面上位或居中摆放，其余各桌按顺序排列，或横或竖，或双排或三排。大型宴席由于人多、桌多，应视宴席的规模将宴会厅分成主宾席区和来宾席区等若干服务区。

（二）环境设计

宴会的环境能够表达宴会主题并且直接影响宾客的心情。环境设计时主要考虑以下几个方面。

❶ 内外环境　商务庆功宴宴会环境分为外部环境与内部环境两种，外部环境指周边环境与建筑风格，内部环境指宴会厅内装饰布置。内外环境设计需要相辅相成，根据宴会性质及宾客的需求，利用装饰物、色彩、灯光、音响、温度、湿度等客观条件凸显宴会主题。

周边环境对于宴会气氛的渲染起到重要作用，如2016年杭州G20峰会的宴会主题为“西湖盛宴”，宴会举办地选择西子宾馆，西子宾馆位于世界文化遗产——杭州西湖南岸，雷峰夕照山麓。酒店三面临湖，依山傍水，与“苏堤”“三潭印月”“柳浪闻莺”等著名景点隔湖相望，湖光山色尽收眼底（图2-1-4）。

建筑风格是宴会环境设计的重要因素之一，建筑风格可以传达宴会的主题，表明主办方的态度。如2018年在青岛举办的上合峰会的宴会举办地为青岛国际会议中心。从造型上看，主会场像是一只展翅的海鸥，栖息在黄海之滨。主会场入口一侧有镜面水池，整个建筑外立面古典之美和现代气息交融，透着礼仪之邦喜迎宾朋的风范。设计与青岛的山、城、海、港、堤融为一体，契合“山水一体、海天一色”的场地环境，寓意为“腾飞逐梦，扬帆领航”，尽现大国风度（图2-1-5）。

图2-1-4　西子宾馆周边环境

图2-1-5　青岛国际会议中心建筑外观

宴会厅内部装饰布置是宴会环境设计最为直接的设计要素，也是最灵活的设计手段。商务庆功宴多利用字画、雕刻、家具、天花板等进行宴会厅内部装饰。如进入青岛国际会议中心的迎宾大厅，赫然映入眼帘的是长21 m、高7.5 m的巨幅泰山主题国画，寓意国泰民安（图2-1-6）。两侧墙面高

耸，上面的浮雕分别描绘了海上丝绸之路和陆上丝绸之路的情境（图 2-1-7）。青岛上合峰会主会场共有 37 幅木雕，分成三大主题。一组是用 24 幅山水木雕诠释习近平总书记的治国理政方要，另一组是 12 幅牡丹图，还有就是会场正前方 1 幅 12 m 宽的锦绣河山主题大型挂屏。作为本次峰会最重要的会议厅——泰山厅，顶部灯具造型以"玉"为主体，名为"久合叠玉"，象征集合智慧、合力共赢、环环相扣、生生不息（图 2-1-8）。负责晚宴的国宴厅采用蓝颜色地毯，象征着青岛的美丽海湾（图 2-1-9）。

【找一找】通过网络搜索北京雁栖湖 APEC 国际会议中心图片，讨论分析一下它的内外环境设计要素。

图 2-1-6　青岛国际会议中心迎宾厅壁画

图 2-1-7　青岛国际会议中心木雕

扫码看彩图（图 2-1-7）

图 2-1-8　青岛国际会议中心泰山厅灯具

图 2-1-9　青岛国际会议中心国宴厅地毯

扫码看彩图（图 2-1-9）

❷ **面积**　宴会档次不同，人均用餐面积也不同，档次越高人均用餐面积越大，具体指标见表 2-1-1。

试一试 2-1-1

表 2-1-1　宴会档次与人均用餐面积的关系

宴会档次	每餐座面积指标
特档宴会	2.5 m^2 以上
高档宴会	2.2～2.5 m^2
中档宴会	1.8～2.2 m^2
普通宴会	1.5～1.8 m^2
自助宴会	0.8～1.5 m^2

知识拓展 2-1-2

❸ **温度/湿度**　空气的温度与湿度直接影响着宾客的感受，温度低会给宾客"冷遇"的感觉，温度高使宾客心情焦躁；湿度大会使宾客心情烦躁。商务庆功宴的温度与湿度应根据宴会的气氛相应调节，如气氛活跃的宴会应适当调低温度，如气氛稳重的宴会应适当调高温度。一般五星级酒店冬季温度为 20～22 ℃，湿度为 40%～50%；夏季温度为 22～24 ℃，湿度为 50%～60%。

❹ **音乐**　宴会背景音乐设计通过声音的传播影响宾客的心理，可以产生对宴会预期的遐想意境。宴会背景音乐的选择、播放，要符合以下原则。

(1) 符合宴会环境。宴会背景音乐要符合宴会厅装潢风格。古典式餐厅配古典名曲，如《春江花月夜》；民族式餐厅，如云南傣族风味餐厅配上云南笙笛、葫芦丝乐曲；西餐厅播放钢琴曲或小提琴曲。

(2) 符合身心节律。心理学研究表明，节奏明快的音乐会加快宾客就餐速度，而节奏缓慢的音乐可以放缓宾客就餐速度。在商务庆功宴过程中应在不同阶段选用不同的背景音乐，注意音量适中，使宾客既能听到乐曲又不影响交谈。

(3) 适合欣赏水平。由于宾客的教育水平、文化修养、职业工作和兴趣爱好不同，其音乐欣赏水平也各不相同，要根据宾客的音乐欣赏水平编排背景音乐。如在一场宴请外宾的宴会上全部播放中国音乐，与宴者肯定不会对这种陌生音乐产生情感共鸣，而中外知名的乐曲各选用一些，既能凸显中国特色又能使与宴者会情不自禁地哼上几句。

例如，杭州 G20 峰会欢迎宴会以经典名曲《喜洋洋》开始，在整个宴会期间，由浙江交响乐团和浙江音乐学院共同演奏了 8 组共 26 首外国乐曲，包括意大利《重归苏莲托》、法国《天鹅》、德国《乘着歌声的翅膀》、加拿大《红河谷》、美国《温情诉说》、俄罗斯《祖国从哪里开始》、韩国《阿里郎》等，荟萃了所有出席宴会领导人国家的经典音乐，最后以中国名曲《花好月圆》圆满结束。

⑤ 色彩　色彩是营造气氛中最主动、活跃的因素，它能带给宾客视觉的冲击，通过视觉对人的心理产生影响，从而产生不同情绪。在对商务庆功宴的环境进行设计时，应利用这一点，通过不同颜色的选择达到不同意境渲染的效果。色彩与情感反应的关系见表 2-1-2。

表 2-1-2　色彩与情感反应

色彩	寓　　意	心理作用
红色	吉祥、赤诚	刺激和兴奋神经系统，使人产生热烈、兴奋的心理作用
黄色	华贵	刺激神经和消化系统，使人产生欢快和活跃的心理作用
橙色	丰收、神秘、渴望、贵重	诱发食欲，使人产生饱满、成熟的心理作用
绿色	生命力、清新、鲜嫩	平衡神经系统的作用，使人充满希望、心情开朗
蓝色	神秘、凉爽、素雅	降血压，降低食欲
紫色	高贵、优雅、奢华	使人产生华丽、高贵的心理作用，降低食欲
白色	纯洁、清淡、软嫩	镇静作用，使人产生纯洁、明亮、轻盈的心理作用
黑色	深沉、严肃、庄重、坚毅	给人压抑感和凝重感，使人产生沉闷、紧张、寒冷的心理作用

图 2-1-10　宴会色彩运用 1

图 2-1-11　宴会色彩运用 2

【试一试】
运用所学知识，分析图 2-1-10、图 2-1-11 的色彩运用。

扫码看彩图
(图 2-1-10)

扫码看彩图
(图 2-1-11)

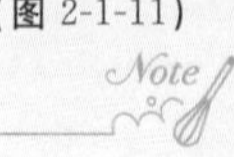

三、商务庆功宴台面设计

宴会台面是宾客在整场宴会过程中接触时间最长、距离最近的设计元素，是宴会设计中重要的一环。商务庆功宴的台面设计包括餐桌、餐具、台布、餐巾、餐台插花等。

（一）餐桌

餐桌的大小不同与宴会的档次有关，宴会档次越高餐桌面积越大，餐桌装饰也就越多。中餐宴会中多用圆形餐桌，象征团团圆圆。中餐宴会常用餐桌规格见表 2-1-3。

表 2-1-3　中餐宴会常用餐桌规格

餐桌直径/cm	宾客人数/人	备　注
140	6	可不设转盘
160	8	设转盘
180	10	设转盘
200	12	可采用插花、雕刻品等装饰餐桌中心，选择分餐制服务
220～300	14～20	可采用插花、雕刻品等装饰餐桌中心，选择分餐制服务

（二）餐具

餐具是餐台设计中的重要道具，它不仅有满足宾客进餐需要的作用，而且也有渲染餐饮气氛、暗示宴会厅所销售的餐饮产品和美化餐台的重要作用。2014 年 11 月 10 日，APEC 国宴在奥运会场馆“水立方”举行，此次欢迎晚宴所使用的餐具，并不似以往国宴中使用的偏素色餐具，帝王黄的珐琅彩瓷在国宴主桌上异常抢眼。据此次国宾餐具主创设计师之一庄志诚介绍，这套餐具是以《诗经》中词句“和鸾雍雍，万福攸同”寓意为主题设计，专为 APEC 国宴而作。主桌以金黄色为主色调，每人需用到 68 件餐具(图 2-1-12)。嘉宾桌以银色为主色调，每人需用到 63 件餐具(图 2-1-13)。

扫码看彩图
(图 2-1-12)

扫码看彩图
(图 2-1-13)

图 2-1-12　APEC 国宴主桌餐具

图 2-1-13　APEC 国宴嘉宾桌餐具

杭州 G20 峰会国宴餐具采用瓷制成，图案采用富有传统文化审美元素的“青绿山水”工笔带写意的笔触创造，布局含蓄严谨，意境清新。所有图案设计均取自西湖实景，如茶和咖啡瓷器用具系列，设计灵感来源于西湖的荷花、莲蓬造型，壶盖提揪酷似水滴(图 2-1-14)。漫步西子湖畔，最让人难忘的是那些大大小小的桥。桥，在这套国宴餐具中不仅体现在图案上，而且在器具的造型上也融入了桥的元素(图 2-1-15)，反映了这次峰会的主题——连接这个创新、活力和包容的世界的桥梁。

知识拓展
2-1-3

【找一找】
通过网络搜索宴会台面图片，分析台布发挥的作用。

（三）台布

台布的选择可根据餐桌的规格和宴会的主题以及宴会厅的布置来进行。首先，台布的大小要适合餐桌的规格。一般情况下，台布要比餐桌直径长 140 cm 左右；其次，台布的颜色要同宴会厅的装饰布置相协调，与宴会的主题相适应。某酒店在设计过程中用黄色丝绸装饰成蜿蜒的丝绸之路，宴会背景是蓝天白云下一望无际的草原，其中点缀着可爱的羊群，背景墙前高大的骆驼昂首迎候宾客的到来，形象逼真。宴会厅东侧有一座古老的长城碉堡模型，西侧有一幅天山图的背景板。20 桌餐桌错落有致地摆放在 3 条丝绸之路的两侧，台布选用金黄色与丝绸的颜色一致。

（四）餐巾

餐巾是餐厅中常备的一种卫生用品，也是一种装饰美化餐台的艺术品。餐巾的规格不等、质地

图 2-1-14 杭州 G20 峰会宴会餐具 1

图 2-1-15 杭州 G20 峰会宴会餐具 2

不同、色彩不一，通常为 50 cm 见方。餐巾在餐台设计中是重要的装饰品，对于美化台面、活跃气氛起着相当重要的作用。餐巾折花按摆放器皿可分为杯花、盘花、环花；按照造型可分为动物造型、植物造型、实物造型。不同的餐巾折花造型表达的寓意不同，如商务庆功宴可选用迎宾花篮、和平鸽、春笋、蓓蕾等折花造型表示友好、希望的美好寓意。在选择造型时还需要考虑宾客的风俗习惯及宗教信仰。

（五）餐台插花

餐台设计中最常用的手段就是插花，在插花设计时，首先要掌握宴会的主题，其次要了解宾客的身份、宗教信仰、风俗习惯、饮食禁忌等，依据这些来构思餐台插花的图案与造型。

❶ 花材分类 花材分类见表 2-1-4。

表 2-1-4 花材分类

花材分类	特　点	常见品种
鲜切花材	观花类	百合、月季、康乃馨、玫瑰、紫罗兰等
	观叶类	天门冬、肾蕨
	观枝类	一品红、樱花
	观果类	红果、金银茄
干花花材	可随意染色，经久耐用，管理方便，不受季节和采光限制	绢花类、仿真花
器物花材	通过对其他花材进行点缀和装饰并与之巧妙组合	剪纸、贝壳、小米、工艺品、雕刻品

❷ 花材选用原则

（1）注意各民族的风俗习惯：花台设计应尊重不同国家、不同民族的风俗，选用最合适、最能表达主人心意的花材。因为花材自身的性质和花语会给人以不同的联想，尽量避免使用宾客忌讳的花材。

（2）选用应时花材：如春季可选用迎春花、银牙柳、牡丹等；夏季可选用睡莲、荷花、菖蒲等；秋季可选用海棠花、菊花等；冬季可选用梅枝、残荷等。目前，随着温室养花的盛行，很多花卉可以全年生产，比如康乃馨、月季、菊花、玫瑰、菖蒲、满天星等，一年四季均可选用。

（3）色彩协调：在花材的选择中，色彩搭配是否和谐是设计花台成败的关键。在餐台插花时要注意色彩不宜过杂，除了绿色的配叶和衬草外，花材颜色的选择宜控制在三色以内，给宾客带来高雅的感觉。

（4）注重花材质量：选择花材时，在考虑宾客的喜好和色彩搭配的前提下，花材的质量也是不容忽视的因素之一。另外，还应尽量避免选用香味过浓、带刺、花粉易散落、过分华丽的花材或僵硬的枝条。

③ 插花的形状 花台的设计要考虑宴会餐桌的大小及形状。如果是圆形餐桌，插花造型宜选用圆形、半圆形、金字塔形等；如果是长方形餐桌，插花造型应选用长方形或椭圆形。另外，餐台插花需要考虑餐桌的大小，如果餐桌过小，不宜设计过大的插花造型，否则影响餐具的摆放与使用；如果餐桌过大，花台尽量选择环形，否则起不到渲染气氛的效果。

在进行主题宴会餐台设计时，为了突出主题需要，经常会在插花的基础上加配一些装饰物来进行衬托或点缀，可起到意想不到的效果。例如，主题为“金玉满堂”的商务庆功宴，餐台设计可以选择在装有金鱼的金鱼缸上进行插花，利用“金鱼”与“金玉”谐音，体现餐厅设计的文化性和艺术性。

四、商务庆功宴菜单设计

宴会菜单的设计是一项复杂的工作，是商务庆功宴会活动最关键的一环。菜单要根据宴会的目的、规格、时间、阶级和宾客的身份来确定，尤其是要照顾主宾的饮食习惯。一般来说，主题宴会菜单的设计包括菜名设计、菜点设计和装帧设计。

（一）菜名设计

宴会菜名的设计，必须根据宴会的性质、主题，采用寓意性的命名方法，使其主题鲜明、寓意深刻、富有诗意。符合宴会气氛菜名的菜肴能够成为一种思想情感交流的工具，一种文化、艺术的载体，使这些普通的菜肴具有良好的审美价值和“语言”功能。如商务庆功宴中的“海纳百川”“一帆风顺”“龙腾四海”“前程似锦”“紫气东来”等菜名，体现了对公司、项目的美好祝福，给人一种振奋精神的享受。

（二）菜点设计

菜点设计是菜单设计的核心。商务庆功宴会菜单的设计要点如下。

❶ 了解宾客，投其所好 商务庆功宴会菜单的设计应根据宾客的目的设计，好的宴会菜单是使宴会达到目的的一种手段，所以宴会菜单设计一定要了解主办单位或主人举办宴会的意图，掌握其喜好和特点，并尽可能了解与宴者的身份、国籍、民族、宗教信仰、饮食嗜好和禁忌，从而使设计的菜单满足宾客的爱好和需要。招待外宾可选择有中餐特色的菜肴。邀请国内宾客时，可选择具有本地特色风味的菜肴。

知识拓展
2-1-4

❷ 合理搭配，富有变化 庆功宴会菜单如同一曲美妙的乐章，由序曲到尾声，应富有节奏和旋律。因此，设计菜单时应注意以下几点：

(1) 注意菜点的结构，冷菜、热菜、点心、水果应合理搭配。造型别致、刀工精细的冷菜，能将与宴者吸引入席，先声夺人；丰富多彩、气势宏大的热菜，能引人入胜；小巧精致、淡雅自然的美点，就像乐章的“间奏”承上启下，相得益彰；而色彩艳丽、造型奇妙、寓意深刻的水果拼盘，则像乐章的“尾声”可使人流连忘返。

(2) 注意菜点原料、调味、形态、质感及烹调方法的合理搭配，使之丰富多彩、千姿百态、口味各异、回味无穷。

(3) 注意营养成分合理搭配。合理营养、荤素搭配、平衡膳食。

（三）装帧设计

菜单装帧设计主要体现在制作菜单的材料、形状、大小、色彩、款式及印刷和书写等方面。其要求如下。

(1) 字体的大小应以适宜目标宾客阅读为主要依据。

(2) 在字体的选择上则可灵活行事，若为中餐宴会，可采用飘逸的毛笔字；若为西餐宴会，可采用优雅的手写体。

Note

(3) 菜单上的标准色宜淡不宜浓，宜简不宜多，应与宴会的整体环境相协调；菜单材质、款式的选择，则应体现别致、新颖、适度的准则。

单元二　公司年会设计

单元描述

年会活动是企业文化中的重要一部分，一次成功的年会活动设计，对团队的凝聚力、战斗力、忠诚度都有很强的助推效果。因此，如何设计好一年一次的年会活动，让辛苦一年的员工高高兴兴地度过一个难忘之夜，把企业文化、企业精神植入每一名员工心中，这成为每个企业都十分重视的问题。本单元将从活动设计、环境布局设计、台面设计、菜单设计、服务与安全设计等几个方面对公司年会的设计进行介绍。

单元目标

1. 理解公司年会的类型，掌握公司年会活动、环境布局、台面、菜单、服务与安全的设计技巧。
2. 能够独立完成公司年会活动、环境布局、台面、菜单、服务与安全的设计与策划。
3. 养成认真、细致、耐心的良好品质，培养合作精神、创新精神。

知识准备

2017 年 09 月 08 日，阿里巴巴迎来了自己的“成人礼”。此次年会突出科技、工艺、环保三大主题。来自全球 21 个国家近 4 万名员工(包括 800 名外籍员工)齐聚杭州，庆祝公司成立 18 周年。涉及航班 100 多班次、高铁 32 班次(有 8 班是在不影响原有铁路营运的前提下，申请增开的专列，不含员工个人订票)、大巴合计约 1700 车次，住宿超 100 家酒店，平均每天需 7000 多间房间。消耗 6.7 万件 T 恤，超 12 万瓶矿泉水……这是杭州史上规模最大的一次企业年会(图 2-2-1、图 2-2-2)。

图 2-2-1　2017 年阿里巴巴年会 1

图 2-2-2　2017 年阿里巴巴年会 2

任务实施

一、年会的基础知识

(一) 什么是年会

年会指某些社会团体一年举行一次的集会，是企业和组织一年一度的“家庭盛会”，主要目的是年度总结、激扬士气，营造组织气氛、加强内部沟通、促进战略分享、增进目标认同或制定目标，为新一年度的工作奏响序曲。

（二）年会的类型

❶ 激情演艺年会 以员工的表演为主，节目的数量根据年会的规模而定，形式和内容要凸显企业文化。晚会开场要安排得大气，体现出企业积淀的内容；晚会中间要有激情飞扬、充满现代活力的内容或奖励优秀员工的内容；晚会结尾要有感动的、感恩的内容，或是激励、激扬人心的内容。在整场晚会中要穿插安排互动游戏、抽奖活动等内容。

❷ 体验学习年会 在做中学，在做中乐，在做中熔炼团队，体验分享，相互感恩。体验学习年会要请专业的团队来主持和组织，员工和团队是主角，整场年会在创新、创意、竞争、演艺、体验分享中进行。一般，费用节省，组织时间和牵涉人员较少，适合各类的企业内部年会。

❸ 户外活动年会 户外活动是令人难忘的年会形式。户外活动的形式有很多，沙漠徒步、登山踏青、户外滑雪……穿上统一的服装在户外开展团队竞赛，或是集体放飞梦想，最后以美丽风景为背景合影，一定会是个很有意义的年会。户外活动是一种费用节省、效果倍增的年会形式。

❹ 企业主题年会 有主题的公司年会往往能够激励员工士气、促进战略分享、营造组织气氛、增进目标认同。但是此类公司年会在设计时需要注意突出主题，避免企业年会单纯搞笑、单纯演艺、单纯吃饭、单纯奖励、单纯花钱布置场地等。省钱省力，不重品质效果的企业主题年会的效果可能会不佳。

❺ 创意冷餐会 创意冷餐会是把主办方每次活动的活动主题如企业品牌LOGO和公司名称或想对长辈、同事、家人、爱人表达的心意用咖啡制作技术（拉花咖啡技术/雕花咖啡技术/印花咖啡技术）或食品制作技术表达到咖啡或食品中。

试一试
2-2-1

❻ 客户答谢年会 客户答谢年会是为了增加客户对企业的认同度和保持和增长企业业绩，在设计时应更加注重客户的需求及喜好。

二、年会活动设计

作为企业一年一度的盛会，年会的活动设计是宴会设计的重中之重，年会活动的设计将按以下工作流程开展（图2-2-3）。

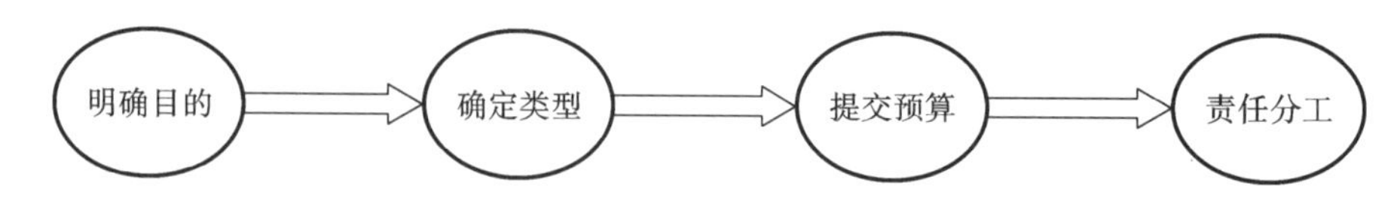

图2-2-3 年会活动设计工作程序

（一）明确目的

知识拓展
2-2-1

不同的企业，年会的主题和目的也有所区别。比如生产销售型企业会在年会上将各地经销商团队聚集到一起，根据销售目标实现情况进行表彰鼓励，同时给其他销售团队以激励；而服务型企业则以娱乐性质的年会为主，让企业团队在年终的时候得到最大限度的放松。虽然目的有所区别，但有一点是明确的，即表彰总结全年的工作，并对未来新的一年提出新目标、新展望，同时提高企业凝聚力。年会设计的第一步是明确年会活动的目的，为接下来的一系列活动指明方向。

（二）确定类型

在明确了年会目的之后，就可以确定年会的类型。年会的类型有激情演艺年会、体验学习年会、户外活动年会、企业主题年会、客户答谢年会、创意冷餐会等，年会类型的选择将影响到年会具体活动内容、团队分工和资金预算。

（三）提交预算

初步确定年会类型后，根据场地、交通、奖品等情况，可拟出一份初步的年会预算。当然，也有的

企业会在年会筹备开始就确定预算，所有工作都在预算之内进行。预算包括活动策划费用、场地租赁费用、物资购买费用、活动宣传费用、交通费用、住宿费用、演员嘉宾费用、餐饮费用等。

知识拓展

2-2-2

（四）责任分工

为确保年会按时、有效完成，公司往往会组建年会项目组，做到责任分工到人，项目组各司其职，明确各部门的职责，充分发挥组员的主观能动性。年会活动按照时间顺序可分为前期准备、现场实施和后期总结三个阶段，不同阶段的分工情况如图 2-2-4 所示。

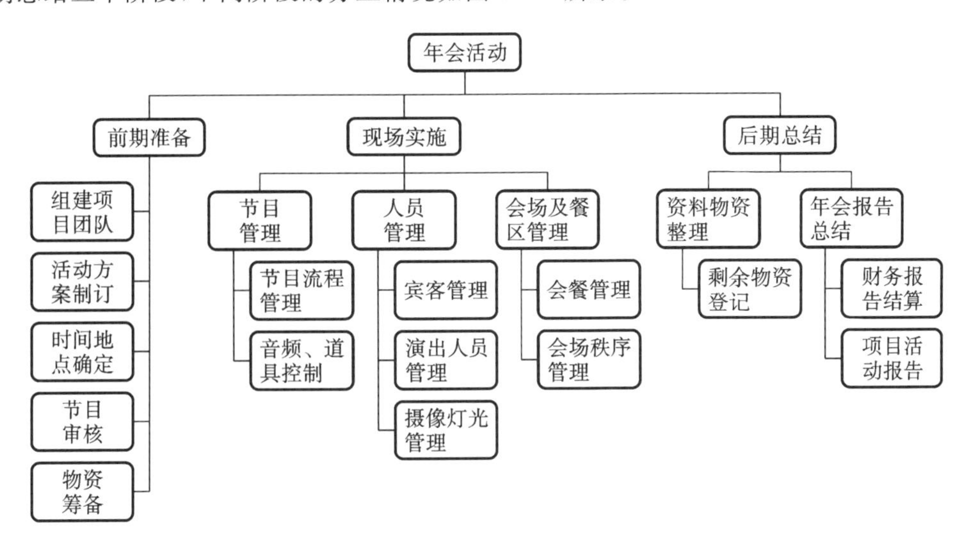

图 2-2-4　年会活动分工图

三、年会环境布局设计

年会的环境布局应该以年会主题为核心，以年会活动为线索进行设计，环境布局应包括签到区、舞台区、贵宾休息区、化妆区。

（一）签到区

年会作为公司一年一度的盛会，公司领导、客户、员工均会盛装参加宴会，签到区承担着签到、留影、发放纪念品、发放抽奖券等作用，是整个年会活动给人留下的“第一印象”，所以，签到区的设计尤为重要。员工是企业的宝贵资源，酒店“ES”(employee satisfaction)经营理论是指一个员工通过对企业所感知的效果与他的期望值相比较后所形成的感觉状态，是员工对其需要已被满足程度的感受。当员工感到满意时，员工的忠诚度会提升，工作效率会提高，消费者满意度也就会大幅提高，从而培养了一批公司的忠诚客户，进而提高了公司的盈利能力。所以在年会设计中，让员工拥有归属感、主人感尤为重要。可以在签到区设计星光大道环节，参加年会的人员正装出席，通过走红毯、签名墙留影、视频直播、采访投射主会场大屏幕等方式为参会人员留下美好回忆。

（二）舞台区

舞台区包括宴会厅背景墙和舞台。

宴会厅的背景布置非常抢眼，是表现年会气氛的重要组成部分。它能通过颜色、字体、单位的标志、口号、照片等元素来反映年会的主题。一般用花台背景、大型屏风背景、大型绿色植物背景、大型造型背景、可变灯光背景等。花台背景可以搭放在主桌的后面，也可搭放在入口处，或选择宴会厅的中堂主人迎宾处作背景。背景板的高度不低于背景墙高度的 80%，宽度为舞台的宽度。双层对联式背景设计是在单层立板两边 20%处，向前 1 m 左右各搭两块立板，面积为单层立板的 40%左右，适用于在年会中有文艺表演或时装表演时使用(图 2-2-5)。背景板的搭建有临时性的木架、固定性的铁架和可移动的铝合金架，配上蒙布，在布上可做各类装饰内容。

活动舞台是根据主办方多样性的要求，搭建不同大小、不同朝向、不同内容与主题的舞台。公司年会活动中的嘉宾讲话、颁奖、抽奖、演出表演均要在舞台上进行，所以，舞台的搭建尤为重要。年会舞台最好选用活动舞台车，舞台大小尺寸根据宴会厅大小及主办方要求而定。舞台高度应考虑宴会厅的高低、舞台的使用要求，如有演出或时装走秀活动，舞台搭建应高一点，每 15 cm 安排一级台阶(图 2-2-6)。

图 2-2-5　双层对联式背景布置

图 2-2-6　年会舞台布置

(三) 贵宾休息区

贵宾休息区是供公司领导、重要客户、嘉宾等宾客在宴会开始之前休息、交流的区域。年会开始，贵宾由休息区直接步入宴会厅餐桌，所以，贵宾休息区应设置在紧邻宴会厅主桌的位置(图 2-2-7)，有专门通往主桌的通道，另外，贵宾休息区应提供最高标准的服务，配置高级家具和专用的洗手间。

(四) 化妆区

年会活动过程中主持人、演出人员需要有化妆、换衣的空间，另外表演运用的各种道具需要有存放的地方。设计时化妆区的面积应满足年会具体演出活动的需要，化妆区的位置应设置于舞台两侧(图 2-2-7)，方便演出人员上下台。化妆区内空间分布合理，划分为化妆、更衣、道具、休息等小区域。化妆区内要保证干净卫生，桌椅、物品摆放整齐。

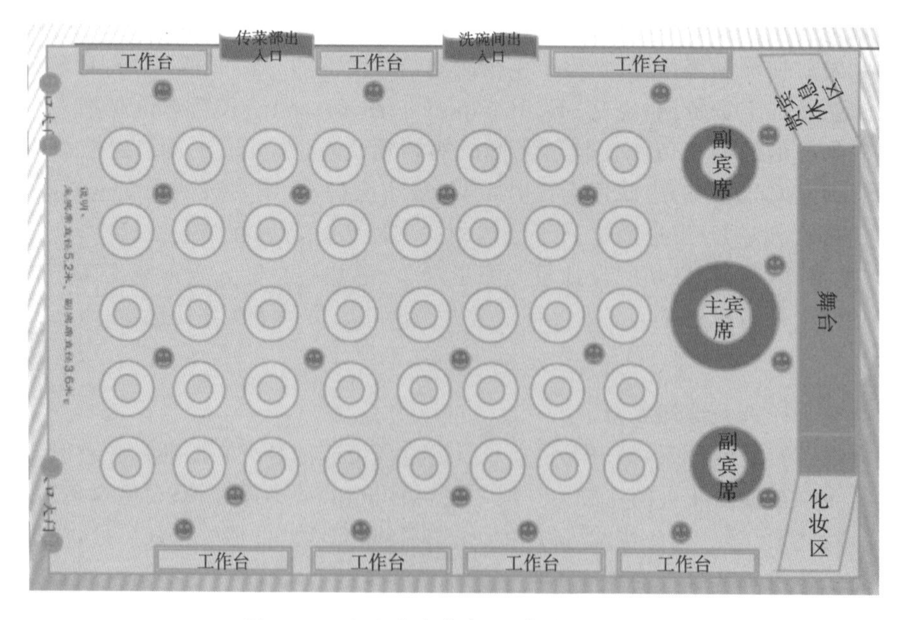

图 2-2-7　年会贵宾休息区、化妆区分布图

（五）物资摆放区

激扬士气、营造组织气氛是举办年会的目的之一，为了激励员工、感谢客户，许多年会上会安排颁奖、抽奖环节。随着个性化需求越来越高，公司的年会奖品也越来越多样化，有的公司奖品讲究豪气，如 2017 年阿里巴巴 18 周年年会的奖品之一是清空 2017 天猫双 11 购物车，100 万元封顶，共计 18 份；有的公司也会另辟蹊径，通过抽奖活动送羊、牛等活物。在年会空间布局设计时需要考虑奖杯、奖品的摆放位置。一般来讲用于颁奖、抽奖的物品应放置在舞台两侧，而年会纪念品应放置在迎宾台附近，物品的摆放应不堵塞通道、出口，应有专人负责。

四、年会台面设计

（一）台型布局

年会台型布局要根据宴会厅的形状和宴会规模设计，设计时要符合"中心第一，以右为尊，近高远低，面门、观景、背靠舞台为上"的原则。在设计过程中要结合年会消费标准确定餐位面积，并充分考虑动线设计，包括客人动线、服务动线、物品动线。客人动线要有主通道、辅通道，要求舒适性、伸展性、易进入性高；服务动线要减少与客人动线的交叉，考虑通道宽度，要求便利性、安全性、服务性高；物品动线在年会设计中较为重要，除了菜肴、酒水外还有奖品、服装、道具等，要求有专用的进出口，做到隔离性、专用性、便利性高。

（二）餐台设计

年会的参会人员包括公司领导、客户、嘉宾、员工等，身份地位有一定的差距，在餐台设计时需要区分出主桌、副主桌、一般餐桌等。

❶ **主桌**　年会主桌指供公司重要客户、公司领导或其他重要宾客就餐的餐台，通称为"1 号台"，它是宴请活动的中心部分。主桌一般只设一个，人均餐位面积和座位数量均大于其他餐桌。根据宴会菜肴与宾客国籍选用圆形台或条形台。主桌一般设置在面对大门、背靠主墙面的位置。主桌上可用双向座位卡，座位卡要放入邀请函里，不要依靠服务人员分发座位卡。

❷ **副主桌**　参加年会的贵宾较多，不可能都安排在主桌，在餐台设计时可设置若干副主桌。副主桌以圆形台为主，人均餐位面积要小于主桌大于一般餐桌，数量不宜过多，以 2～4 桌为宜。副主桌要设置在主桌周围。

❸ **一般餐桌**　多选用圆形台，每桌 10 人位，餐桌直径至少 160 cm，但对于中低档年会，由于宴会厅面积的限制，可选用相对小规格的桌面。

❹ **备餐台**　备餐台是用小条桌、活动折叠桌或小方桌拼接而成的长条桌，根据餐桌数量和服务要求而设。一般 2～4 个餐桌配置一个备餐台。备餐台一般设置在靠边或靠柱的位置。

❺ **临时酒水台**　年会宴饮过程中用酒量较大，为方便值台服务员取用一般设置临时酒水台。临时酒水台要求酒水数量充足，精心布置，及时收撤，不可有大量空瓶或已使用的酒杯放置在酒水台上。

五、年会菜单设计

年会活动是伴随着宴饮进行的，菜单是年会设计的重要工作之一。其设计工作程序如图 2-2-8 所示。

（一）收集信息

年会菜单是以宾客需求为前提，结合酒店实际情况而设计。设计工作的第一步应该是收集年会及宾客信息，如年会的目的、主题、规模、餐饮预算、举办日期、类型，宾客特殊要求等。

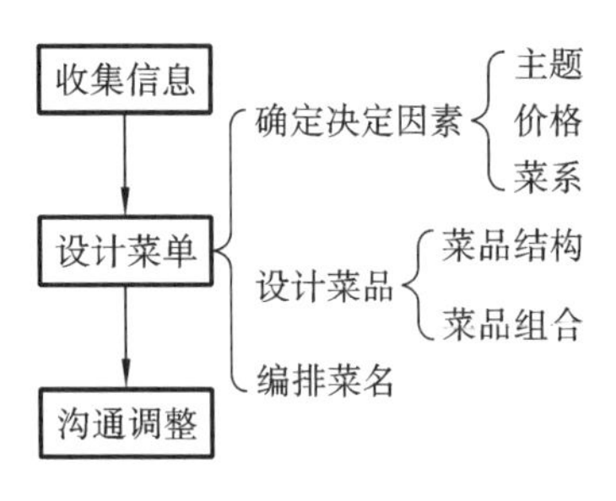

图 2-2-8　年会菜单设计程序

（二）设计菜单

❶ **确定决定因素**　对收集到的信息进行分析确定哪些是菜单设计的决定因素。如主题，菜单主题要与年会主题相辅相成；价格，按照年会预算确定菜单的价格；菜系，根据宾客的口味要求确定菜肴风味，如没有特殊要求可选择公司所在地的菜系。如阿里巴巴年会通常选择浙菜。

❷ **设计菜品**　在确定了年会菜单的主题、价格及菜系等后，要确定年会菜品的结构。现代中餐宴会菜品的构成模式有好多种，比较通行的一种模式是由冷菜、热菜、甜菜、点心、水果五个部分组成。当然有的地区有相对固定的宴会格局，如川式宴会菜品格局即是由冷菜、热菜、点心、饭菜、小吃、水果六个部分组成的；广式宴会菜品格局则是由开席汤、冷菜、热菜、饭点、水果五个部分组成的。确定了菜品的结构后，要设计具体的菜品，进行菜品组合。要明确菜品原料种类数量、烹饪加工方法、成品质量和风味特色、菜品成本等。

❸ **编排菜名**　菜品的名称是体现菜单主题最直接的方式，其命名方法有三类：抽巧相济命名法、隐喻式命名法、直朴式命名法。其中年会中运用抽巧相济命名法较多，如油炸产品经理、不死机咖喱鸡、水煮设计师、是 duck 不是 bug 烤鸭、大吉大利今晚吃鸡、回滚代码糖醋鱼柳、永不宕机养生鸡汤（图 2-2-9）。

图 2-2-9　阿里巴巴双 11 晚宴菜单

（三）沟通调整

年会菜单设计的最后一步是与主办方沟通，主要针对菜单的内容与形式进行检查调整。菜单内容检查是检查主题、价格、风味特色、菜点、数量是否与年会要求相符合。菜单是否满足主办方的具体要求、是否体现了合理膳食的营养要求、是否符合当地的饮食民俗、是否显示地方风情。菜单形式检查是检查菜目编排顺序是否合理，菜单是否布局合理、醒目分明、整齐美观，装帧是否和宴会厅风格相一致。在检查过程中，如果发现有问题的地方要及时改正，发现遗漏的要及时补上，以保证年会菜单设计的高质量性。

六、年会服务与安全设计

作为一年辛苦工作的总结、新一年工作的开启，公司对年会的重视程度非常高，这需要酒店做好年会的服务与安全工作，确保年会设计完美呈现。

（一）年会服务设计

年会的服务按照活动设计可分为前期筹备服务、现场实施服务与后期总结服务。

❶ **前期筹备服务**　年会的前期筹备服务是宴会负责人在年会筹备前与主办方针对年会活动设计流程进行细化与确认。根据年会活动安排 AV 系统（投影、音响、舞台灯光、背景音乐、同声传译、视频会议等）、灯光。详细掌握年会节目表。根据年会要求制作物料（讲话台、背景板、舞台投影、宣传展示板、座位卡等）。

❷ **现场实施服务**　年会现场实施过程中酒店服务人员要协助主办方做好签到管理、人员管理、会场餐饮管理。

（1）签到管理：年会开始前 30 min 前将迎宾台布置好，年会纪念品放置在合理的位置，迎宾员在迎宾处就位。年会开始时，迎宾员协助主办方做好嘉宾红毯、签名墙签字留影、纪念品发放工作。

(2) 人员管理：年会作为公司一年一度的盛会，参会人员人数众多、地位不同、任务不同，需要做好人员管理。要有服务人员负责接送、指引年会来宾；要有服务人员负责与主办方沟年会演员问题，控制演出的节奏、协调 AV 及灯光技师保证年会舞台效果。

(3) 会场餐饮管理：值台服务员需要在开宴前 30 min 将座位卡摆放好，年会开始时有序安排来宾就座，预留出相应的 VIP 座位区域，保证会场内的秩序，确保年会准时开场。宴会负责人需要与主办方沟通，控制上菜的时间、速度，值班服务人员要根据宾客需求做好餐间服务工作，如斟酒、收撤餐具、分菜，保证用餐区域清洁。

❸ **后期总结服务**　在年会结束后，服务人员应引导宾客有序退场；及时做好酒水清点工作，做好结账准备；协助主办方做好物资的清点工作；待宾客全部退场后，及时进行撤台工作，将宴会厅恢复原样；做好年会工作总结，编制客户档案。

(二) 年会安全设计

试一试
2-2-2

在年会开始前，应与主办方一起进行场地考察，明确安全出口、在台型设计时规划的防火通道，保障宾客的人身安全；多次检查、测试现场所有 AV 设备(包括笔记本电脑)，以确保所有设备运转良好，年会所有文件同时在两台设备上备份，以防万一；协助主办方做好年会彩排工作，保证年会活动的流畅性。

亲情宴会设计

扫码看课件

单元描述

婚礼，与出生礼、成人礼、丧礼一起被称为人生礼仪，即一个人在世间成长过程中的一系列仪式。不同民族的婚礼代表了不同民族的世界观和人生观。根据婚礼形式的不同主要分为传统中式婚礼和传统西式婚礼两种。

在中国，婚礼原被称为“昏礼”，古人认为黄昏是吉时，所以会在黄昏的时候行娶妻之礼，因此而得名。同时它也是传统文化的精粹之一。早在3000多年前的周朝，就已经有一套完整的“婚聘六礼”，而婚礼则是其中嘉礼的一种。中式婚礼表现方式主要以儒家婚礼仪式为基础，贯彻天人合一的理念，对于婚姻、家庭的稳定，孝敬父母等传统的继承和发扬都发挥了重要作用。自古以来，中国的传统婚礼就具有较为浓厚的文化色彩，直到今日，在很多新人的婚礼流程中还能看到被保留下来的中式传统婚礼习俗，如射轿帘、跨火盆、挑盖头、踩瓦片、喝交杯酒、抛绣球等。

传统西式婚礼，在具体实施过程中，主要分为婚礼仪式与宴会两个部分。婚礼仪式多在教堂内完成，讲究强调的是氛围的庄重、严肃、肃穆之感，被邀请的参加仪式的多为新人最亲密的亲人及朋友。晚宴则是在酒店、酒吧或是餐厅、海边举行，多以围餐宴会或自助餐等形式举办。

时至今日，随着社会的不断发展，文化的不断交流，中式婚礼也不断地融入了一些西方婚礼文化，无论是在婚礼新人的服装款式，又或是婚礼流程安排等方面。中西合璧式婚礼在人们的生活中被越来越普遍的使用，并逐渐成了现代婚礼的主流形式。

单元目标

1. 了解婚宴文化，并能够结合有关宴会管理的理论和方法，进行婚礼宴会的前期分析。
2. 掌握婚宴设计的基本步骤、流程与策划工作，并能够结合婚宴的场景特点制订婚宴策划的方案。
3. 熟悉宴会管理的方法，能够对婚宴策划过程中存在的问题进行分析处理。
4. 能够根据所学内容，独立完成主题婚宴的策划方案。

知识准备

亲情宴会主要是指以体现个人与个人，或个体与个体间感情联络、交流为主题的宴会形式。这类宴会同公务宴会、商务宴会等形式有较为明显的不同。主要表现：凡是参加此类型宴会的人，均以私人的身份参加；其次，参加宴会的目的也是以增加私人间的情感为主要目的。在现代生活当中，较为常见的主题表现方式有好友相聚、接风洗尘、乔迁新居、各类周年庆祝、传统节日团聚等。因此，亲情宴会的主题极为丰富，较为常见的主要表现方式有婚宴、寿宴、生日宴等。人们在宴会中强化相互之间的情感交流，增进感情，使各类情感得以进一步升华。在设计此主题宴会时，应当注意尊重主办方要求、突出宴会的个性化元素，并结合具体情况提供有针对性的个性化服务，提高宾客的满意度。

任务实施

知识拓展
3-1-1

一、婚宴环境布局设计

婚宴是新人在举行婚礼时为宴请前来祝贺的亲朋好友而举行的宴会，是人生中最讲究排场的一次家宴，是婚礼仪式中的重要环节。随着人们的生活水平日益提高，其价值观也在逐步发生改变，人们对婚宴的饮食、服务及环境气氛的要求也越来越高。婚宴能否吸引宾客，并给宾客留下难忘的印象，与就餐的环境和气氛有密切的联系。举办婚宴时，宾客在享受酒店提供美味佳肴和优质服务的同时，还应从大环境中获得相应的感受。精心设计婚宴场景，可以对参加婚宴的宾客的情绪产生影响，从而增加婚宴销售的可能性，同时婚宴场景对现场工作的员工的心情也有较大的影响。

（一）婚宴环境布局的构成要素

通常婚宴环境布局的构成要素主要包括周边环境、建筑风格、婚宴场地、婚宴气氛四个组成部分。它们相互作用、相互依托，共同为婚宴提供适合的环境气氛。

❶ **周边环境** 每一种婚宴都是融于特定的周边环境之中的。婚宴举办场地的周边环境对于婚宴主题氛围的营造、进餐者心情、婚宴的举办效果等都会带来很大的影响。

❷ **建筑风格** 通常举办婚宴场地所在的建筑造型，也会同样对宾客的感官形成刺激作用，从而产生不同的印象。就目前而言，婚宴场地所在建筑的风格可各具特色，如宫殿式风格、园林式风格、民族式风格、现代化简约式风格、乡村式风格、西洋式风格等均可。这些风格结合婚宴主办方的实际要求，为宾客带来不同的体验效果。

❸ **婚宴场地** 在婚宴的场地中通常可以将其中所涉及的相关组成要素分为两个部分，即固定部分及非固定部分。

（1）固定部分。此部分由婚宴所在宴会厅面积大小、宴会厅室内陈设和装饰构成，如墙壁、地板、餐厅整体色彩、灯具等。这些所涉及的部分，通常在短时间内不会再进行大的调整或者发生变化，不会因婚宴的主题的需要而随意改变。

（2）非固定部分。此部分主要是指室内或室外场地的清洁程度、空气质量、温度高低、灯光明暗、艺术品与移动绿化的布置，以及根据婚宴的具体要求临时布置的场景。要求清洁卫生，空气清新，温度、湿度适宜，陈列高雅。充分利用大型花卉、绿色植物的点缀，进行场地搭建与背景花台的布置，是场地布置的重点。现在的婚宴场地有室外婚宴场地（图 3-1-1、图 3-1-2）和室内婚宴场地（图 3-1-3、图 3-1-4）两种。

图 3-1-1 室外婚宴场地 1

图 3-1-2 室外婚宴场地 2

❹ **婚宴气氛** 婚宴的气氛是指举行婚宴时，宾客所面对的整个婚宴厅的环境。婚宴的气氛包括有形气氛，如宴会厅面积，餐桌位置摆放，花草景色，内部装潢、构造和空间布局等；同时也包括无

图 3-1-3　室内婚宴场地 1

图 3-1-4　室内婚宴场地 2

形气氛，如员工的服务形象、态度、语言、礼仪、技能、效率等。婚宴的气氛作为多因素的组合，能够影响宾客的“舒适”程度。

（二）婚宴环境布局设计的原则与要求

婚宴环境布局并非随意设计即可，需要结合多方面的因素综合考虑环境布局设计的具体实施方案。具体要求包括以下几方面。

❶ **强调主题鲜明**　婚宴场景气氛布置要依据宾客的具体意图、婚宴具体主题而展开。由于婚宴的形式不一，如有的婚宴需要豪华的装饰与布置，但也有婚宴则只需要一般的桌椅陈设及视听器材即可。因此婚宴的基本装饰通常较为简洁。偶尔也有特殊情况，可根据宾客实际需求，灵活营造婚宴的气氛。

❷ **注意安全卫生**　婚宴厅作为主要的婚宴场地，应注意多方面的安全卫生工作。其中包括婚宴现场的设施设备的安全使用、消防安全、食品安全、人身安全、财产安全和心理安全、服务安全等。婚宴环境布局设计就是通过防范、杜绝安全卫生问题的发生，使宾客产生身心安全舒适感。

❸ **身心舒适愉悦**　婚宴厅内的装饰与陈设布局要总体整齐和谐、清洁明亮、格调高雅，从而使宾客眼睛看着诸多美好事物、耳朵听着舒缓优美的音乐、鼻子闻着芳香，身心感觉轻松、舒适、愉悦。

❹ **布置应精美雅致**　婚宴的布置应从环境氛围的创设、色彩的搭配运用、灯光及灯效的综合运用、必要的饰品摆设等方面搭配营造出一种自然的举行仪式及用餐的环境。这种布置不需要多么豪华，但应精美雅致。

❺ **强调协调统一**　婚宴厅内部的空间布局、装潢风格与外观造型、门面设计、橱窗布置等要做到内外呼应，自然成一体，格调应统一，无不适感。

（三）婚宴场景设计及氛围营造

由于中西文化的不断交融，现在越来越多的年轻人更喜欢中西合璧式的婚宴形式。例如，在婚礼期间既穿着中国传统的旗袍、马褂，又会在婚宴进行中换穿婚纱及西装；在布置时也借鉴了西方的婚礼形式，如布置鲜花拱门、鲜花路引、追光灯效等。因此婚宴的工作人员应既要熟悉中式婚礼的婚庆习俗，又要了解西方的婚礼仪式等相关知识。通常婚宴的场景可以考虑从以下几方面进行设计。

❶ **搭设婚宴典礼台**　婚宴典礼台（图 3-1-5）是婚宴仪式中必不可少的重要组成部分，婚宴仪式中的诸多环节都要在此基础上完成。因此典礼台的搭设应选择在婚宴厅的显眼处，且要安全无危险。

❷ **布置婚宴背景墙**　通常在典礼台后面需要同期搭设或布置背景墙，它是烘托婚宴现场热烈气氛、体现婚宴主题的重要组成部分。背景墙的布置装饰有多种样式，较为常见的有以下几种。

（1）用结婚新人的巨幅照片做背景墙，简约明确。

（2）用传统大红色的布幔装饰整面背景墙，再适当点缀主题图案。较为常见且具有中国特色的装饰主要表现为“囍”字或是“龙凤”图案，且底多为红色，图案多为黄色（图 3-1-6）。

图 3-1-5　婚宴典礼台

(3) 借鉴西式婚礼的装饰风格，大胆采用如粉色或其他暖色的纱幔、鲜花以及彩色气球做背景墙的装饰（图 3-1-7）。

(4) 现在为数较多的婚宴厅也使用大型 LED 屏作为其婚宴的背景墙，通过投影机的搭配使用，使得背景屏所表现的内容更加灵活多样。

图 3-1-6　中式婚礼装饰

图 3-1-7　西式婚礼装饰

扫码看彩图（图 3-1-6）

扫码看彩图（图 3-1-7）

扫码看彩图（图 3-1-8）

❸ **设置签到台**　在婚宴厅门口设置签到台，也同样是婚宴必不可少的组成部分，包括请宾客签名、题字，并为每位宾客准备了婚礼喜糖供其食用。通常情况下，签到台多用红色布幔围餐突出喜庆，并在台面以插花进行装饰，从而提升婚宴喜庆之感。签到台可摆设有白板笔、喜本（签名题字使用）、果盘（包括喜糖、花生、红枣、香烟、橄榄）等（图 3-1-8）。

图 3-1-8　签到台

❹ **准备设备设施**　结合婚宴的实际需要，通常在典礼台周围及婚宴厅角落设置有辅助的电子屏幕或投影设备，以用来播放为婚宴专门制作的影像，因此需要在婚宴前的现场布置阶段做好此项工作。同时为配合婚宴仪式的进行，灯光师及音响师也需对婚宴现场所用的灯光及音响设备进行事先调试准备。

❺ **主题装饰物布置**　由于婚宴主办方的需求不同，因此婚宴的形式也较为多样，这也就直接影响到现场装饰物的布置摆放。具体应以主办方的要求为准。在布置过程中可参考使用带有龙（常与凤合用，誉为龙凤呈祥，寓意神圣至高无上）、凤凰、鸳鸯（比喻夫妻百年好合、情深意长）、燕子（燕喜双栖双飞，用新婚燕尔贺夫妻和谐美满）等图案的装饰物进行现场布置，以此来呼应主题（图 3-1-9）。

❻ **布置婚宴主通道**　婚宴主通道主要是指婚礼仪式中，新人双方需要共同步入的红色地毯部分。通常在婚宴厅大门入口处到婚宴典礼台之间，铺上红色地毯。在地毯开始处摆放鲜花拱门、气

图 3-1-9　主题装饰物布置

球等场景气氛装饰物，地毯边还会等距离摆放鲜花台或鲜花架作为路引（图 3-1-10、图 3-1-11）。

图 3-1-10　婚宴主通道 1

图 3-1-11　婚宴主通道 2

⑦ **布置香槟塔及蛋糕台**　婚宴场景布置中，需要事先与婚宴主办方了解沟通好，是否需要摆放香槟塔（图 3-1-12）以及蛋糕台（图 3-1-13），并就摆放位置及操作流程进行婚宴前演练。

图 3-1-12　香槟塔

图 3-1-13　蛋糕台

⑧ **选择合适背景音乐**　婚宴现场的音乐，应当能够烘托并突出婚宴的喜庆气氛，起到锦上添花的作用。因此在音乐选曲方面，应注意选择喜庆、欢快、节奏明快的乐曲或歌曲。歌曲《好日子》《今天你要嫁给我》《在一起》《最浪漫的事》《你是我心中的一首歌》等曲目都是婚宴中较常使用的备选曲目。

【练一练】
自拟一个婚宴主题，并试着进行环境布局设计。

二、婚宴台面设计

婚宴台面设计又可称为婚宴的餐桌布置，通常在具体婚宴组织服务实施过程中，它会因人、因地、因时等存在不同差别。会根据婚宴的主题、菜肴的设计、菜肴的类别，综合运用美学知识，采用多种艺术手法为宾客就餐摆放餐桌、确定座位。将各种所要用到的餐具、器皿等物品进行合理摆设及

装饰点缀，使餐桌部分与其他场景设计所包含的诸多元素，共同突出婚宴主题，烘托热烈气氛。

（一）婚宴台面设计作用

婚宴台面设计是婚宴活动中必不可少的重要组成部分，它直接影响着参加婚宴的全部宾客的最终满意度。婚宴台面设计作用主要表现为以下几个方面。

❶ **烘托气氛，呼应主题**　结合已确定的婚宴主题及形式，进一步细化餐桌台面上所需的各类器具及用品的选择搭配方案。如台面所使用的台布颜色、餐巾颜色及造型、主装饰物的造型等。从而与其他组成元素协调统一，起到呼应主题的作用。

❷ **确定座次，便于服务**　台面设计部分通过按座位摆放餐具、按位置确定座次，以便突出餐桌中主人、主宾等位置，利于服务人员确定先后服务顺序，努力做到宾主尽欢。

❸ **体现管理、服务水平**　由于婚宴主办方的要求各异，在具体策划、组织及实施婚宴厅台面设计部分工作会更为烦琐。婚宴厅管理人员及服务人员能否分工明确、各司其职逐步完成各项前期准备工作及现场服务工作，就成了衡量婚宴厅管理、服务水平的重要标准。

（二）婚宴台面设计特点

❶ **台面色彩应用丰富**　在婚宴台面设计部分中，传统中式婚宴的餐桌台面（图 3-1-14）多以红色为主色调，台布、餐巾、装饰布等色调较为统一，同时再配以龙、凤等图案为装饰。运用主装饰物来烘托呼应婚宴主题；而西式婚宴在台面设计的色调选择上，则更多采用暖色以及淡色类的色彩（图 3-1-15）。

扫码看彩图（图 3-1-14）

扫码看彩图（图 3-1-15）

图 3-1-14　中式婚宴餐桌台面

图 3-1-15　西式婚宴餐桌台面

❷ **台面摆设整齐美观**　台面摆设过程中，餐具的色彩、形状、材质及图案的选用都较为统一，同时摆放过程中均按相同距离进行摆放布置，横竖成行，使得总体整齐划一（图 3-1-16、图 3-1-17）。

图 3-1-16　婚宴餐桌台面摆设 1

图 3-1-17　婚宴餐桌台面摆设 2

❸ **善用各类主装饰物呼应主题**　结合婚宴主题，选用艺术插花或红色玫瑰花球等造型插花（图 3-1-18）；也可选用象征爱情工艺品作为主装饰物，如摆放龙凤造型（图 3-1-19）、天鹅造型或是鸳鸯造型的装饰物；还可以根据实际情况适当用零散花瓣进行台面点缀，突出浪漫温馨之感。

图 3-1-18　玫瑰花球造型插花

图 3-1-19　龙凤造型

（三）婚宴台面设计原则

婚宴台面设计复杂烦琐，因此在前期设计过程中应当遵循、注意以下原则。

❶ **突出特色原则**　强调突出宴会主题，体现宴会特色。如婚宴应摆设“囍”字席、百鸟朝凤、蝴蝶戏花等台面。同时，根据不同婚宴规格的高低决定是否设计看台、花台等装饰物，从而进一步决定餐桌间距离、餐位大小、餐具种类与品牌等细节。

❷ **使用方便原则**　餐桌间距、餐位大小、餐具摆放、台面大小与服务方式，都需要以满足方便宾客使用为原则。如按婚宴菜单配备餐具、酒具要与酒品配套摆放等。

❸ **使用便捷原则**　在实用的前提下，做到方便、快捷。如餐位间距应便于宾客就餐、活动与服务人员服务。选用的餐具应符合主题、宾客个性化需求和民族用餐需要等，餐具摆放应紧凑、规范、方便、整齐等。

❹ **整洁美观原则**　婚宴的台面设计应更富有艺术性，与婚宴的规格档次匹配。如餐椅摆放应整齐、席位安排有序；餐具和用具摆放相对集中、位置适当、竖横成行；应善于利用不同的材质、造型的餐具进行创新组合，从而体现婚宴台面设计的美感。

❺ **传承礼仪原则**　在婚宴台面设计中，需要尊重传统礼仪，即结合婚宴举办当地的传统文化、生活习惯、就餐形式等因素，进行相关设计。

❻ **安全卫生原则**　要求服务人员讲究卫生，不使用残破、缺口的用具；餐具洁净无污渍；在台面设计过程中不用手拿餐具、碰杯具与口直接接触的部位和用具内壁部分。无论婚宴采用分餐或是合餐制都应准备公用餐具。

（四）婚宴台面设计基本要求

成功的婚宴台面设计，需要充分考虑到宾客实际用餐的需要，同时还要考虑在设计过程中勇于创新，敢于将实用性和创意性紧密结合，因此在进行台面设计时应满足以下几个方面的要求。

❶ **根据宾客的用餐要求进行设计**　在进行婚宴台面设计时，需要注意从宾客角度出发。餐位的大小、餐位之间的距离、餐用具的选择及摆放位置，要充分考虑到宾客用餐的方便性。

❷ **根据主题和档次进行设计**　由于婚宴主题又因主办方需求不同而有差异，因此具体设计时也需有差别。如不同年龄段的新人就具有明显差别。年轻新人的婚宴为青春洋溢型；中年新人的婚宴则时尚浪漫又不失温馨。

同时，不同档次婚宴，往往也会决定餐位的大小、装饰物的使用及婚宴中餐用具的成本造价、质地和使用件数等。

❸ **根据婚宴菜点和酒水特点进行设计**　婚宴中所使用的餐用具以及主题装饰物的选择与布置，需要由婚宴菜点和酒水特点来确定，不同风格或形式的婚宴所使用的餐用具和装饰物也各不相同。中式婚宴往往采用中式餐用具；西式婚宴则采用常见的刀叉勺等餐用具，从而搭配相应菜点。

④ 根据美观性要求进行设计　在设计过程中，应注意色彩美、形式美等多种形式美学的综合运用。台面既实用，又赏心悦目；既烘托了婚宴的喜庆气氛，又提高了宾客的感知满意度。

⑤ 根据卫生要求进行设计　要保证婚宴台面设计中所使用的餐用具及其他物品，均符合安全卫生的标准。在摆台操作时要注意操作卫生，忌用手直接触摸餐用具进口部位。

【练一练】
结合资源，自选婚宴主题进行台面设计。

三、婚宴菜单设计

菜品是婚宴的重要组成部分，应当对菜品进行科学、合理的设计。通常婚宴的菜单设计是对组成一次婚宴的菜点的整体设计和具体每道菜的设计，而不仅仅是将每道独立的菜品随机凑成婚宴套菜。

（一）婚宴菜单设计的依据及原则

婚宴菜单设计是项较为复杂的设计过程，需要婚宴设计者能够遵循一定的原则、结合参考依据开展设计工作。

① 婚宴菜单设计原则

（1）科学合理：总体来讲，在设计婚宴菜单时，既要考虑宾客的饮食习惯和品位习惯的合理性，又要考虑婚宴膳食组成的科学性，即应当注重婚宴菜品间的相互配合，包括烹调方法的使用、菜品原料的营养搭配要均衡等方面。

（2）整体协调：在设计婚宴菜单的过程中既需要通盘考虑菜品本身所具有的各自的色、香、味、形的相互联系和作用，又要考虑菜品相互之间所具有的联系和作用，以避免设计的菜品中出现只突出一两道菜的情况，忽略了对其他菜品的综合考虑。

（3）数量适度：主要指在设计婚宴菜单过程中，需要考虑到菜品数量的合适性，遵循"按质论价，优质优价"的配膳原则，力争做到质量和价格平衡。基于此点考虑应尽量避免婚宴中菜品过多而导致菜品浪费、菜品过少宾客食用不够量情况的发生。

（4）确保盈利：在进行婚宴菜单设计过程中，菜单设计者应当将盈利目标贯穿于设计中，力求做到在满足婚宴宾客就餐需要的同时，也使自身的权益得到保护，为本企业带来应有的利润。

② 婚宴菜单设计依据　婚宴菜单的设计应遵循以下原则。

（1）按需配菜，需注意制约因素。首先，婚宴菜单首先应考虑宾主的需求，即在各方面条件允许的情况下，满足其需求。其次，要考虑婚宴的形式和规模，由于类别不同，设计菜品时也应随之变化。例如，普通的宴席可以在用餐过程中上梨子或是带梨子的菜品；而在婚宴中，由于"梨"与"离"的发音相同，容易带有不好的寓意，因此不能以此设计使用。再次，需要考虑婚宴菜品所用原料的供应情况，较短缺的原料则尽量不用于配菜。

（2）合理定价，讲究品种调配。一般来说，进行婚宴菜品设计应考虑"质价相衬"的原则，合理选配婚宴菜点。即高档宴席，料贵质精；普通婚宴，料贱质粗。一般情况下应结合实际情况选择大众化的菜品，以保证每人吃饱吃好。编制菜单时，调配品种可借鉴以下方法：选用多种原料，适当增加素料的比例；名菜、特别推荐菜为主，乡土菜品为辅；可考虑多用成本价格低廉，但又能烘托席面的高利润菜品；适当安排烹调技法奇特或是造型惊艳的菜点。

（3）因人配菜，迎合宾主喜好。在设计婚宴菜单时，首先要根据宾客的民族、职业、宗教、年龄等个人嗜好和忌讳，灵活安排菜式，无论是接待何种宾客，都应注意宾客的民族和宗教信仰。同时还要注意参加婚宴的宾客的地域性特点，如口味方面有"南甜北咸、东淡西浓"的地域性特点。其次，还要考虑婚宴举办地的传统风味。最后，应注意主办方指定的菜肴，应更注意编排，因为设计菜品的目的就是要让参加婚宴的宾主尽欢。

（4）据时配菜，突出物产资源。据时配菜，主要是根据时令、季节来设计婚宴菜品，使其符合婚宴主办方的实际需要。首先，应注意选择应时应季的物产资源，即选择当季的物产以保证所做菜品

质量；其次，还体现在按照季节的变化，选择原料物产以调配口味。如夏秋季菜品应偏向清淡，冬春季菜品则应偏向醇浓。与此相关联，冬春婚宴可考虑席间饮白酒，应多用烧菜、扒菜和火锅类菜品，突出咸、酸，调味浓厚；夏季婚宴可考虑席间饮啤酒，应多用炒菜、烩菜和凉菜。

(5) 营养平衡，强调经济实惠。婚宴的菜单设计与其他类型的宴会菜单一样，也需要注重菜品营养的均衡，即膳食平衡。因此设计婚宴菜品时要注意考虑菜单中的各类菜点营养是否合理、所有菜品原料食用后是否有助于消化、是否便于吸收。

除此之外，婚宴菜单的设计还要在原料采购，菜品搭配、制作，接待服务等方面加以节约，力争以较为合适的最小成本，获取最佳的效果。

(二) 婚宴菜单设计的方法流程

婚宴菜单的设计，简单来说可以概括为确定婚宴菜单的核心目标、确定婚宴菜品的构成模式、选择确定婚宴菜品、合理排列婚宴菜品、编排菜单样式五个步骤过程。

❶ 确定婚宴菜单的核心目标 此处所谓的核心目标，是指通过婚宴菜单设计并实施后所要实现的状态，一般由婚宴的价格、婚宴的主题形式及婚宴的风味特色共同构成。婚宴作为宴会的一种形式，在设计菜单的过程中"婚宴"两字所代表的含义是关键性的影响因素；而婚宴的主题形式往往影响着具体的菜品的命名及婚宴的场景布置；婚宴的风味特色是在菜单设计中所要体现出来的一个总的倾向特征，而往往这个特征涉及了每道菜品及菜品与菜品之间相互联系的问题。

❷ 确定婚宴菜品的构成模式 所谓婚宴菜品的构成模式，主要是指婚宴菜品的格局，其需要根据婚宴的具体形式、就餐形式、婚宴成本及拟订的菜品的数目等内容，细分出每类菜品的成本及其具体数目。在此基础上，根据婚宴的主题形式及婚宴的风味特色定出一些较为关键的菜品，再按主次、从属关系确定其他菜品，形成婚宴菜单的基本框架。

为了防止婚宴的成本分配不够合理，在选择婚宴菜品前，可考虑按照婚宴席的规格，合理地分配整桌宴席的成本，使其分别用于冷菜、热菜和饭点水果。通常情况下三种菜品的成本比例可分别为10%～20%、60%～80%、10%～20%。在每组的食品中，要进一步根据婚宴席的要求，确定所用菜品的数量，将该组菜品的成本再分配到具体的菜品品种中去，这样一来，每个菜品都有了大致的成本预算后，便于决定使用什么质量的菜品及什么样的原料。

❸ 选择确定婚宴菜品 婚宴菜品的选择，应以婚宴菜单的编制原则为前提，并建议按照如下要求确定婚宴菜品。

(1) 要充分考虑能显示婚宴主题的菜品，以展示婚宴的特色。

(2) 要适当考虑婚宴所在地的饮食习俗，当地同类婚宴习惯用的菜品可以考虑排进菜单。

(3) 要考虑婚宴中的核心菜点，如头菜或是座汤等，一定不可缺少。

(4) 要考虑发挥主厨所长，主厨的拿手菜或是特色菜均可考虑作为婚宴菜单中的备选菜。

(5) 要考虑婚宴所在季节，有何种时令原料。

(6) 要考虑货源供应情况，安排一些物美价廉而又便于调配花色品种的原料，此种做法便于平衡婚宴成本。

(7) 要考虑菜品中荤素搭配的比例，保证素菜在整个婚宴菜品中的合理比例。

(8) 要考虑婚宴菜品中汤羹类菜品的比例。

(9) 最后要考虑婚宴中菜肴与点心的比例协调，以菜肴为主，点心为辅，相互辉映。

❹ 合理排列婚宴菜品 在菜品初步选出以后，还须根据婚宴席的结构，参考所定宴席的售价，进行合理筛选或补充，待所选的菜品确定后，再按照传统宴席上菜的顺序，逐一将其排列，以此来形成一套较为完整的婚宴菜单。

除此之外，婚宴菜品应考虑采用寓意命名法及写实命名法相结合方式对菜品进行名称确定。如可使用吉祥如意、百年好合、鸳鸯戏水、子孙饺子、双喜临门等词语。同时，菜品的总数量应为偶数，图吉利之意。

知识拓展
3-1-2

⑤ **编排菜单样式**　菜单中菜品部分设计完成后，还应注意对菜单名目编排样式进行适当美化。总体原则为色彩搭配合理，字迹或图片醒目，字体规范，匀称美观。需要特别注意的是字体风格、菜单风格以及婚宴风格三者间要统一（图 3-1-20）。

图 3-1-20　婚宴菜单

练一练
3-1-1

四、婚宴酒水设计

酒水与菜品相同，是婚宴中必不可少的重要组成部分。当人们通过中式或西式的仪式共同庆祝一对新人喜结连理的同时，更是需要酒水的“融入”将现场氛围推向高潮。因此，科学的酒水设计既能够提高参加婚宴宾客的情绪，同时也能推高婚宴现场的喜庆氛围。

（一）婚宴酒水设计原则

酒水是现代的婚宴中重要的组成部分，主要表现：首先，酒水具有烘托婚宴用餐氛围的作用；其次，酒水也是婚宴营业收入的主要来源之一；第三，酒水能够与婚宴菜品搭配从而提高婚宴菜品的食用满足感；最后，酒水的服务也是婚宴中餐饮服务质量的重要标志。因此，婚宴酒水的选择和使用则显得至关重要，其设计原则主要有以下方面。

① **要切实满足宾客要求**　婚宴酒水的确定，应以主办人或主办方的需要为准。现代婚宴中，宴会用酒多是由主办人或主办方自行提供，而酒店则主要负责席间的酒水服务。酒店可以向宾客建议或推荐酒水，但最终仍应以主办人或主办方的意见为主。切记不可硬性推售婚宴用酒。

② **结合宴会规格选用酒水**　婚宴主办人或主办方的具体意见各不相同，婚宴的规格和档次也各不相同。因此，酒水的选择也需要结合具体情况而定。如高档婚宴应当选用高质量规格酒水，普通婚宴则选择档次一般的酒水即可。因为在普通婚宴中选用高档酒水，则有些“喧宾夺主”的感觉，因为酒水毕竟是属于佐餐饮用的，而菜肴才是婚宴的“主体”，在这种情况下，容易让人对婚宴的规格档次产生怀疑。

③ **应突出宴会主题**　不同宴会主题可以选用不同类型的酒水。如在婚宴中，现场往往气氛较为热烈而隆重，因此建议可以选用酒精度数稍高一些的酒。除此之外，有些婚宴也可以选用命名寓意较好的酒水，这样会更加突出婚宴的主题，如“喜临门酒”“口子酒”“金六福酒”等。

④ **结合台面特色设计**　在我国，婚宴往往会根据中式婚宴或是西式婚宴的不同，在选用宴会酒水上也会有所差别。主要表现为：中式婚宴因台面布置突显中式特色，因此酒水选用也应以中国酒水为主，如中国的各式白酒、啤酒、黄酒及各种果酒。而西式婚宴则建议首选西式酒水，如葡萄酒、白兰地、威士忌、各品牌啤酒等。在具体对宾客服务设计时还应以宾客意见为最终选择。

⑤ **应与菜品风味一致**　不同地域的菜品口味各不相同，而酒水则应更多配合菜品口味进行对应设计。各地婚宴所食用菜品都具有鲜明的特色，因此在进行酒水搭配时一定要做到以菜品为主，

酒为辅。酒的味道不能比菜品的味道浓烈或浓甜，同时要忌暴饮。

（二）婚宴酒水搭配设计

婚宴酒水质量的好坏直接影响到婚宴举行的整体质量。在实际的应用搭配中，应考虑婚宴酒水与菜品的搭配，也要同时考虑酒水与酒水之间的搭配，这样才能真正地做到美酒配美食。

1 酒水与菜品的搭配 婚宴中可以选用的菜品原料种类较多，婚宴中的用酒也可以此作为参考依据。如：汾酒可以配婚宴中的凉菜，清爽合宜；泸州老窖酒可以搭配鸡鸭类原料的菜品，取其味道浓郁、厚重、香馥；竹叶青酒可以专配鱼虾类的菜肴；半干型的加饭酒专配肉类、大闸蟹等。总体建议中式婚宴还是应配中式酒水，而西式婚宴则可配用西式酒水。

2 酒水与酒水之间的搭配 婚宴中的酒水与酒水的搭配主要体现为酒水上席的顺序。与我国大多数宴会酒水的搭配原则一样，婚宴的酒水也应遵循先抑后扬的原则，目的在于使婚宴的气氛由低潮逐渐推向高潮，并最终在完美中结束。具体体现为先低度酒，后高度酒；先软性酒，后硬性酒；有气酒在前，无气酒在后；普通酒在前，名贵酒在后等。

（三）婚宴中常用酒水及饮料

1 中式婚宴常用酒

（1）五粮液酒。四川省宜宾市特产。五粮液运用600多年的古法技艺，集高粱、大米、糯米、小麦和玉米等的精华，在独特的自然环境下酿造而成。香气特别浓厚，口感浓郁，绵甜甘洌，余味绵长。在实际生活中知名度较高、家喻户晓；包装外观喜庆、奢华，是婚宴中常用的白酒。

（2）茅台酒。贵州省遵义市仁怀市茅台镇特产，是中国的传统特产酒，是与苏格兰威士忌、法国科涅克白兰地齐名的世界三大蒸馏名酒之一。以酱香突出、幽雅细腻、酒体醇厚、回味悠长的口感特点和外观喜庆的设计风格，让宾客喝得舒心，从而受到人们的喜爱。其也同样是婚宴中常用的白酒。

（3）古井贡酒。亳州传统名酒。据了解在古井贡酒厂里有一口一千多年历史的井，井水清澈甜美，用它酿的酒，清澈透明、酒香浓郁、甘美醇和，黏稠挂杯，余香悠长。因此也同样受到了人们的喜爱，成为婚宴常用白酒。

（4）金六福酒。五粮液酒厂系列品牌，“金”代表权力富贵和地位；“六”意为六六大顺；“福”意为福气多多。五星级金六福酒设计新颖，其开盒时“开门见福”，取酒时“揭福”，酒瓶如古钱袋，寓意吉祥。金六福酒一直以“福”为形象定位。因其六福美好的寓意，成为婚宴上大家喜欢的饮用酒。

除上述白酒之外，剑南春酒、洋河大曲、泸州老窖特曲、董酒、海之蓝等也都是婚宴常用酒。

2 婚宴常用饮料 见表3-1-1。

表3-1-1 婚宴常用饮料

类型		具体名称
矿泉水	无气矿泉水	—
	含气矿泉水	五大连池
	人工矿泉水	娃哈哈、怡宝
	世界著名矿泉水	法国：依云、甘露 德国：阿坡望 意大利：圣派·哥瑞诺 日本：三得利、麒麟、富士山
果蔬饮料	蔬菜汁	如番茄汁等
	果汁	如天然类果汁、稀释类果汁、果肉果汁、浓缩果汁

续表

类　型		具体名称
碳酸型饮料	普通型	如苏打水
	果味型	如柠檬汽水、汤力水、干姜水
	果汁型	如橘汁汽水
	可乐型	如可口可乐、百事可乐
	其他	如乳蛋白碳酸饮料、植物蛋白碳酸饮料

五、婚宴服务与安全设计

随着现代经济的不断发展，婚宴服务质量的好坏也越来越受到消费者的关注。作为婚宴的管理者要在服务方面不断创新，从而提高婚宴系列产品的附加值。婚宴的服务质量和婚宴的安全保障是提高宾客满意度的重要保障。

（一）婚宴服务设计

以宴会服务的基本流程为参考依据，婚宴服务设计主要包括婚宴开始前准备工作、婚宴过程中服务工作及婚宴结束后收尾工作三个部分。

❶ 婚宴开始前准备工作　婚宴开始前的准备工作，概括起来可以分为各类物品及器具准备工作、服务人员仪容仪表准备工作、其他相关准备工作。具体准备工作内容如下。

（1）按照宾客需求布置场地：

①服务人员可在婚宴前 1 天或婚宴开始前若干小时根据场地实际使用情况，配合主办方事先准备布置好场地，包括餐桌的位置、氛围环境的装饰等。

②婚宴开始前 1 h，服务人员开日常例会，结合当日实际需服务婚宴情况布置相关工作。要确认婚宴主办方或主办人，婚宴桌数、规格，婚宴具体举办场地，婚宴起止时间，上菜顺序以及某些宾客的特殊要求。

③服务开始前 15 min，服务人员需检查自身仪容仪表，并且面带微笑，准备迎接宾客的到来。

（2）上毛巾及倒酱醋：

①婚宴正式开始前 15 min，准备好湿毛巾及各种调味碟。

②在具体操作过程中，左手托盘，右手送湿毛巾，应注意毛巾叠法及朝向应一致。

③筷子根据座位摆放在筷架上。同时斟倒酱或醋时，调味碟应拿到托盘内斟倒。

（3）摆放婚宴冷菜部分：

①婚宴前 30 min 以内摆放好冷菜。

②留意冷菜的荤素搭配、颜色搭配。

③摆放冷菜时要注意做到盘与盘之间距离相等。

④摆放盘中有装饰物的菜品时应注意将装饰物一律朝外摆放。

⑤对于有些拿取不便的菜品，如花生等体积较小的食物时，应配有调羹并提前摆放于底碟上。调羹的摆放应柄端朝外，当宾客到来后，可将调羹放在冷菜上或冷菜中，方便宾客使用。

（4）做好迎接宾客工作：

①服务人员应自然站立于婚宴大厅入口处，以标准站姿迎接宾客进入。

②服务人员应面带微笑、以饱满的热情欢迎到来参加婚宴的宾客。

③服务人员应以较为清晰的声音，礼貌欢迎宾客到来。

（5）引领宾客入座：

①对于主桌宾客，无论是主人或是主宾，都应热情引领，如有女士则先从女士开始，依次将其引领到座位旁，拉椅让座。

②服务人员根据参加婚宴宾客的名单，依次引领除主人或是主宾外的其他宾客至适宜的餐桌旁就座。

③宾客落座后，服务人员根据宾客需要适时提供外衣套袋服务及添加儿童座椅服务等。

(6) 提供酒水服务：

①餐桌台面上摆放啤酒杯及红酒杯两套杯具，白酒杯则可放在工作台备用，以便宾客需要时及时提供酒水服务。

②宾客入座后，服务人员依次询问宾客是否饮用酒水及饮用酒水的种类，提供斟倒酒水服务。

③在确定宾客所饮用酒水品种之后，可将桌上剩余酒杯用具及时撤离餐桌。

④向宾客提供斟倒酒水服务时，无论斟倒啤酒还是红酒，都需要服务人员右手托酒瓶上端，左手扶酒瓶下端；在身体微屈的状态下将酒的商标朝向宾客进行斟倒。

⑤斟倒酒水时，先分别将啤酒的瓶盖和红酒瓶塞去除掉，再用干净餐巾擦拭瓶口后再为宾客进行斟酒。

2 婚宴典礼服务流程

(1) 婚宴典礼前，服务人员应辅佐主办方代表发放糖果、香烟，并将多余的物品及时回收还给主办方代表。

(2) 司门服务。两名服务人员在婚礼典礼开始前，按照婚礼流程安排将婚礼场地大门暂时关闭并等候在大门两边。待婚礼司仪开场白过后，现场婚礼声响起之时，缓缓拉开大门，一对新人或新人双方中的一位，缓缓进入现场并逐步完成仪式其他部分。

(3) 交换信物环节服务。在进行新人交换结婚信物典礼时，由一名服务人员用垫着红布(或红垫巾)的托盘将信物呈上。

(4) 交杯酒环节服务。在进行新人饮交杯酒环节时，由一名服务人员用垫着红布(或红垫巾)的托盘将事先斟倒好的两杯酒水呈上；呈上之后，暂不离开，待新人喝完交杯酒后将空酒杯带回。

(5) 切蛋糕环节服务。在进行新人切蛋糕典礼时，由一名服务人员点燃蛋糕车上的两根冷焰火，然后缓缓推出蛋糕车至典礼台旁，待新人切完蛋糕后将蛋糕车推到一边。

(6) 斟倒香槟酒塔。在现在的婚宴中，也有的在典礼仪式过程中增加斟倒香槟酒塔的活动环节。这需要服务人员首先在婚礼开始前配合主办方将酒杯塔搭建好；在此项仪式开始后，由服务人员将香槟酒用酒水车或托盘呈到新人处，待完成此项仪式或在结束后将空香槟酒瓶撤下。

(7) 典礼过程中，服务人员应在新人需要的前提下，结合宴会厅内换衣间的使用情况，为新人提供典礼期间的换装场地，并配合做好贵重物品的保管工作。

3 婚宴过程中服务工作

(1) 上菜前撤花服务。在婚宴上第一道热菜之前，服务人员应先将婚宴餐桌上的装饰鲜花撤下，同时应当注意在撤下期间，是否有遗留下其他物品。

(2) 席间上菜服务。服务人员上菜时，应选择在固定位置上菜，同时要满足在座位缝隙较大、周围无孩童就座的区域上菜的条件。上菜时应以清晰、响亮的嗓音向就餐宾客报菜品名称，并提醒宾客慢用。

(3) 撤换餐具服务。服务人员应根据婚宴宾客就餐的实际情况，帮助宾客及时更新骨碟。在用餐期间有宾客的餐具如筷子、汤匙等掉落，应在第一时间内为宾客进行替换。

(4) 斟倒酒水服务。服务人员应在做好席间服务的同时，密切留意宾客酒水的饮用情况，及时根据就餐宾客的实际需要，为宾客添加酒水。

(5) 更换湿毛巾服务。结合婚宴就餐宾客的使用情况，可为宾客提供一次或多次湿毛巾更换服务，直至用餐结束。

❹ 婚宴结束后收尾工作

（1）主办方宣布婚宴结束，当宾客起身离开时，服务人员应主动为宾客拉椅，方便宾客离席。同时需要提醒宾客不要遗留贵重物品，如手机、钱包等随身携带物品。

（2）宾客离开时，服务人员需要和主办方确认是否需要打包服务。如有需要，通常是在就餐宾客彻底离开后才能开始此项服务工作。服务人员应配合提供相应的食品盒或食品袋，根据宾客需求，将需要的剩菜分类装入其中，并告知宾客要低温保存。

（3）宾客离开时，服务人员要迅速检查餐桌上是否还留有尚未熄灭的烟蒂，有无宾客遗留的物品，如果有应及时通知宾客或及时上交给有关部门。在宾客尚未全部离开婚宴现场时，绝不可以收拾台面物品，以免引起宾客的误会。

（4）在提供打包服务的同时，应注意及时回收餐桌台面上的口布、湿毛巾、小餐具等，清点好数量并进行归类。

（5）婚宴结束后，应主动征求并整理宾客或陪同人员的意见，填写婚宴工作记录簿。召开餐后会，认真总结工作经验和教训。

❺ 婚宴服务注意事项

（1）每位服务人员都需明确自己的工作内容及工作区域，做好自己的本职工作。

（2）按照规范的服务技能要求为参加宾客提供满意服务。

（3）在服务过程中需要重点关注婚宴现场儿童的安全、老人的安全。

（4）根据宴会厅现场实际情况，有意识地提醒在座宾客加强对自身财产安全的保护。

（5）注意婚宴过程中的细节服务，视现场具体情况提供个性化服务。

（6）注意婚宴过程中对于现场音响及灯光效果的配合操作，避免出现失误环节。

（7）服务人员需与厨房时刻保持密切联系，掌握菜品的实际制作情况。根据现场情况灵活完成上菜服务。

（二）婚宴安全设计

婚宴作为参加人数较多、规模较大型的宴会，其安全也同样是至关重要的。因此做好婚宴各方面安全设计工作则显得至关重要。

❶ 婚宴设施设备安全　为保证婚宴的顺利、安全进行，婚宴举办场地的安全尤为重要。选材方面要绿色环保无污染，所用装饰要安全。婚宴现场内的吊灯以及各类悬挂物要牢固、结实，不能掉落。婚宴现场如采用地砖，注意不能打滑以避免宾客滑倒；要对婚宴现场的各种设施、设备常进行检查、迅速维修，发现安全隐患及时处理。

❷ 婚宴消防安全　婚宴现场的宴会厅内有各种电器、管道和易燃物，很容易引起火灾。发生火灾则会危害宾客和服务人员的生命，造成财产损失，因此应做到防患于未然。重点应做好：婚宴宴会厅内的建筑要用阻燃材料，要完备消防安全器材和有完善的安保措施；厅门与过道要有安全通道示意图等，要有紧急安全通道。

❸ 婚宴食品安全　婚宴食品安全关系着主办方和承办方的切身利益，因此需要格外加以重视。为了保证婚宴食品安全质量，应加强采购环节的质量监控，不采购有毒、有害食品，确保所进货物的安全可食性。制作加工过程应严格遵守操作流程规定，将食品烹制成熟，避免食物中毒情况的发生。

❹ 婚宴宾客财物安全　婚宴过程中由于宾客人数较多，财务安全问题需要重视。服务人员要有防范意识，做到外松内紧。在婚宴服务过程中做到义务提醒、看护宾客的物品。与此同时，还应在婚宴场地的内外围通道处、人员集散处等处安装摄像头进行监控，加强安全管理的力度。

⑤ 婚宴服务安全 婚宴服务安全主要是指服务人员在婚宴对宾客服务过程中，不会给宾客带来危险。避免服务人员由于不小心或技能不娴熟，而导致在婚宴服务过程中烫伤宾客、弄脏宾客衣物等事故的发生。因此，婚宴服务人员需加强业务技能的培训和心理素质训练，努力提升自身的业务水平，尽可能减少或杜绝服务事故的发生。

⑥ 婚宴典礼仪式安全 婚宴典礼仪式过程中，有时需要燃放室内礼花，需要服务人员事先与主办方确定其操作的安全性。在典礼仪式中的切蛋糕及倒香槟酒环节，也需要服务人员在不影响典礼效果的前提下配合主办方安全操作，顺利完成相关服务内容，确保切蛋糕所用刀具安全回收至厨房、香槟酒塔无倒塌情况发生。

单元二 生日宴设计

单元描述

中国的饮食文化历史悠久，在汉代以前，古人没有过生日的习惯，只有在孩子诞生时以羊、酒相贺。到了魏晋南北朝时期，江南地区才开始出现了做生日的风俗，但只有在双亲健在时才可以做。到了唐代，把生日庆贺与祝寿结合起来，并为后世所传承。

生日的习俗，不同地域以及年龄段的不同，其受重视的程度也各不相同。家中老人的生日往往是最受重视的，其次是小孩，再次是青年人，最后才是中年人。从时间上来看，又有小生日和整生日之别。一年一次的为“小生日”，以前一般不会宴请亲朋好友。但现在过小生日，也会举办规模不同的生日宴会，买生日蛋糕，吹蜡烛，或者邀若干好友到 KTV 唱歌表示祝贺纪念。

古代时的蜡烛比照明用的蜡烛大很多，而且多为红色；现代生活中的蜡烛不仅有红色，还有黄色、蓝色等。过生日者有多大岁数，就在生日蛋糕上插多少根蜡烛，也有以一根蜡烛代表 10 岁的。蜡烛点燃后，过生日者若能一口吹灭所有蜡烛，就表明其心愿能实现。

一般家庭对长辈老人的寿辰都很重视，均邀请亲友来贺，寿礼有寿桃、寿面、寿糕、寿联、寿幛等。隆重者要设立寿堂，燃寿烛，结寿彩。老寿星需要着新衣，坐中堂，接受亲友晚辈的祝贺和叩拜。60 岁、80 岁及其以上的长辈举行生日宴称为“做大寿”。

单元目标

1. 了解生日宴文化，并能够结合有关宴会管理的理论和方法，进行生日宴会的前期分析。
2. 掌握生日宴设计的基本步骤、流程与策划工作，并能够结合生日的场景特点制订生日宴方案。
3. 熟悉宴会管理的方法，能够对生日宴策划过程中存在的问题进行分析处理。
4. 能够根据所学内容，独立完成主题生日宴的策划方案。

知识准备

所谓生日通常是指一个人出生的日子，也是每年满周岁的那一天的日子。关于生日的由来也有另一种说法，即生日也是母亲忍受痛苦辛苦生下孩子的纪念日。

每位母亲为了孕育腹中的生命，经过了十月怀胎的艰辛；同时当腹中的生命出现在这个世界的时候，作为母亲还要忍受巨大的生理和心理痛苦。因此，现在的过生日，是希望通过做孩子生日来追

思每位母亲临产及分娩时的痛苦，让孩子体会父母哺育的艰辛。

每个人的生日都是对于个人来说比较重要的日子。它不仅代表着年龄的增长，同时也代表着人生阅历的增加。

现在，庆祝老人的生日一般都是由子女亲手为他们做寿面与寿包；小朋友过生日则会由父母封红包，以作生日祝福，也可到酒店餐厅中举办生日聚会。

任务实施

所谓生日宴会，主要指主办方或主办人为过生日的小孩、老人或中青年人庆贺生日而举办的一种宴饮聚会。根据不同年龄段人的特点，将其分为弥月宴、百日宴、老人寿宴三种形式。

❶ 弥月宴　弥月又称为满月，通常是指婴儿出生满一个月。在满月时所做的庆贺习俗称为做满月，或称为做弥月。不同地方习俗不同，一般会敬神祭祖或宴请宾客。在中国的传统习俗中，家中有婴儿出生是一件大事，且婴儿出生后至周岁期间，都会有相关的民俗礼仪来为这个家庭中的新成员庆祝，为他(她)祈福、消灾。在做满月时需要做两件事情，一是剃满月头，即剔除婴儿胎发。胎发剔除后，要用红色绸布将其包起来。也有一些地方在剃满月头时头发不全部剃光，而是在头顶前端中央留下一小撮的“聪明发”，在后脑留下一捋“撑根发”，其意思是祝愿婴儿聪明伶俐，祈盼婴儿能扎根长寿。二是指在婴儿满月、剃满月头之后，要做的办满月酒，即弥月宴，以此来宴请曾来家里看望婴儿的各位亲朋好友。在婴儿满月的那一天，婴儿通常会身穿新衣，在母亲或是祖母的怀里，与其他长辈见面，接受这些长辈送的礼物或是压岁钱。现在弥月宴一般多会选择在像酒店类型的餐饮企业中进行。席间母亲或祖母会按照孩子的身份逐位叫着长辈的称呼，长辈们也会回应并笑逗婴儿，整个席间的气氛和谐、热闹。当宴会即将散去时，婴儿的母亲或祖母还会向宾客分送“红蛋”和“红长生果”(即染红的花生)以分享喜悦。

知识拓展

3-2-1

❷ 百日宴　也称为百晬宴，是指在婴儿出生的第100天举行的祝其长寿的宴会。百日庆贺的习俗延续至今，虽然庆贺的内容以及形式有较多变化，但大部分地区的庆百日习俗还保留着喝百日酒、拍百日照、赏日的传统习俗。

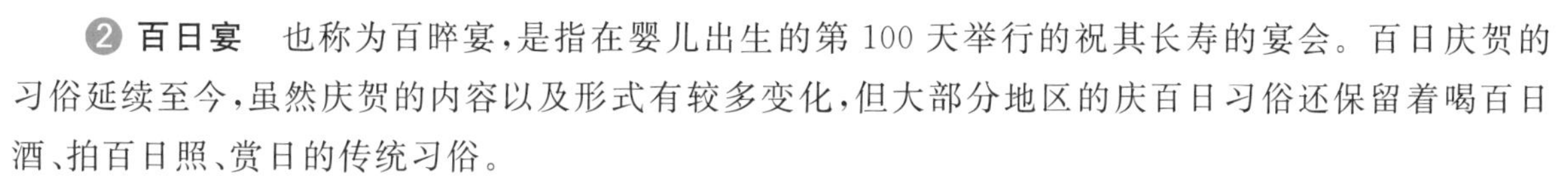

现在百日宴也会选择在餐饮企业中的宴会厅或包间举办。宴会厅或包间进行简单的环境装饰，配以小风车、卡通贴画等，营造出童真时代的气氛。有些甚至更为贴心地为主办人准备了婴儿床等。菜品方面主要考虑提供一些容易消化和软食类食品，同时菜品可以小玩偶造型为主。

❸ 老人寿宴　在中国的传统习俗中，自古就有为五十岁以上老人祝寿的习惯。在我国古代旧时富有人家还会请戏班坐棚清唱。而现代，则更多人选择到餐饮企业宴会厅或一定规模大小的包房来完成寿宴全部活动。菜品多安排容易消化和软食类的食品，在菜品的装饰上则一般会有寿桃或是寿字。

知识拓展

3-2-2

一、生日宴环境布局设计

生日宴是人们为纪念生日和祝愿健康长寿而举办的宴会。一般在五十岁之前，称为生日宴，五十岁之后称为寿宴。随着现代人们生活水平的日益提高，人们对于生日宴的形式、生日宴的内容及生日宴的展现方式等方面的需求都发生了一定的变化。而现在的餐饮企业为了能够全方位满足宾客的需要，也是竭尽所能对自身餐饮产品进行创新，以期能够带来更多的经济效益和社会效益。而这离不开生日宴的环境布局对消费宾客的吸引。

(一) 生日宴环境布局构成要素

生日宴环境布局的构成要素包括生日宴周边环境、建筑风格、举办场地、气氛等。

❶ **周边环境** 生日宴对于周边环境要求不是很高，因为在现实生活中，生日宴多是在酒店内的宴会厅或是包房进行。与宴者多为关系较近的亲朋好友，对于周边环境往往只要求安静、无吵闹即可。如果周边环境与所希望的相悖，则会对参加宾客的情绪、生日宴的举办效果等带来负面影响。

❷ **建筑风格** 生日宴举办场所的建筑风格，能够一定程度地影响宾客的期望值，从而影响对生日宴整个过程体验的期望值。

❸ **举办场地** 生日宴的举办场地根据设计布置所需要的实际操作性，包含了固定性场地部分和非固定场地部分。

(1) 固定性场地部分：由于生日宴更多只用到部分场地的临时布置，因此，不会对宴会厅中的墙壁、地板等固有建筑体进行改造使用，不会影响建筑本身的结构或安全。

(2) 非固定场地部分：此部分主要是指宴会厅内的清洁情况、空气质量状况、房间温度高低、灯光明暗情况、艺术品的装饰位置、个别移动绿化的实际布置，以及根据生日宴的具体要求临时布置的场景等。整体要求是要做到场地清洁卫生无杂物，空气中无异味，室内的温度及湿度设定适宜，有花卉、绿色植物等进行点缀。

❹ **气氛** 此处所说的生日宴的气氛是指举行生日宴时，宾客所面对的整个生日宴会场地的环境。通常包括有形气氛和无形气氛两个部分。其中有形气氛主要包括宾客进入宴会厅后所能直接看到的所有事物，如餐桌的摆放位置、室内的植被景色、内部的装饰装潢以及为生日宴的举办而进行的现场布置装饰等；无形的气氛则更多需要通过服务人员的职业素养体现。有形气氛及无形气氛的相互作用、相互配合才能让宾客体会到“物有所值”的消费感受。

(二) 生日宴环境布局设计的原则与要求

在进行生日宴环境布局设计时，首先需要结合主办人的具体要求；其次，要结合生日宴“主角”的特点，综合多方面的影响因素进行设计。具体要求包括以下方面。

❶ **突出主题** 生日宴的环境布局，需要结合不同主题而进行设计。例如，生日宴中的弥月宴和老人寿宴在具体设计时就需要采用不同主题的设计风格。弥月宴的主角是刚满月的婴儿，因此，在环境布局中可以选用色彩鲜艳的物品、儿童玩具等布置宴会现场；老人寿宴的主角则是老人，故在环境布局中不宜采用过于鲜艳的物品和卡通玩具等进行装饰，而宜采用较为传统、中规中矩的主题风格如松鹤延年，可使用红色“寿”字，配以青松、仙鹤等元素进行布局装饰，以达到突出主题的目的。

❷ **布置应精美雅致** 生日宴的环境布局设计应从环境的布置、色彩的搭配运用、灯光及灯效的综合运用、必要的饰品摆设等方面搭配营造出一种自然的举行仪式及用餐的环境。这种布置不需要多么豪华，但应精美雅致。

❸ **使身心舒适愉悦** 生日宴厅内的装饰与陈设布局，总体应与宴会主题相呼应，做到整齐和谐不突兀；无论是房间内装饰物品摆设位置，还是背景音乐的选用，都应使宾客身心舒适。

❹ **营造安全氛围** 生日宴厅作为主要的生日宴活动场地，是为参加生日宴宾客提供暂时活动的空间区域。因此，在环境布局时需要加强厅内的安全防范，考虑宴会用设备设施的摆设位置是否合理，设备设施的操作和使用有无安全隐患，宾客的人身、财产安全是否能够得到保障，服务人员的技能水平是否能给宾客提供细致、周到、安全的服务等。只有宾客安全感提升，才会增加对生日宴的整体满意度。

(三) 生日宴场景设计及氛围营造

生日宴由于适用的对象不同，因此在具体进行设计时也需差别设计。可以考虑从以下方面进行设计。

❶ **布置生日宴背景墙** 通常在典礼台后面需要同期搭设或布置背景墙或是背景屏幕，它是烘托营造现场热烈气氛、呼应生日宴主题的重要组成部分。背景墙的布置装饰根据过生日者的不同，可采取不同的设计方案。

（1）针对弥月宴：

①可采用弥月宴主人公与其父母的照片作为背景图片，喷绘放大后作为背景墙使用。也可不用照片，直接用相关字样喷绘制作即可，如图 3-2-1 所示。

②用彩色充气气球负责对背景图片之外部分进行装饰，也可用气球拼摆出“弥月宴”三字的字样或“HAPPY BIRTHDAY”字样，并可加入较为流行的卡通角色气球进行布置，如图 3-2-2 所示。

图 3-2-1 生日宴背景墙 1

图 3-2-2 生日宴背景墙 2

③结合弥月宴场地的实际情况，可设置摆放小型玩具或其他玩偶，增加现场的童趣感。

④除用传统照片喷绘作为背景墙使用之外，也可以考虑采用电脑投影的方式，将事先主办方准备好的视频或照片进行投放，作为背景墙元素使用。

（2）针对老人寿宴：

①背景墙可粘贴由老人儿女、子孙亲自写在红色纸张上的“寿”字图片，也可以用带有大型的青松、仙鹤的祝寿图作背景，既突出生日宴主题而且美观大方。

②在“寿”字图片两旁，可悬挂祝寿的寿联，如“福如东海长流水，寿比南山不老松”“二回甲子迎鹤寿，满座儿孙庆高年”等，如图 3-2-3 所示。

图 3-2-3 老人寿宴背景墙

❷ 设置签到台 现在的宴会，无论是生日宴还是寿宴，都会在宴会厅外设置宴会签到台。主要为参加宴会的宾客进行登记时所使用。生日宴的签到台也可用喜庆红色进行台面铺设，如果是弥月宴，也可适当摆放卡通玩偶增加童趣性（图 3-2-4）；而如果是老人寿宴，则可考虑摆放松柏等饰物放于签到台上（图 3-2-5）。与此同时，还应摆设有黑色白板笔和签字使用的喜本。

❸ 准备现场设备设施 生日宴现场设备设施的使用，需要根据主办方的需求进行前期准备和布置。结合生日宴现场是否需要用到投屏的实际情况，决定是否需要事先准备电脑、投影机等设备；如果现场需要用到灯光、音响等，也需要事先准备及调节。

❹ 主题装饰物布置 装饰物的布置使用，主要是为了烘托生日宴的主题气氛，因此在布置过程中，需要结合生日宴对象的年龄特点，进行有区别性的布置。弥月宴的主角为满月婴儿，因此在装饰物的选择上可考虑当下最为常见的形象或卡通形象进行布置；而作为老人寿宴的主题装饰物，则可以考虑使用带有仙鹤（长寿的象征）、青松（长寿之树，是长生不老、富贵延年的象征）、桃（民间视桃为祝寿纳福的吉祥物，多用于寿宴）等图案或造型的物品进行现场的布置，以起到呼应主题的作用（图 3-2-6、图 3-2-7）。

图 3-2-4　弥月宴签到台

图 3-2-5　老人寿宴签到台

图 3-2-6　寿宴主题装饰物 1

图 3-2-7　寿宴主题装饰物 2

知识拓展
3-2-3

⑤ 布置生日宴通道　生日宴的通道，不一定需要布置彩色灯柱、拱门等装饰，但需要结合生日宴场地地面的实际进行适当布置。对于老人寿宴而言，如原地面未曾铺有红地毯，则需补充准备红地毯，并铺于主通道之上，使得生日宴显得高端大气(图 3-2-8)。对于弥月宴而言，也可以采用红地毯铺设通道，并可在通道周围适当摆放玩偶，突出场地的童真气氛(图 3-2-9)。

扫码看彩图
(图 3-2-8)

扫码看彩图
(图 3-2-9)

图 3-2-8　老人寿宴主通道

图 3-2-9　弥月宴主通道

⑥ 准备生日宴蛋糕　无论是哪种类型的生日宴都会用到蛋糕，蛋糕是生日宴不可缺少的重要组成部分。因此，可应主办方要求事先准备好符合要求的生日宴蛋糕，并先进行适度冷藏，待到生日宴仪式正式开始，可结合仪式步骤需要将蛋糕置于手推车上，将手推车推至主桌或中心台区，配合主办方完成此流程。图 3-2-10 和图 3-2-11 的蛋糕分别适用于弥月宴及老人寿宴。

图 3-2-10　弥月宴生日蛋糕

图 3-2-11　老人寿宴生日蛋糕

❼ 选择适合背景音乐　背景音乐主要配合场景的布置装饰呼应宴会主题，并将宴会气氛逐步推向高潮。生日宴的背景音乐需要根据生日宴主角的特点进行选择并加以应用。例如，弥月宴可考虑采用节奏欢快且温馨的背景音乐，歌曲《喜羊羊与灰太狼》《数鸭子》《我爱洗澡》《生日快乐歌》《亲亲猪猪宝贝》等都属于此类型的背景音乐。老人寿宴背景音乐则可选择如《步步高》《祝寿歌》《父亲》《母亲》或《生日快乐》(轻音乐版)等较为脍炙人口的曲目。

【练一练】
以某主题儿童宴为例，试对其环境布局进行设计。

二、生日宴台面设计

生日宴台面设计又可称为生日宴的餐桌布置，通常在组织服务实施过程中，因人、因地、因时等存在不同差别。会根据生日宴的不同主题、结合台面上的餐具、布草件、主题装饰物等组成元素，综合运用美学知识，采用多种艺术手法为宾客进行就餐台面美化设计。在台面美化的同时，与周围环境设计融为一体，呼应生日宴主题。

(一) 生日宴台面设计作用

生日宴台面设计是生日宴庆祝活动中不可缺少的主要组成部分。它会直接影响到生日宴环境布局的整体效果。生日宴台面设计作用如下所示。

❶ 烘托气氛，呼应主题　台面部分的设计元素主要包括主题装饰物、餐具、餐巾、台布、椅套等。因此结合生日宴主题需要将以上元素在色彩、造型、摆放位置方面进行综合设计，以提高台面的整体美观效果，并力求达到与主题相呼应的目的。

❷ 确定座次，便于服务　与传统宴会相同，生日宴也需要在座位上安排突出主位。因此生日宴的台面布置需要结合餐巾及餐具的使用，并确定最终的位置安排。服务人员可根据座位的安排，更有针对性地为宾客提供周到细致服务。

❸ 体现管理、服务水平　生日宴承办方应认真对待，在宴会开始前做好前期各项准备工作；台面设计虽然只是诸多环节中的一个组成部分，但其也同样能反映出承办方管理人员对其重视的程度，并会影响到整体服务水平的综合体现。

(二) 生日宴台面设计特点

❶ 台面设计灵活多样　生日宴的服务对象不同，因此在进行台面设计时，也可分别设计使其更有针对性。针对弥月宴或儿童生日宴，既可将台面按传统围餐方式进行布置，也可以考虑按照自助餐服务形式进行设计摆放，可倾向使用颜色鲜艳、造型可爱的元素。而针对老人寿宴，则更多会回归到传统围餐方式，各类组成元素颜色庄重大方、造型中规中矩即可。

❷ 台面摆设强调整齐美观　与宴会摆台相同，生日宴台面摆设过程中，餐具的色彩、形状、材质及图案的选用应和谐统一。在摆放的过程中讲求横向成行，纵向成列，整齐划一。台面各类物品均

能按规定位置进行摆放。

❸ **善用主装饰物呼应主题** 台面设计是一个整体，如果说餐具、餐巾、台布等摆放及铺设是重要组成部分，那么主装饰物则是台面设计的点睛之笔。因为它能加强台面设计与生日宴主题的之间的呼应，突出主题。

（三）生日宴台面设计原则

生日宴台面在前期设计过程中应当遵循、注意以下原则。

❶ **突出特色原则** 强调突出宴会主题，体现宴会特色。如老人生日宴应摆设“寿”字图，而弥月宴则应摆设卡通图案或造型的物品。结合参加生日宴人员的具体人数等，进一步决定餐桌间距离、餐位大小、餐具种类与样式等细节。

❷ **使用方便原则** 台面的设计应考虑宾客使用过程中的方便性。如座位之间距离大小、餐具摆放位置使用是否舒适、餐桌与餐桌之间距离是否方便来往行走等均需考虑。以宾客感觉舒适为准。

❸ **整洁美观原则** 生日宴的台面设计应更富有生动性，与生日宴的主题、规格档次匹配。如餐椅摆放应整齐、席位安排应有序；餐具和用具摆放应相对集中、位置适当。能够利用台面各类物品元素进行合理摆放，从而体现生日宴台面设计的美感。

❹ **传承礼仪原则** 在生日宴台面设计中，也同样需要尊重传统礼仪文化。生日宴承办方与主办方进行沟通后，考虑生日宴举办地当地的传统文化、生活习惯、就餐形式等因素，进行综合设计。服务人员应积极配合主办方对台面上必要性物品进行装饰，使得台面设计效果更加符合主办方预期所想。

❺ **安全卫生原则** 生日宴中用于台面布置的各类用品，首先应保证其清洁卫生。无论台布的铺设、叠餐巾造型的制作、各类餐具的实际摆放，都需要服务人员按照卫生要求进行操作，不能用手直接接触宾客所使用的餐具“核心”处，如杯子的杯口、汤匙的凹陷处、筷子的食用部位等。确保宾客用餐安全。

（四）生日宴台面设计基本要求

成功的生日宴台面设计，需要充分考虑台面设计后的实用性，在满足实际使用的基础之上再进一步进行细节创新，丰富生日宴台面设计的效果，提高生日宴主办方对台面设计的满意度。

❶ **根据宾客的用餐要求进行设计** 服务人员需要结合宾客的用餐人数、菜品的样式等特点，按所需餐具的数量和种类分别进行确认及摆放。在满足实际使用的功能下，与其他主题元素结合进行台面美化设计。

❷ **根据主题和档次进行设计** 由于生日宴的服务对象不同，因此进行主题设计时也会有不同侧重。如不同年龄段的过生日者就具有明显差别。婴儿及儿童生日宴应确定活泼可爱型主题并进行后续设计；老人寿宴的主题和设计则应庄重大方且不失温馨感。

同时，不同档次生日宴，往往也决定了在设计时要考虑生日宴中各类餐用具的成本造价、质地和使用件数及装饰物规格等因素。

【练一练】
以某主题儿童宴为例，试撰写宴会餐桌的台面设计方案。

❸ **根据生日宴菜品特点进行设计** 生日宴中所使用的餐用具及主题装饰物的选择与布置，还应结合生日宴菜品和酒水特点来确定。如年龄较小的婴儿或儿童过生日，菜品数量往往不宜过大，同时在造型或摆盘方面则需要更生动些。因此在选用餐用具时也应考虑选用一些带有卡通形象的餐用具。而老人寿宴，因其往往与其他类型宴会相似，因此菜品方面也比较相似，所以所用各类餐用具也不需额外设计。

❹ **根据美观性要求进行设计** 在生日宴的台面设计过程中，需要考虑台面设计的美观性及生动性，使得台面既实用，又赏心悦目，还能给与宴者带来美的享受。

❺ **根据卫生要求进行设计** 要保证生日宴台面设计中所使用的餐用具及其他物品，均符合安

全卫生的标准。在摆台操作时要注意操作卫生，忌用手直接触摸餐用具进口部位。

三、生日宴菜单设计

菜品是生日宴的组成部分之一，应当对生日宴菜品进行科学、合理的设计。在设计过程中需要考虑到用餐人数、口味需求、年龄分布等特点，为宾客制作美味、健康、养生的生日宴菜品。

（一）生日宴菜单设计依据及原则

生日宴菜单设计的科学合理性主要体现为设计者需要遵循一定原则、结合参考依据而进行设计。在设计过程中要求考虑菜品营养搭配的合理性、菜品数量的科学性等决定因素。

❶ 生日宴菜单设计原则

（1）科学合理：设计生日宴菜单时，应考虑宾客的结构组成、饮食习惯、口味需求等因素；同时还应注意荤菜及素菜类菜肴数量的合理性；最后要注意合理运用多种烹调方法，使得菜品原料的营养搭配更均衡合理。

（2）整体协调：在设计生日宴菜单时，需要全面考虑菜单中菜品的口味特点、烹调方法及成菜形式。要做到菜品口味丰富但各不相同、烹调技法多样有特色、成菜形式繁多不重复。菜品之间应相互配合、相互补充、相互促进，无论是在菜品口味上或是展现形式上均能与整体协调统一。

（3）数量适度：主要体现在菜品数量确定的合理性上。应根据每桌就餐人数的数量、男女比例、长幼比例等具体情况综合确定菜品数量。做到每道菜品的数量和质量平衡、营养搭配合理。从而避免出现食物剩余过多而浪费的情况的发生。

（4）确保盈利：作为生日宴的菜单设计者，应时刻将盈利目标贯穿于设计中，力求做到既能满足宾客餐饮消费标准的需求，又能使自身合法权益得到保护，为所在企业带来良好的经济效益和社会效益。

❷ 生日宴菜单设计依据　生日宴菜单的设计应遵循以下几点。

（1）根据主办方需求合理配菜：首先，生日宴菜单设计应考虑宾主的需求。即在各方面条件允许的情况下，满足宾主需求，如喜欢哪种原料制作的菜品、偏爱于哪种口味的菜品等，可在设计菜单之初与主办方做好沟通。

其次，要重视主办方对于生日宴宴席售价的接受水平。在确定宴会规格的基础上，进一步结合原料的采购成本等因素进行原料确定。

（2）合理定价，讲究品种调配：一般来说，进行生日宴菜品设计时应考虑质价相衬的原则，以合理选配宴会菜品。即高档宴席，料贵质精；普通生日宴，料贱质粗。一般情况下结合实际情况选择大众菜品，可以保证每人吃饱吃好。编制菜单时，调配品种可从以下方法中借鉴：选用多种原料，适当增加素料的比例；名菜、特别推荐菜为主，乡土菜品为辅；可考虑多用成本价格低廉，但又能烘托席面的高利润菜品；适当安排烹调技法奇特或是造型惊艳的菜品。

由于菜品售价关系到主办方的切身利益，因此菜品价格不应草率确定，而需结合自身定价标准合理、科学定价。不应趁机哄抬价格，赚取短期暴利。

（3）因人配菜，迎合宾主喜好：考虑生日宴的形式类别不同，设计菜品也需随之变化。例如，儿童生日宴的菜品和老人寿宴的菜品，在成菜的口感上都应强调要容易消化；在口味上忌大酸大辣、过于刺激的味型出现。但在造型方面儿童生日宴的成菜可偏向于可爱活泼型，而老人寿宴则可偏向于高端大气、优雅独特等。通过不同表现方式，满足不同宾客群体的要求。

（4）营养均衡，强调物有所值：生日宴的菜单设计与其他类型的宴会菜单设计一样，也需要注重膳食平衡。因此设计生日宴菜品时要注意各类菜品所提供的营养是否合理、六大常见营养素是否能够均衡摄入、食物原料相互之间是否存在不能搭配食用的情况。

在考虑营养均衡的同时，还应考虑主办方对于生日宴菜品的实际体验感受。因此可考虑提供生

日宴试菜服务，从而增加宾客餐饮消费信心。

(5) 因时配菜，因人配菜：根据时令季节选择烹饪菜品原料，并将其作为生日宴菜品加入菜单设计中，并满足生日宴主办方的实际需要。具体表现为选择应时应季的物产原料，以保证所做菜品质量；其次，也可以考虑选用当地特色原料制作生日宴菜品。

除此之外，生日宴菜单的设计还要本着节约的角度在原料采购、菜肴搭配、宴席制作、接待服务等方面加以留意，力争以较为合适的最小成本，获取最佳的效果。

(二) 生日宴菜单设计的方法流程

生日宴菜单的设计，简单来说可以概括为确定生日宴菜单的核心目标、确定生日宴菜品的基本组成、选择确定生日宴菜品、合理排列生日宴菜品、编排菜单的样式五个步骤过程。

❶ **确定生日宴菜单的核心目标** 生日宴菜单应当以突出"健康、长寿"为核心。因此在具体设计时应侧重这两个词语所代表的含义。如在菜品的命名方面，需要体现该核心。与此同时，生日宴的主题形式、生日宴的价格也是其菜单的核心体现。

❷ **确定生日宴菜品的基本组成** 生日宴菜品与其他宴会菜品格局基本相同。需要特别注意的是，设计者应根据主办方的明确需求确定生日宴活动形式及菜品形式，进而确定菜品的组成是按传统菜品种类确定或是按照如自助餐类形式确定。如参考传统宴席格局，则可根据冷菜、热菜、汤菜、主食、甜点等逐一确定菜品；也可在大菜或主菜确定的前提下分类确定其他菜品，并最终形成生日宴菜单的框架。

也建议按照生日宴席的规格，合理地分配整桌宴席的成本，使其分别用于各类菜品的成本确定。在每类菜品确定了成本的基础之上，将该类菜品的成本再分配到具体的菜品品种中或数量中去；这样就可以得到每个菜品的基本成本，最后根据成本数值决定使用什么样质量或档次的菜品及什么样的原料。

❸ **选择确定生日宴菜品** 生日宴菜品的选择，应以生日宴菜单的编制原则为前提，并建议按照如下步骤确定。

(1) 要充分考虑能显示生日宴主题的菜点，以展示生日宴的特色。如呼应主题的冷菜，可采用花色拼盘或什锦拼盘的艺术表现方式加以呈现。

(2) 要适当考虑生日宴所在地的饮食习俗，即当地同类生日宴习惯用的菜点可以考虑排进菜单。

(3) 要考虑生日宴中的核心菜点，如头菜或是座汤等，一定不可缺少。因其也承担与生日宴主题呼应的作用。

(4) 要考虑发挥主厨的所长，主厨的拿手菜或是特色菜均可考虑作为生日宴菜单中的备选菜。

(5) 要考虑生日宴所在季节，有何种特色时令原料可以作为菜品的备选。如5、6月份通常是笋的收获季节；而10、11月则是螃蟹的收获季节。因此生日宴承办方可考虑在此期间，将特色时令原料设计到菜单中去。

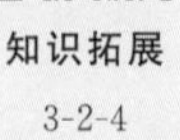

知识拓展
3-2-4

(6) 要考虑菜品中荤素搭配的比例，要保证素菜在整个生日宴菜品中的合理比例。无论是何种类型的生日宴，均应合理设计荤菜与素菜的数量比例，如4∶6或3∶7，以保证参加宾客的营养摄取均衡。

(7) 要考虑生日宴菜品中汤羹类菜品的配比，以免出现菜品过干或过稀的情况。

(8) 最后要考虑生日宴中菜肴与点心的比例，要以菜肴为主，点心为辅，相互辉映。

❹ **合理排列生日宴菜品** 生日宴菜单的菜品初步确定完成后，结合菜品的种类、口味及售价等因素，还需要与主办方进一步确定菜品。待菜品完全确定后，可以根据传统宴会菜单的排列顺序及方式，进行参考排列，并最终形成较为完整的生日宴使用菜单。

在菜品原料及制作方法确定后，结合生日宴的主题，可以对菜品进行艺术命名。传统菜品命名

的方式主要包括写实命名法和寓意命名法。为更好地与主题相呼应，建议采用寓意命名法对菜品进行命名。如使用“喜添贵子”“吉庆满堂”“儿孙满堂”“天伦之乐”“洪福齐天”等词语，既可表达对生日宴主角的美好祝愿，同时又能与生日宴主题完美呼应。

⑤ **编排菜单的样式**　菜单中菜品部分设计完成后，还应注意对菜单名目编排样式进行适当美化。总体原则为色彩搭配合理，字迹或图片要醒目，字体规范，匀称美观。需要特别注意的是字体风格、菜单风格以及生日宴风格三者要统一（图 3-2-12、图 3-2-13）。

图 3-2-12　生日宴菜单 1

图 3-2-13　生日宴菜单 2

练一练

3-2-1

四、生日宴酒水设计

酒水与菜品相同，是生日宴中必不可少的重要组成部分。在现代各类型的宴席中，更是需要用酒水的刺激作用，将宴会现场的氛围推向高潮。因此，科学合理的酒水体验既能够提高参加生日宴宾客的情绪，同时也能推高生日宴现场的喜庆气氛。

（一）生日宴酒水设计原则

酒水是现代宴席中的重要组成部分。具有烘托生日宴用餐气氛的作用，能够与生日宴菜品搭配从而提高生日宴菜品的食用满足感；因此，生日宴酒水的选择和引用则显得至关重要，其设计原则主要有以下方面。

① **要切实满足宾客要求**　生日宴酒水的确定，应以主办人或主办方的需要为准。结合生日宴的主角实际特点，选择适合的酒类饮品或其他类型饮料。在此过程中，从健康角度出发建议选用酒精度数不是很高的酒类作为庆祝用酒，也可根据其他宾客特点提供非酒精饮料。

② **结合生日宴规格选用酒水**　结合生日宴主办人或主办方的具体意见，生日宴的规格和档次也各不相同。因此，酒水的选择也需要结合具体情况而定。如高档生日宴应当选用高质量高规格酒水，普通生日宴则选择档次一般的酒水即可。也可根据主办方需求设计选用药用酒。

③ **应突出生日宴主题**　在生日宴中，也可以选用命名较好的酒水，这样会更加突出宴会的主题，烘托宴会现场的气氛。现在有很多白酒生产厂家提供酒类的个性定制服务，专门开发生产生日宴用酒，并在瓶身的红色底色基础上，标有大大的“寿”字，显得更加高端、大气，且与主题非常呼应。

④ **结合台面特色设计**　各类宴会酒水的饮用，需要结合宴会台面的整体风格而考虑确定。在我国，无论是弥月宴还是老人寿宴多采用中式台面设计风格。因此，在实际选用中也以中式酒水为主，如各种品牌的白酒、啤酒及非酒精饮料。在设计过程中，可将台面特色作为参考依据加以应用。最终仍需以生日宴主办方或主办人的意见为准。

⑤ 应与菜品风味保持一致 生日宴的酒水无论档次高低如何，也同样应当服从于菜品风味。因此，酒水的选用不应“喧宾夺主”地将菜品风味特色掩盖住，而应当通过它的“衬托”使菜品风味更加突出。

（二）生日宴酒水搭配设计

生日宴酒水质量的好坏直接影响到生日宴举行的整体质量。在实际的应用搭配中，既要考虑生日宴酒水与菜品的配合，也要考虑酒水与酒水之间的搭配，这样才能真正地做到美酒配美食。

❶ 酒水与菜品的搭配 生日宴中可以选用的菜品原料种类较多，因此生日宴中的用酒也可以此作为参考。如：汾酒可以配生日宴中的凉菜，清爽合宜；泸州老窖酒可以搭配鸡鸭类原料的菜品，取其味道浓郁、厚重、香馥等。竹叶青酒可以专配鱼虾类的菜肴等；又如半干型的加饭酒专配肉类、大闸蟹等。总体建议为中式生日宴还应配中式酒水，而西式生日宴则可配合饮用西式酒水。

❷ 酒水与酒水的搭配 生日宴中的酒水之间的搭配主要体现为酒水上席的顺序。与我国大多数宴会酒水的搭配方式一样，生日宴的酒水也应考虑酒水口味的差异原则，真正地做到用酒来提味，用酒来增香。

（三）生日宴中常用酒水及饮料

❶ 生日宴常用酒 生日宴用酒的设计选择需要以主办方的需求为主，也可参考表 3-2-1。

表 3-2-1 生日宴常用酒

类　别	名　称	饮用温度
白酒类	五粮液酒、茅台酒、古井贡酒、剑南春酒、泸州老窖特曲、鸿茅药酒等	可常温饮用
啤酒类	青岛啤酒、百威啤酒、雪花啤酒、珠江啤酒、哈尔滨啤酒、喜力啤酒及各地方啤酒	常温、冷饮均可

❷ 生日宴常用非酒精饮料 生日宴除了常用饮料外，也可设计提供各种非酒精饮料，如表3-2-2所示。

表 3-2-2 生日宴常用非酒精饮料

类　型	具体类型	具体名称
矿泉水	无气矿泉水	娃哈哈、怡宝
果蔬饮料	蔬菜汁	如番茄汁等
	果汁	如天然类果汁、稀释类果汁、果肉果汁、浓缩果汁
碳酸型饮料	普通型	如苏打水
	果味型	如柠檬汽水、汤力水、干姜水
	果汁型	如橘汁汽水
	可乐型	如可口可乐、百事可乐
	其他	如乳蛋白碳酸饮料、植物蛋白碳酸饮料

五、生日宴服务与安全设计

生日宴会的庆祝活动有一定的程序性，在保障庆祝主题突出的前提下，需要每一位现场的服务人员做好全面的准备，每一个服务细节都要多加留意，将服务做到尽善尽美，这样才能获得主办方的好评。

（一）生日宴服务设计

以宴会服务的基本流程为参考依据，生日宴服务设计分为生日宴开始前准备工作、生日宴席间服务工作及生日宴结束后收尾工作三个部分。

❶ 生日宴开始前准备工作　生日宴开始前的准备工作概括起来可以分为各类物品及器具准备工作、服务人员仪容仪表准备工作、其他相关准备工作。具体准备工作内容如下。

(1) 按照宾客需求配合完成场地布置工作：

①服务人员可在生日宴前一天或生日宴开始前若干小时根据场地实际使用情况，配合主办方事先准备布置好场地，包括餐桌的位置、氛围环境的装饰等内容。

②生日宴开始前 1 h，员工开日常例会，结合当日实际服务生日宴情况布置相关工作。要确认生日宴主办方或主办人，生日宴桌数、规格，生日宴具体举办场地，生日宴起止时间，菜品前后上菜顺序以及某些宾客的特殊要求。

③服务开始前 15 min，服务人员需检查自身仪容仪表，并且面带微笑，准备迎接宾客的到来。

(2) 上毛巾及倒酱醋：

①生日宴正式开始前 15 min，准备好湿毛巾及菜品所需调味碟。

②在具体操作过程中，左手托盘，右手送湿毛巾，应注意毛巾叠法及朝向应一致。

③筷子应摆放在筷架上。同时斟倒酱或醋时，调味碟应拿到托盘内斟倒。

(3) 摆放生日宴冷菜：

①生日宴开始前 30 min 以内摆放好冷菜。

②留意冷菜的荤素搭配、颜色搭配。

③摆放冷菜时要注意做到盘与盘之间距离相等。

④如果菜品盘中有装饰物，装饰物应一律朝外摆放。

⑤对于有些拿取不便的菜肴，如花生等体积较小的食物时，应上调羹并提前摆放于底碟上。调羹的摆放应柄端朝外，当宾客到来后，可将调羹放在冷菜上或冷菜中，方便宾客使用。

(4) 做好迎接宾客工作：

①服务人员应自然站立于生日宴大厅入门处，以服务的标准站姿迎接宾客进入。

②服务人员应面带微笑、以饱满的热情欢迎到来参加生日宴的宾客。

③服务人员应以较为清晰的声音，礼貌欢迎宾客到来。

(5) 引领宾客入座：

①对于主桌，无论是主人或是主宾，都应热情引领，如有女士则先从女士开始，依次将其引领到座位旁，拉椅让座。

②服务人员根据参加生日宴宾客的名单，依次引领其他宾客至餐桌旁就座。

③宾客落座后，服务人员根据宾客需要适时提供外衣套袋服务及添加儿童座椅服务等。

(6) 提供酒水服务：

①餐桌台面上摆放啤酒杯及红酒杯两套杯具，白酒杯则可放在工作台上备用，以便宾客需要时及时提供酒水服务。

②宾客入座后，服务人员依次询问宾客是否饮用酒水及酒水的种类，提供斟倒酒水服务。

③在确定宾客所饮用酒水品种之后，可将桌上剩余酒杯用具及时撤离餐桌。

④向宾客提供斟倒酒水服务，无论斟倒啤酒或红酒，都需要服务人员右手托酒瓶上端，左手扶酒瓶下端，在身体微屈的状态下将酒的商标朝向宾客进行斟倒。

⑤斟倒酒水时，先分别将啤酒的瓶盖和红酒瓶塞去除掉，再用干净餐巾擦拭瓶口后为宾客进行斟酒。

❷ 生日宴典礼服务流程

(1) 生日宴典礼前，服务人员应辅佐主办方做好典礼所需用品的摆放工作。

(2) 服务人员配合典礼主办方做好生日礼物的收取存放工作。

(3) 收取礼物环节。服务人员可以事先准备一些容器或袋子，用来帮助主办方摆放宾客所送

礼物。

(4) 切蛋糕环节开始前,应在主办方的示意下,配合熄灭宴会厅的主要光源,为推出蛋糕车做好灯光准备工作。

(5) 切蛋糕环节服务。由一名服务人员点燃蛋糕上的蜡烛,然后缓缓推出蛋糕车至典礼台旁或主桌过生日者旁。

(6) 服务人员应在过生日者吹灭蜡烛的同时,迅速恢复宴会厅的主光源的照明,并将原装有蛋糕的手推车收回至工作间或工作台旁。

③ 生日宴席间服务工作

(1) 上菜前撤花服务。在生日宴上第一道热菜之前,服务人员应先将生日宴餐桌上的装饰物撤下,同时应当注意在撤下期间,是否有遗留下其他物品。

(2) 席间上菜服务。服务人员上菜时,应选择在固定位置上菜,同时要满足在座位缝隙较大、周围无孩童或年老者就座的区域上菜的条件。通常一般上菜位置会选择在陪同之间位置上菜。上菜时应清晰、响亮地向就餐宾客报菜品名称,并提醒宾客慢用。

(3) 撤换餐具服务。服务人员应根据生日宴宾客就餐的实际情况,帮助宾客及时更换骨碟。在用餐期间若有宾客的餐具如筷子、汤匙等掉落,应在第一时间内为宾客进行替换。

(4) 斟倒酒水服务。服务人员应在做好席间服务的同时,密切留意宾客酒水的饮用情况,及时根据就餐宾客的实际需要,为宾客添加酒水。

(5) 更换湿毛巾服务。结合生日宴就餐宾客的使用情况,可为宾客提供一次或多次湿毛巾更换服务,直至用餐结束。

④ 生日宴结束后收尾工作

(1) 主办方宣布生日宴结束,当宾客起身离开时,服务人员应主动为宾客拉椅,方便宾客离席。同时需要提醒宾客不要遗留贵重物品,如手机、钱包等随身携带的物品。

(2) 宾客离开时,服务人员需要和主办方确认是否需要打包服务。如有需要,通常是在就餐宾客全部离开后才能开始此项服务工作。服务人员应配合提供相应的食品盒或食品袋,根据宾客需求,将需要的剩菜分类装入其中,并告知宾客要低温保存。

(3) 宾客离开时,服务人员要迅速检查餐桌上是否还留有尚未熄灭的烟蒂,有无宾客遗留的物品,如果有应及时通知宾客或及时上交给有关部门。在宾客尚未全部离开生日宴现场时,绝不可以收拾台面物品,以免引起宾客的误会。

(4) 在提供打包服务的同时,应注意及时回收餐桌台面上的口布、湿毛巾、小餐具等,清点好数量并进行归类。

(5) 生日宴结束后,应主动征求并整理宾客或陪同人员的意见,填写生日宴工作记录簿。召开餐后会,认真总结工作经验和教训。

⑤ 生日宴服务注意事项

(1) 每位服务人员均需明确自己工作内容及工作区域,做好自己本职工作。

(2) 按照规范的服务技能要求为参加宾客提供满意服务。

(3) 服务人员需要注意宴会厅内背景音乐的音量大小,以避免对就餐宾客产生不适影响。

(4) 服务人员应在生日宴全过程中,注意消除现场安全隐患,为宾客提供一个安全、舒适的就餐环境。

(5) 服务人员应在服务过程中加强对就餐宾客的随身财物看管工作,以避免其造成财产损失。

(6) 服务人员应根据各自工作内容,配合主办方做好辅助工作。

(7) 服务人员需与厨房时刻保持密切联系,掌握菜品的实际制作情况。根据现场情况灵活完成上菜服务。

（二）生日宴安全设计

生日宴作为参加人数较多、规模较大型的宴会，其安全也同样是至关重要的。因此做好生日宴安全设计工作则显得至关重要。

❶ **生日宴设施设备安全**　为保证生日宴的顺利、安全进行，生日宴举办场地的安全尤为重要。场地装修应选用绿色环保无污染的材料，所用装饰要安全。生日宴现场内的吊灯以及各类悬挂物要牢固、坚实，不能掉落。生日宴现场如采用地砖，不能打滑以避免宾客滑倒；要对生日宴现场的各种设施、设备进行日常检查、迅速维修，发现安全隐患及时处理。

❷ **生日宴消防安全**　生日宴现场的宴会厅内有各种电器、管道和易燃物，很容易引起火灾。发生火灾则会危害宾客和服务人员的生命，造成财产损失，因此应做到防患于未然。重点应做好：生日宴宴会厅内的建筑要用阻燃材料，要有完善的消防安全器材和保安措施；厅门与过道要有安全通道示意图，要有紧急安全通道等。

❸ **生日宴食品安全**　生日宴食品安全关系着主办方和承办方的切身利益，因此需要格外加以重视。为了保证生日宴食品质量安全，应加强采购环节的质量监控，不采购有毒、有害食品，确保所进货物的安全可食性。制作加工过程应严格遵守操作流程规定，将食品烹制成熟，避免食物中毒情况的发生。

❹ **生日宴宾客财物安全**　生日宴过程中由于宾客人数较多，财务安全问题需要引起重视。服务人员要有防范意识，做到外松内紧。在生日宴服务过程中应义务提醒、看护顾客的物品。与此同时，还应在生日宴场地的内外围通道处、人员集散处等安装摄像头进行监控，加强安全管理的力度。

❺ **生日宴服务安全**　生日宴服务安全主要是指服务人员在生日宴对宾客服务过程中，不会给宾客带来危险。避免服务人员由于不小心或技能不娴熟，而导致在生日宴服务过程中烫伤宾客、弄脏宾客衣物等事故的发生。因此，生日宴服务人员更需加强业务技能的培训和心理素质训练，努力提升自身的业务水平，尽可能减少或杜绝服务事故的发生。

❻ **生日宴典礼仪式安全**　由于生日宴的典礼仪式中有熄灭灯光、推生日蛋糕车的环节。因此需要服务人员密切留意就餐宾客的安全。提醒相关的服务人员及宾客，注意防火安全及人身安全。

模块四

主题宴会设计

扫码看课件

一、主题宴会设计概述

相对于常规通用性宴会模式，消费者更倾向于选择主题明确、能够反映特殊意义的宴会活动，因而主题宴会成了餐饮市场消费的趋势。主题宴会的设计体现了餐饮酒店经营水平和创新能力，也成了餐饮酒店营销策划的源点和利器，更能够帮助经营者在激烈的市场竞争中确定明显的品牌标志（图 4-0-1）。

图 4-0-1　主题宴会全景

（一）主题宴会的描述

主题宴会是指利用传统节日、季节变化、人物故事、历史事件等主题影响，结合该主题的饮食文化和物产资源而设计的宴饮活动。

随着商业活动和文化活动的广泛开展，以及互联网思维对消费者和餐饮业经营者的思维影响，宴会活动逐渐由单一中心向多元化无中心发展，更多的主题来自宴会的主办方，餐饮经营者则需要围绕主办方确定的主题展开设计，开展一次次别开生面的宴会活动。

餐饮企业在组织策划各类主题宴会时，需围绕主题根据人文风貌、传统民俗、时令季节、政策及市场导向、流行趋势、客源需求、物产资源、菜品特色、服务能力等因素，展开宴会环境、宴会台面、宴会菜单、宴会服务与安全等方面的全体系设计。

主题宴会主要有四种类型，一是以传统节日及法定节假日为主题的宴会，二是各级政府或机构为促进文化经济发展而设定的主题宴会，三是餐饮酒店为促销而设计的主题宴会，四是消费客户为彰显主题文化、达到社交目的自定义的主题宴会，每一类型均要求餐饮酒店打破常规的宴会组织形式，以满足主办者和消费者需求为目标进行设计。

主题宴会与常规通用型宴会在主题特色上有着显著的区别，但是在菜点供应和服务模式上近似，一部分注重礼仪流程的主题宴会需要专业的演职人员或由工作人员扮演一些角色，起到烘托宴会气氛的作用。

（二）主题宴会的特征

主题宴会除具有常规普通宴会的基本特征以外，还在文化角度、社交角度、经济价值角度等方面表现出一些主题宴会本身独有的特征。

❶ **文化魅力凸显的特征**　主题宴会的设计不论是选择食材作为主题，还是选择风味作为主题，其内涵均具有鲜明的文化特征，主题文化成为主题宴会贯穿始终的中轴线，也是有别于普通宴会的标志性区别。例如，“泡菜宴”是以泡菜为主要食材展开设计的，通过食材展示了延边地域饮食文化的魅力和发酵食品的养生文化。

❷ **宴会主题鲜明的特征**　不同于很多宴会是以价格标准和食用性质作为宴会标签的，主题宴会都有着独特的主题魅力，从而与普通宴会形成了截然不同的市场区别符号。例如，某旅游团在黑龙江雪乡农家菜馆用餐时选择了800元一桌的团餐，这是较为普通的称谓，没有主题特征，但是如果在标准不变的情况下改为“杀猪菜宴会”或是其他主题宴会，就会给消费者留下深深的印象，也对宴会营销方向有指引意义。

❸ **社交主题明确的特征**　主题宴会在设计主题时并非面对所有的消费者，而是根据主题选择消费者，或是根据消费者决定主题。例如，某电子商务平台在岁末举办尾牙宴，承办酒店根据该平台多为高学历的年轻人而设计了“咖喱风晚宴”，宴会形式为自助餐，自由开放的宴会形式为与宴者创造了良好的交流空间，而一道道经典且又浓香的咖喱菜点则满足了与宴者口腹之欲。

❹ **经济效益较高的特征**　普通宴会的利润率是以食材为基础进行计算的，而主题宴会在计算利润率时是以文化和特色为出发点进行计算的，这样就增加了宴会的溢价能力，而消费者认同的也是文化和特色主题，并非是食材的高低贵贱，因此，能够获得较高的利润回报是主题宴会的又一个特征。

❺ **菜点风格独特的特征**　主题宴会的菜点以主题文化为脉络展开进行独立设计，在菜点名称、菜式特色、盛装器皿、服务方法上都形成了与常规经营和普通宴会截然不同的特征。例如，“盱眙龙虾宴”所呈现的小龙虾菜肴打破了传统的麻辣、蒜香、五香等味型限制，增加了泰式冬阴功和咖喱等多种味型，在造型上也一改常规的实惠型，创新制作了很多花式菜品，主菜“五味龙虾”的超大海鲜盆成了宴会的经典之作。

❻ **服务配套专有性的特征**　主题宴会的服务是以宴会主题文化为主线展开设计的，一方面，服务要能够烘托主题特色；另一方面，服务要能够对菜点特色起到支撑作用，以此形成以常规服务技能为基础、以主题特色服务为表现的专有性特征。

❼ **环境装饰别致的特征**　常规普通宴会对于宴会举办场地的环境布置以功能、设施齐全和安全，干净、整洁为基本要求，而主题宴会的举办环境则需要根据主题特色进行全新的设计和装饰，这是有别于普通宴会的一个显著特征。例如，一场以“复仇者联盟”为主题儿童生日宴会，在环境设计上使用了大量的带有美国队长的盾牌、鹰眼的弓箭、钢铁侠的头盔、蜘蛛侠的面罩等图案的装饰用品，服务人员也穿着带有英雄人物的服饰穿缩于宴会现场进行服务，从而形成了浓厚的主题特色。

❽ **可传播性的特征**　信息时代各种媒介的传播力是非常强大的，但是如果没有主题，那么传播也是无效的。主题文化的自带流量性使主题宴会具有了可传播性的特征。它的传播方式主要有三种：一是经营主题宴会的餐厅会将宴会主题作为特色进行传播营销，二是举办单位会将宴会主题作为邀请嘉宾的理由，三是主题宴会的与宴者会将主题作为谈资进行话题传播。

不论是何种形式的传播，都会对宴会的营销产生积极作用，这就要求宴会经营者或经营企业能够实现传播内容中所描述的美好情境。

（三）主题宴会的作用

❶ **传播主题文化的作用**　主题宴会大多以中国传统文化为基础，或以各级政府机构及举办单位所要推广的惠及大众的正能量文化为基础，所以主题宴会的举办会起到文化传播和推广的作用。

例如，“素食养生宴”就会对大众消费者起到引导和科普健康饮食的作用。而某地行业协会邀请烹饪专业大学生为自闭症儿童动手制作的一场“美食六一”宴会则可唤起社会各界对自闭症儿童的关注和关爱。

❷ **提升餐饮酒店品牌的作用**　餐饮酒店行业是全开放的竞争行业，宴会是各酒店必备的经营项目，2013 年以来，宴会已经成为众多餐饮酒店的主要经济收入之一，但是也出现了产品同质化严重的现象。能够举办特色鲜明的主题宴会，有助于提升餐饮酒店的品牌形象，有助于提升其在餐饮市场中的辨识度。

❸ **提升经济效益的作用**　主题宴会经济效益的提升表现在两个方面：一是文化特色所带来的溢价能力的提升以此带来的效益提升；二是差异化经营避开了经营红海，提高了保价能力从而获得了稳定效益。

例如，“淮南豆腐宴”整桌宴席均以豆腐为主料或配料制作而成，成本低但是营养价值很高，且具有鲜明的地方特色，加以中华传统养生文化的宣传引导，使得该宴会经营企业获得了较高的经营收益。再如，“西安饺子宴”是用各类蒸、煮、煎、火锅等饺子组配制作而成，整桌宴席具有浓郁的地方特色，宴会还配有服务人员讲解，使得饺子这种大众饮食获得了较高的价值回报，尤其在旅游城市的西安，其在旅游旺季往往是一桌难求，成为众多旅游者追捧的美食。

❹ **提升团队创新能力的作用**　主题宴会不同于常规普通宴会只需按照常规作业流程完成即可，主题宴会需要紧扣宴会主题，并围绕主题来进行氛围营造、流程编排，服务方式、台面、菜点、环境布局设计等一系列与主题相呼应的全新工作。

如“诈马宴”的设计工作要求设计人员先要学习蒙古史，再了解当代蒙古民族的生活习俗，最后还要了解蒙古族的音乐、舞蹈等知识，在宴会进行时采用上一道菜进行一个节目或者文娱活动的分餐制宴会模式，要求严格控制厨房出菜、传菜、上菜的各个时间节点，不能出现冷场的情况。在宴会进行到尾声时，所有服务人员要主动邀请与宴贵宾共同进场围着火盆转圈起舞，使宴会达到高潮。

所有的这些设计工作从内容到形式、从后台到前台要求连接紧密，毫无纰漏，因此要求宴会承办人员具有较高的学习力和创新力及认真、高效的执行力，这样才能将各类主题宴会设计得符合消费者审美需求，满足宾客饮食需求。

（四）主题宴会的种类

主题宴会按照主题的形成来源进行划分，大体分为以下几类。

❶ **节日节气类主题**　如春节家宴、元宵节灯谜宴、情人节玫瑰宴、儿童节动漫主题宴、中秋节赏菊宴、国际劳动妇女节冷餐会、惊蛰雪梨宴、冬至饺子宴等。

❷ **特产食材类主题**　如全羊席、全牛席、全鱼宴、云南百虫宴、西安饺子宴、大漠苁蓉宴、金华火腿宴等。

❸ **民族类主题**　如延边泡菜宴、草原迎宾宴、傣家风情宴、吐鲁番葡萄宴、琼海黎族椰子宴、宁夏回族九碗十三花宴(图 4-0-2)等。

❹ **人文史料类主题**　如千叟宴、诈马宴、大千宴、东坡宴、曲水流觞宴、红楼宴、三国宴、随园宴等。

❺ **养生类主题**　如素食养生宴、春季养生宴、冬补药膳宴、天山雪莲宴、会宁长寿宴等。

❻ **地域文化主题类**　如洛阳水席、淮南豆腐宴、东北地锅宴、哈尔滨杀猪菜宴、潍坊朝天锅宴等。

❼ **休闲娱乐类主题**　如歌舞晚宴、烧烤晚宴、时装晚宴、沙滩晚宴、游艇鱼宴、魔术晚宴、足球之夜晚宴等。

❽ **地方政府或机构团体自定义类主题**　如盱眙龙虾节的龙虾宴、奥迪之夜晚宴(图 4-0-3)、爱在青城慈善晚宴、呼伦贝尔情老乡团聚宴等。

图 4-0-2　回族九碗十三花宴

图 4-0-3　奥迪之夜晚宴

二、主题宴会主题设计

主题宴会的设计工作是一个动态的持续性工作，需要设计者从挖掘主题文化出发，完成收集资源、指定草案、客户沟通、制订宴会任务书等工作，然后再实施宴会和进行宴会督导等，以完成一个全闭环的宴会设计方案。

一个完美的主题宴会设计将从下列工作开始展开。

（一）宴会主题设计

❶ 从宾客需求的角度明确主题　不论何种形式的宴会均要以满足消费者正向需求为导向，考虑到消费者的时间成本、经济成本、文化接受度等因素均有一定的可接受范围，因此在主题宴会的设计过程中，要与消费者积极沟通，获得认同与理解，对于消费者提出的主题，酒店要利用专业知识与技能，帮助消费者开发更多、更具象的环节来形成浓厚的主题氛围。

例如，某牛肉公司计划做一场牛肉主题推广宴会，但是把握不准美食消费者对牛肉菜肴的喜好度，这就需要宴会设计人员结合本酒店的技术与服务力量，站在牛肉公司和消费者的需求角度，以及市场接受角度去思考如何以最佳的形式体现牛肉的优点，并要帮助牛肉公司提炼出对牛肉的营养功能的合适的描述。

❷ 从文化的角度加深主题　文化是主题宴会切入市场的利器，失去文化因素，特色宴会就没有特色可言。例如，“西安饺子宴”的解说词当中对于盛出一个饺子时会说“一帆风顺”，盛出两个饺子时会说“好事成双”等祝福语。又如，“洛阳水席”中关于武则天梦到洛阳城外有一个大萝卜，并找到这个大萝卜由御厨制作成了“牡丹燕菜”的美丽传说，则为这一桌汤汤水水的佳肴增添了无限的遐想空间。

在内蒙古草原上举行的“草原迎宾宴”中有一道主菜是“手扒肉”，当地的服务人员会告知与宴者羊肉要煮的硬一些才好吃，旅行的游客在品尝到这个特色菜品时也会觉得口味的确不一般，从而产生了不虚此行的感觉。

“敦煌宴”无疑是众多文化名宴中的经典之作，宴会开始时盛装的飞天仙女身披彩带、反弹琵琶惊艳出场，伴以婉转的古乐，瞬间将人带入了美轮美奂的人间仙境。云南“吉鑫宴”由多民族歌舞表演加宴会套餐组成，菜单中搭配了“汽锅鸡”“箭穿五禽”等地方特色菜品，让消费者在品尝美味之余又欣赏了音乐、舞蹈等艺术作品，即使离开了当地很久也会有绕梁三日、久久不绝的感怀。

主题宴会的文化设计，需要围绕主题进行挖掘，找到文化的真正内涵。独特的文化魅力，才是主题宴会的核心竞争力。

❸ 从节日、节气角度切入主题　中国有着独特的节日、节气饮食特色，几乎每一个节日或者节气都有着与之相符的饮食。假日已成为现代商业中非常重要的营销时期。伴随着节日文化的兴盛，节日经济的蓬勃发展所带动的节日宴会也巧妙地借助节日有了明确的主题，并产生了各地不同风情的宴会形式，如五月端午的“粽子宴”、重阳节的“敬老宴”、八一建军节的“军魂宴”等。

④ 从市场角度宣传主题 市场是不断变化的，随着5G时代的到来，互联网、物联网将达到人、机、网多维度互通互动，主题宴会的传播方式也要根据市场的变化而进行设计上的调整。例如，在全民直播时代，主题宴会的内容与主题一定要具有可传播性。

图 4-0-4 海贼王主题宴会场景

如某酒店以“海贼王”为主题设计了一个在毕业季的主题宴会，吸引了大量的青年消费者聚餐，而其中的经典菜式“可乐鸡饼”、经典人物路飞塑像成了就餐者拍照、直播的刷屏主题，而现场售卖的系列周边产品则为酒店带来了额外收入，并在一段时间内成为传播话题(图4-0-4)。

每年春季是山野菜的上市佳季，某餐厅及时推出了“春季野菜宴”迎合了大众健康饮食消费者的需求。餐厅并没有花很大力气做广告，只是在餐后送给每一位就餐者一袋野生苦菜，然而口口相传的口碑营销竟然为餐厅带来了大量的宴会订单。

⑤ 从酒店服务角度保证主题 每一次的主题宴会的实施对于酒店来说都是一个全新产品的应用，这就要求综合考量宴会设计师和酒店多部门及个人在软件配套、硬件设施、文化底蕴、团队执行力等多方面的能力及协作水平。只有协同并进，才能保证主题宴会的主题突出、特色鲜明，实现酒店品牌与经济效益双丰收，实现满足消费者需求的目的。

如某餐厅负责安排设计某汽车品牌车友俱乐部的年终晚宴，主办方要求主题蛋糕的背景造型必须是本年度该品牌最新上市一款量产车的造型，现场有厂商嘉宾及年度销售冠军和车友俱乐部资深会员进行剪彩，而蛋糕师错将上年度的一款畅销车作为背景做了一款蛋糕，令现场的剪彩嘉宾很是尴尬，也使本来是宴会高潮的一个关键点成了败笔，事后引起了主办方的强烈投诉，导致一位合作多年的优质客户丢失。

（二）宴会主题设计关键控制点

① 找到主题有效资源 中国文化博大精深，现代信息时代的各类文化资讯不断涌现，在进行主题宴会设计时需要汇集有效资源、收集与主题吻合的信息，忌讳主题多元化而缺乏个性、缺乏特色。要避免设计环节主题不清晰，或主题平淡无奇，没有创造性。主题宴会的设计要主题明确、与众不同，具有自己独特的风格。

宴会主题的有效资源来自人员知识与技能、文字与图片、产品和服务、环境和设施、音乐和舞蹈、食材和供应链、服饰和陈列品、宣传与营销等多方面。

② 切忌偏离主题 在确定主题时要精准切入，避免偏离主题文化。主题宴会不能只做表面文章，而导致内容空心化。常见的主题宴会偏离主题的现象有强拉主题进场、重环境而轻菜品、重宣传而轻服务、重营销而轻质量等。主题宴会要做到名副其实，才能赢得餐饮市场竞争的胜利，否则就会出现昙花一现而迅速凋零的现象。

如某山庄设计了“山货养生宴”，主打本地区的野笋、野菜、特产中药材等养生菜品，在宣传方面做足了文章，但是在经营时并没有专业的药膳技师进行烹制，只是随意地搭配组合，使很多菜点并没有体现养生的作用，严重偏离了宴会主题，最终也是草草收场。

③ 关注细节、不断打磨 主题宴会需要不断创新和打磨细节。有些小细节看似无妨，但却是最能撬动消费市场的杠杆，这些细节包括环境的小饰品、台面的小修饰、服务的小细节、菜点的小革新、节目的小改动、安全的小提示等。

例如，2017年北京外交部举办了内蒙古全球推介会，邀请了世界500强的在京负责人及各国驻华使节，向全世界介绍了内蒙古的经济、文化、农林畜牧等特产和工业等优势资源。在会后的冷餐会中，有三个小细节获得中外来宾的一致好评，一个是赠予每位来宾的卷轴式《内蒙古美食地图》，另一

个是在餐盘旁边摆放的蒙古族儿童公仔(其让来宾爱不释手),最后一个是由八宝图案雕刻而成的食品小竹签(其成了众多来宾使用后的收藏品),如图 4-0-5 所示。

三、主题宴会设计的流程

(一) 调研、发现、挖掘宴会主题

首先是要确定宴会的主题,宴会的主题分为固定主题和创新主题两大类,固定主题是指中国传统的节日、固定的地方或民族饮食习俗等主题,创新主题则是餐饮酒店或主办单位设计开发而成。每一类主题都需要宴会设计人员去调研和挖掘宴会主题的文化发展、习俗风情、具体表现形式、饮食禁忌等内容,尤其是创新主题,更是需要设计人员站在市场角度去找到能够吸引消费者的特色主题。

图 4-0-5　小竹签

(二) 收集宴会主题有效资源

其次是要为主题匹配资源,主题宴会的有效资源就是与主题相关联的文化符号、文字描述、经典故事、著名人物、典型事件、特殊食材、名菜名点、专属器具、设计团队、名厨大师、服务精英,有时还需要舞美设计团队、道具公司、艺术团队、策划公司等相关机构来共同完成主题宴会的有效资源组合。

(三) 进行资源整合分配

接下来要根据宴会的规模、消费的档次、举办的背景的需求,对已有资源进行整合分配,具体工作就是将文化资料进行收集整理、对服务及厨师团队进行主题文化培训、对主题宴会所需要的特殊食材进行采购询价、对餐具和道具等物资进行采购询价、对宴会的主题文化和设计方向进行可行性论证。

(四) 进行主题宴会模块设计

在上述资源进行整合分配和可行性论证后即可对主题宴会展开实质性设计,主要内容是将宴会的就餐环境设计、宴会台面设计、宴会菜单设计、宴会服务设计、宴会安全与管理设计、宴会的娱乐项目设计等工作拆分成各个模块,由各部门进行独立设计,在设计时以宴会的主题活动程序设计为模块连接轴,有时还需要对主持词等进行编写设计。

(五) 进行模块组合设计

模块组合设计是对承担宴会运营的厨房生产、餐厅服务、营销企划、工程装修、物料采购、文艺演出等各模块部门进行业务内容组合,以避免内容前后不一致或者重点不突出的情况出现,要对相关联的业务交叉合作点进行关联设计。例如,“千岛湖鱼宴”有一个环节就是为“砂锅鱼头”剪彩,这要求厨房、传菜生、服务员、主持人等均进行配合,才能准确地在宴会开始后举行这个仪式,将宴会带入高潮。通常会使用“主题宴会任务书”等来规范和明示工作内容,如表 4-0-1 所示。

表 4-0-1　主题宴会任务书

宴会名称	宴会时间	宴会地点	宴会性质	预计人数规模
举办单位				
宴会菜单				

续表

<table>
<tr><td>宴会名称</td><td>宴会时间</td><td>宴会地点</td><td>宴会性质</td><td colspan="2">预计人数规模</td></tr>
<tr><td>宴会酒水单</td><td colspan="5"></td></tr>
<tr><td>宴会节目单</td><td colspan="5"></td></tr>
<tr><td colspan="6">各部门工作分工</td></tr>
<tr><td>工作部门</td><td colspan="4">工作内容</td><td>负责人</td></tr>
<tr><td>企划部</td><td colspan="4"></td><td></td></tr>
<tr><td>服务部</td><td colspan="4"></td><td></td></tr>
<tr><td>厨务部</td><td colspan="4"></td><td></td></tr>
<tr><td>工程部</td><td colspan="4"></td><td></td></tr>
<tr><td>采购部</td><td colspan="4"></td><td></td></tr>
<tr><td>营销部</td><td colspan="4"></td><td></td></tr>
<tr><td colspan="6">部门签收</td></tr>
<tr><td>企划部</td><td>服务部</td><td>厨务部</td><td>工程部</td><td>采购部</td><td>营销部</td></tr>
<tr><td></td><td></td><td></td><td></td><td></td><td></td></tr>
</table>

年　　月　　日

（六）完成主题宴会动态流程设计

主题宴会在模块组合设计之后只是完成了基础部分，因为宴会的运行是动态的，这也要求宴会设计的内容也必须是动态的，尤其是宴会的上菜服务、席间酒水服务、安全服务、文艺表演等更是会随着宴会的进程和突发情况而发生诸多变化，因此要对宴会的动态流程进行设计，其主要内容包括厨房作业流程动态设计、服务准备工作及席间服务流程动态设计、安全督导检查流程动态设计、文艺表演动态流程设计等。常用主题宴会服务流程规范等来指导监督工作进行，主题宴会（中式围餐宴会）服务流程规范如下所示。

❶ 宴会前期准备

（1）在宴会前一天或宴会开始前若干小时按照主题宴会任务书及相关要求进行场地布置，包括台型位置、餐桌摆放、氛围装饰等。

（2）与主办方确认宴会流程及人数是否有变化，如有临时增加内容需修改作业流程。

（3）组织服务工作例会，检查服务人员仪容仪表，布置相关工作，着重要把与主办方沟通的内容予以传达，同时明确宴会起止时间、上菜顺序、特殊宾客服务要求等工作内容。

（4）检查餐台位置及整齐划一程度，检查装饰细节。

❷ 宴会餐台摆台

（1）宴会开始前 2 h 进行餐具摆放。

（2）宴会开始前 20 min，摆放湿毛巾、各种调味碟及菜单等。

（3）检查餐具摆放位置、数量，台面装饰等。

❸ 摆放冷菜，斟倒酒水

（1）宴会开始前 30 min，摆放冷菜。

（2）宴会开始前 15 min，斟倒可提前准备的酒水。

（3）检查酒水斟倒标准，冷菜摆放位置，对冷菜进行位置调整。

❹ 迎宾待客

（1）服务人员以服务标准站姿迎接宾客依次进入。

（2）服务人员按照标准动作引领宾客办理衣帽寄存或其他服务。

❺ 引领宾客入座

（1）优先引领嘉宾及女士按照安排好的位置入座。

（2）为宾客提供茶水服务并提醒宾客享用餐前水果和点心等。

（3）为老人或儿童提供特殊服务。

❻ 餐中服务

（1）为宾客提供选择性酒水服务，可将桌上剩余酒杯用具及时撤离餐桌。

（2）宴会上菜，可以提供分餐布菜服务。

（3）配合宴会的礼仪服务。

（4）检查服务细节，满足就餐者餐中的合理服务需求。

❼ 餐后服务

（1）为宴会结束做好宾客离席服务。

（2）提醒宾客带好随身物品。

（3）检查安全隐患。

（七）完成主题宴会成本及售价设计

主题宴会的成本和售价与普通宴会的食材成本计价法不同。主题宴会在计价时，除计算食材成本以外，还应计算扩大文化价值和消费体验感价值所需的人力成本、装潢布景成本、艺术演出成本等，将这些累加后再代入酒店规定的毛利指标的计算方法中即可算出售价。例如，“诈马宴”通常的售价为 1000 元一位，每次以 30 人为最小单位，主菜烤全羊或者烤全牛为额外单独计价菜品，在这类宴会中菜品的售价只占总营业额的 40%，而另外的 60%则是文化和装潢装饰及服务所创造的。

四、主题宴会环境设计

主题宴会的环境设计主要是根据宴会主题对宴会场地就功能模块和营造主题氛围展开工作，包括就餐区设计、舞美硬件设计、家具陈设、空间装饰等方面。不同的主题宴会对光线、色彩、温度、湿度、音响等因素都会有不同的要求，以使不同的主题宴会均能够达到实用性与艺术性兼容的效果。

（一）主题宴会环境设计的要素

❶ 主题宴会场地的功能格局设计 根据主题宴会的规模、举办形式等，可以在宴会举办场地划分出接待前厅、衣帽间、贵宾室、公共化妆间、母婴间、备餐间、就餐区、休息区、餐台区、卫生间、舞台或主席台、音像控制室、配套的辅助区域、主题展示区等，所有的区域不是要求全部具备，要根据宴会的实际需求予以取舍，例如，在正式宴会前有洽谈、签约或互赠礼物等环节，就需要将贵宾室进行符合内容的布置，如准备签约台、主题背景板等。

在进行功能设计时还需考虑宾客动线、服务人员工作动线和演职人员动线设计。

❷ 主题宴会场地氛围设计 主题宴会的氛围设计是以主题的标志性内容和宴会过程中的变化而决定的，主要内容包括灯光设计、舞台设计、LED背景设计、背景音乐设计、音响设备设计、布艺设计、地面和天花装饰、家具陈设摆放等。

（二）主题宴会环境设计的原则

❶ 突出主题原则 主题宴会的环境设计需要在格局变化、装潢装饰、布草设计、家居陈设、花艺字画、灯光色调等方面符合宴会主题文化，要与宴会主题形成相得益彰、相辅相成的氛围效果。

❷ 符合主流文化原则 因宴会主题来自多个方面，在宴会主体文化的整理设计过程中，要对传统文化的精华予以发扬，要对其糟粕予以摒弃，使得就餐者在品尝美食、欣赏文化之余得到精神境界的升华。

❸ 合理利用资源原则 因为主题宴会主题文化的特殊性，现有的场地通用型装饰往往无法体现特色，因此要对环境进行较大的改动和装饰，在装饰过程中要注意合理设计、合理用料、合理改动，避免一次性大量投入而无法反复利用的情况出现，造成资源上的浪费。

五、主题宴会台面设计

主题宴会台面是烘托气氛、展现宴会档次、突出宴会主题的集中体现。台面设计应依据宴会的主题立意，将台面上的各种餐具、桌面装饰物进行创造性的组合，包括颜色搭配、装饰造型以及意境设计等（图4-0-6）。

图4-0-6　圣诞主题台面设计

（一）主题宴会台面设计的内容

主题宴会台面设计以实用性为基础，兼具美观性、礼仪性、便捷性和安全性的特点，具体设计内容包括以下几个部分。

❶ 台布与台裙的装饰设计搭配 台布与台裙是主题宴会台面设计的基础，应依据主题选择合适颜色和质地的台布与台裙，对于有特殊要求的主题宴会应避免使用禁忌的颜色，除此之外应避免使用反差较大的颜色或相近的颜色进行搭配。

❷ 餐具的设计与选择 主题宴会台面设计可以通过餐具的选择凸显主题特色，依据宴会的主题可以将不同质地、造型、档次的餐具进行创造性的组合，不同类型的摆台不仅可以与主题呼应，还可以让宾客在就餐的同时感受餐饮设计的美感，留下深刻的就餐体验。一般意义重大、规模庞大的主题宴会都会选用定制餐具来彰显整台宴会的隆重性和档次，新颖的餐具设计足以成为本场主题宴会的亮点。

❸ 餐巾花的创意设计 造型各异、设计独特的餐巾花在主题宴会台面设计中不仅可以烘托气氛，更重要的是可以让静止的餐台焕发活力，近年来，餐巾花多选用盘花或杯花，通过颜色、造型、配饰的不断创新，完美地展现主题宴会的立意与内涵。

❹ **花台的造型设计**　花台是主题宴会台面设计的点睛之笔，设计团队要依据主题设计出造型新颖、材质多样、寓意美好的中心装饰物。例如，寿宴中用生姜作为主要原料设计的景观造型，取"姜"字谐音寓意万寿无疆；母亲节用康乃馨鲜花设计的花艺造型，寓意温馨、无私的母爱；海鲜主题宴会用糖艺制作的海底世界景观，晶莹剔透、让人置身其境。

❺ **菜单、席位卡、餐垫等布置与装饰**　主题宴会台面设计是多个元素创意组合的展示，一些常常被忽略的小细节其实大有文章，如装帧精美的菜单、赏心悦目的餐垫、醒目新颖的席位卡等足以展现出主办方的诚意和用心。例如，"丝绸之路"主题宴会上用丝绸制作的精美筷套，具有独特的丝滑质地触感，宴会结束后宾客将其带走留作了纪念，体现出宴会主题文化的传播性。

（二）主题宴会台面设计的方法

❶ **确定主体文化及文化展示载体**　主题宴会的台面设计需先确定主题文化的内容，根据主题文化选择装饰摆件或装饰手法。例如，"中华养生宴"就选择了紫砂宝鼎和亚麻布作为桌景，在亚麻布上洒落了一些兼具药用功能的食材，并摆放了线装古书《饮膳正要》和《本草纲目》作为点题之作，宴会开始后，宝鼎内的干冰会缓缓地释放出浓雾，更增添了中华养生文化的博大精深之感。

❷ **确定布草花色及数量**　布草的色泽、材质是主题宴会台面设计的关键，有很多主题宴会甚至会单独定制专用台布。主题宴会的举办形式不同，对于台布的要求就会不同；主题文化不同，对于台布的设计要求也会不同。例如，"全羊席"的台布就是由设计了绿色丝绸搭配白色云朵图案的桌心布组合而成。

❸ **确定餐具品种、数量和用途**　在主题宴会的台面上所陈列的餐具一般为与主题文化完全吻合或相近似的餐具，除了在釉色、大小、造型上要与主题相协调以外，还要考虑宴会菜品的服务需求，例如，"蟹王宴"中的一款点心"蟹黄汤包"是用小笼屉盛放，一只一笼，在摆台时，宴会预先设计在每人面前摆放了另一只笼屉作为垫底，服务人员上点心时只需将其放在指定笼屉位置上即可。

❹ **确定印刷品及点缀物**　印刷品及点缀物是主题宴会台面设计的画龙点睛之笔，印刷品的菜单、酒水单、节目单等会将主题宴会的主题加以阐述说明，而点缀物则是围绕主题创造惊喜的佳作。例如，"茗茶养生茶歇"使用大量的桃心形、圆形博古架作为茶点的背景点缀物，更加突出了中华茶饮文化的雅静之美。

（三）主题宴会台面设计的原则

❶ **主题性原则**　主题宴会需遵循主题性原则，在台面设计时需紧扣主题展开设计工作，其所用的布草、餐具、点缀物、绿植等均须与主题文化和宴会主办者所要表达的主题立意相吻合，尤其是在饮食文化忌讳方面要考虑充分，避免引起服务事故。

❷ **文化性原则**　主题宴会的文化性原则是台面设计工作必须要遵循的，要避免陷入过分依赖贵重餐具、奢华道具的局面，要充分分析主题文化的渊源、含义，发扬饮食文化的积极作用，通过文字介绍、餐具搭配、布草设计等方法，将就餐者带入一个文化体验的过程中来，使其感受到饮食文化的魅力。

❸ **实用性原则**　在主题宴会的台面设计过程中往往会因过分浓重的主题设计而使台面失去了实用性，可能会发生如后期的服务无法顺利展开，菜品无处摆放、宾客起身不方便等喧宾夺主的现象，因此主题宴会设计必须遵循实用性原则。

❹ **经济性原则**　对于主题宴会的台面设计要合理控制成本，避免一次性投入过大，给餐饮企业和宴会举办方带来太大的经济负担，在设计时需以经济性原则为参考线，尽量选择一次投入可多次使用，或投入成本不高的台面设计。

❺ **安全性原则**　在主题宴会台面设计时，为了突出主题或创造独特的艺术效果，往往会采用非常规性的台面设计方案。例如，选择小喷泉等作为台面装饰物，就要考虑喷泉的用水用电安全问题。此外还要注意餐具反复摆放的安全性问题、食品安全性问题等。因此安全性原则是主题宴会设计必

须遵守的底线。

六、主题宴会菜单与酒水设计

菜单设计是主题宴会设计的核心工作，宴会的酒水设计、台面设计、服务设计和安全设计等均以菜单为基础展开设计工作。

（一）主题宴会菜单设计的依据及原则

❶ 主题宴会菜单设计原则

（1）突出菜点特色原则：主题宴会的菜单设计必须要突出菜品特色，因为特色是主题宴会的灵魂，在菜单设计时要考虑所罗列菜品与主题是否相吻合，是否能够有助于强化、突出主题特色，是否能够起到点题的作用。例如，在设计“端午粽子宴”时要将粽子作为主题菜品来进行搭配，除选择传统“大枣粽子”“火腿粽子”等以外，与主题相关联“黄米凉糕”和“星巴克冰皮粽子”也可以作为辅助产品予以组配。

（2）满足市场需求原则：餐饮市场的需求是不断变化的，这里面包含餐饮酒店企业经营中的自身变化，也包含消费者不断更新的变化，因此主题宴会菜单的设计要以满足市场需求为基本原则，为满足这一原则，宴会设计人员自身需不断学习，并加强市场调研，这样才能够设计出符合市场需求的宴会产品。如近年来的宴会市场普遍要求厉行节约，而传统的宴会菜品大多不能满足这一需求，因此在设计主题宴会菜单时就要考虑宴会菜品的分量，同步引申到要注重菜品营养结构的合理配比。

（3）领先性与创新性原则：主题宴会的菜单设计必须以领先性和创新性为原则，因为宴会主题立意的突出性，所以在菜品组合、酒水搭配方面要领先于行业的平均发展水平，并能够创新出在市场中能形成饮食风尚的特色产品。

❷ 主题宴会菜单设计依据

（1）宴会的主题文化：主题宴会菜单的设计须以宴会主题文化为基础依据，避免在设计过程中出现偏离主题，或主题形同虚设的现象发生。例如，在设计“全鱼宴”的过程中一定是以某水域为基础条件的，而这一水域的地域文化、民族文化就是设计这个“全鱼宴”的核心依据。

（2）宴会主办方的具体要求：宴会的主办方往往会有鲜明的主题思想需要通过宴会形式予以表达，在菜单设计时要充分考虑，如在宴会名称或菜品名称中予以表现，也可在某个菜品的上菜环节中着重表示。有些主题宴会则需完全使用主办方的指定食材，例如，某调味品公司的订货会晚宴所使用的调味品大多数为该公司所生产，因此有一些菜品的名称根据该公司所产调味品的名称和特殊性重新进行了命名。

（3）季节与地域特产资源：主题宴会菜单在设计时要能够最大限度地使用该主题宴会举办季节的特产食材或该宴会来源地域的标志性产品，这样才能够更直观地让就餐者感受到宴会的主题新和特殊性。例如，举办一个西藏风情的宴会使用了牦牛肉和藏香猪等食材，并搭配了酥油茶及青稞酒等饮品，使该宴会独具主题魅力。

（4）技术与设备优势：在菜单设计时要依据自身的技术能力和设备基础来进行菜单设计，要能够突出自身的技术特点和发挥自身的设备优势，避免承接宴会后无法实现设计意图或无法满足举办方要求的情况出现。

（二）主题宴会菜单设计的方法

❶ 以文化为目标进行设计 发挥文化的魅力是设计主题宴会菜单的方法之一，以文化内涵或具体表象为目标开展宴会菜单的设计，使宴会菜单主题明确、满足消费者的需求、突出宴会的特点。在设计时不仅要关注文化的表现形式还要能够挖掘文化的精神内涵和文化传播的深远意义。

❷ 以食材为目标进行设计 相对于一道菜品，食材更能够直接获得消费者心理认知，如某地特产的溯源性和特殊性，什么节令吃什么食材的时效性，某个食材的美丽传说等，不胜枚举。在进行主

题宴会的菜单设计时使用特色食材，可以使宴会的主题更加明确。例如，举办“西班牙红酒节”自助餐宴会，那么选用“伊比利亚火腿”无疑会为宴会正名和添色。

❸ 以典故或故事为目标进行设计　很多关于饮食的典故及故事可以令消费者产生美好的遐想，利用这些经典的故事来营造美食氛围是主题宴会菜单设计常用的方法。在设计时需要抓住故事核心思想和具体产品来延展性地进行创造性开发，例如，“中秋赏月宴”就根据关于月亮和嫦娥的很多传说设计了“玉兔冰皮月饼”和“桂花酒”等点心与酒水。

❹ 以主题导向为目标进行设计　宴会的主办方或餐饮酒店都会提出宴会的核心主题和希望实现的目标，有经济指标性的，也有精神内涵性的，还有口碑传播性的，在菜单设计时要充分考虑这些主题目标，否则就失去了宴会设计的主题意义。

知识拓展

4-0-1

（三）主题宴会菜单设计的步骤

❶ 明确主题宴会意义，确定菜单的核心目标　在菜单设计前要明确本次宴会的性质与意义，尤其是主办者提出的宴会主题或提出的具体要求，再根据主题确定菜单的核心目标。主题菜单设计必须反映文化主题的饮食内涵和特征，这是主题菜单的根本，否则菜单就没有鲜明的主题特色。例如，2018 年杭州 G20 峰会菜单就通过菜名设计巧妙地体现了宴会的主题。

❷ 收集主题宴会文化资源要素　需要根据宴会主题收集相关的文化资源要素，如是中国传统节日主题就需要收集该节日的饮食文化习俗；如是某单位举办的自定含义主题，则需了解该单位的企业文化和本次宴会的主题思想内涵。同时要为菜单中的菜品润色出恰当的菜名，好的菜名可以令人产生美好的联想。

❸ 收集主题宴会食材资源、菜品资源　根据宴会主题文化，需要收集主题所需的指定食材或是当季特产食材，对于明确所需要的跨地域食材要充分调研市场，以获取优质的食材。有些菜品具有主题的专项属性，如“月饼”往往适合“金秋赏菊宴”，而制作一些仿古宴，如“仿宋宴”时，则需对宋代饮食文化进行深度了解挖掘，并进行产品试制。

❹ 进行菜单组配设计、合理排列主题宴会菜品　菜单设计是围绕主题所展开的，既要有常规宴会的冷菜、热菜、主食、水果、酒水设计等常规设计，也要添加能够突出主题宴会特色的点心、风味小吃、开胃菜、甜品等，并要求所有菜品与主题环境氛融为一体。

❺ 进行菜单成本计算　菜单设计需按照既定毛利率，结合季节成本变化和特殊物料的长途采购成本加以计算，一些特殊的菜品等往往会增加很多意外成本或不可控成本，在计算成本时需一并计入。

❻ 进行菜单菜品服务设计　主题宴会的菜单设计要结合菜品服务流程，因为有些菜品需要服务技术才能够突出特色，如酒水的调制服务、菜品的餐桌分菜服务，还有些菜品需要在服务现场完成最终制作流程，例如，分子餐“烟熏三文鱼”需要服务人员在餐桌上现场进行熏制。

❼ 进行菜单安全设计　在菜单设计时对于一些发热的，或者餐具经过预热的，还有一些大型菜品需要进行安全设计，以避免因作业失误导致宾客或工作人员受到伤害，如“滚石肥牛”的热油容易灼伤服务人员和宾客，而“什锦火锅”等宴会热销菜则容易引发餐桌消防事故。

❽ 进行菜单酒水搭配设计　酒水单是在菜品设计完成后的一项重要工作，酒水设计要考虑宴会的主题文化和宴会性质，通常是地方菜搭配地方酒，而有些菜品则有明确的酒水指向，如“清蒸大闸蟹”搭配“绍兴花雕酒”，在自助餐宴会时则不宜设计酒精度较高的酒水等。酒水是主题宴会非常重要的一部分，也是突出主题的一个重要环节。

（四）主题宴会菜单设计注意的事项

主题宴会的菜单需紧紧紧围绕主题，结合主题饮食文化需求、地区特产食材、当季特产、饮食禁忌、技术能力、服务能力及经济收入等因素展开设计工作。

Note

主题宴会可采用传统桌餐、自助餐、冷餐会、草坪或游艇聚餐、茶歇等多种形式，菜单与酒水单设计需根据宴会形式进行调整，如民族主题的宴会应以民族地区菜式和酒水为主，而自助餐宴会则应考虑菜品的多元化和特色化，冷餐会就要考虑就餐者无固定餐位，也不用筷子或刀叉就餐的菜品特殊性，茶歇则无须安排酒精饮品。

主题宴会菜单设计时要将大菜、名菜品名称等文化在菜单中予以充分展示，使之与主题文化相协调。

主题宴会有时注重礼仪，而菜单设计时则需为体现礼仪而设计专门的菜品。例如，"西湖船宴"就将"叫花鸡"设计成为主菜，而邀请嘉宾敲碎"叫花鸡"包裹的黄泥壳则成为宴会的核心礼仪文化。

（五）主题宴会酒水设计

❶ 主题宴会酒水设计的原则

（1）与宴会的主题文化相统一的原则：主题宴会的酒水设计要遵循与宴会文化相统一的原则，因为主题宴会的文化往往具有特殊性，其所包含的内容多以民俗及饮食文化为主，在菜点与酒水的选择上避免出现跨地域文化、跨领域文化，或出现宴会主题文化与菜点文化、酒水文化各自独立的局面。例如，同样是举办正式宴会前或正式宴会后的交流活动，西餐宴会通常采用鸡尾酒会，而中餐宴会会采用类似茶歇的形式。如选择中餐宴会风格，在酒水的选择上应以中国传统的茶饮为基础。

（2）与宴会规格相一致的原则：在酒水设计时要考虑宴会的规格等级和价格标准等因素，在酒水设计时要充分进行调研分析，避免高规格的宴会搭配了低档次的酒水，使得宴会不够完美，也没有完全体现出特色主题。也要避免出现一般标准的宴会搭配较名贵的酒水，而增加举办者的经济负担的情况。

（3）与宴会菜品风味匹配的原则：宴会的菜品风味各异，而酒水的品种也是花样繁多，在酒水设计时需要对菜品与酒水进行科学的搭配，避免在进餐时影响风味的体现效果，这是在酒水设计时要参考一个原则。通常根据不同的酒水特点和菜品风味，采用"浓配浓、淡配淡、麻辣配酸甜"的酒水饮品搭配技巧。

（4）满足宾客需求的原则：宴会主办者在酒水的选择上拥有充分的自主权，设计时要根据宾客的需求进行组合搭配，避免出现强行搭配酒水，或没有根据宾客确定的酒水展开酒水服务设计的现象。

❷ 主题宴会酒水设计的方法

（1）根据宴会形式搭配酒水：常见的主题宴会呈现方式有传统桌餐，还有自助餐、冷餐会、茶话会、套餐等，要根据宴会举办的形式来设计酒水。例如，冷餐会大多设计低酒精度酒类等，而海滩烧烤宴会则会大量设计各式啤酒和红酒等。

（2）根据地域特产搭配酒水：地域特产是主题宴会的核心内容，酒水设计也需靠近和搭配特产品种，这样就会形成宴会的浓厚特色氛围。例如，阿拉善"大漠驼宴"所搭配的酒水均为当地特产，尤以沙漠葡萄所酿造的红酒最具有特点，与宴者可通过饮食文化、歌舞艺术、饭菜佳肴、沙漠饮品等方面领略大漠沙地的豪情。

（3）根据菜品风味特色搭配酒水：中式菜品有各自的风味流派属性，西式菜品也有各自国别的特征，在酒水的搭配上尽量依据菜点的各自属性，选择与该属性相同的酒水进行搭配。

（4）根据客群结构搭配酒水：主题宴会主办方会邀请不同客层的就餐者出席宴会，在酒水设计时要对主要群体进行调研，根据该群体的年龄、性别、教育背景、民族、职业等进行适合的酒水设计。

七、主题宴会服务与安全设计

服务与安全设计是主题宴会的一个重要组成部分，主题宴会在整体的运行过程中需要服务人员动态的服务以及动态的管理，确保在多变的环境中严格把控各个环节，严谨周密的服务与安全设计是主题宴会顺利进行的前提保证，也是主题宴会鲜明特色的集中体现。

（一）主题宴会服务设计

主题宴会服务设计除常规的服务项目和流程外，依据宴会主题的内容应在服务活动设计和服务礼仪两个方面突出活动的参与性和创意性。

❶ 主题宴会服务设计的原则

（1）响应主题文化原则：与宴会主题的互动与响应是宴会服务设计的一个原则，在服务环节的设计上，不仅要完成常规的服务流程，还要在服务细节上与流程、与菜品配合，还需对服装及服务用语等予以特别设计。

（2）服务于宾客原则：主题宴会因其主体的特殊性，在服务上会有别于常规宴会服务，但是要以服务于宾客为原则，杜绝以宴会流程为中心，而忽略了宾客的服务需求。如有的宴会大部分时间保持暗场，这对于儿童、老年人以及视力欠佳的人来说会造成行动困难，因此要在这些服务细节上进行特别的设计。

（3）创新性原则：主题宴会服务的设计必须是具有革新性的，面对同质化的宴会市场，只有创新才能树立品牌、赢得竞争的胜利，因此主题宴会设计的创新性原则是宴会设计人员需要遵守的。

❷ 主题宴会服务设计的内容

（1）主题宴会的活动设计：主题宴会的活动设计除了常规宴会的活动内容以外，往往会在三个方面要进行特别的设计，第一个是围绕主题进行的文化活动；第二个是根据主办方的意见加入的其他有意义的活动；第三个是常规的或与主题活动配套的餐前、餐中、餐后服务。因此主题宴会的活动设计有别于传统宴会的服务内容模式，主题宴会的服务内容往往在就餐过程中穿插了丰富多样、特色鲜明的娱乐活动。

例如，以 80 后年龄段为目标客户的“抓住青春的尾巴”主题宴会，选择了将宴会厅布置成教室的环境氛围，宴会形式为自助餐，席间所有宾客在工作人员的引导下伴随着熟悉的音乐集体做第 6 套广播体操以及眼保健操。熟悉的旋律、似曾相识的运动项目让每一位宾客都能身临其境，找回青春的记忆。

再如，以“元宵节”为主题的宴会，在活动设计中加入了宾客亲手制作元宵的环节，宾客不仅学习了元宵的制作方法，还在互动中增进了感情，将其乐融融的氛围营造得恰到好处。

（2）主题宴会的服务礼仪设计：主题宴会服务礼仪的设计是以宴会主题文化所涉及礼仪禁忌、结合出席宴会宾客的风俗习惯以及规定的接待服务礼仪为方向进行设计的，要求服务人员遵守宾客接待礼仪禁忌，如颜色、饮食、装饰物、服务用语等。

（3）主题宴会服务人员的仪表及服饰设计：主题宴会中服务人员的仪表、服装设计是烘托主题、渲染气氛的重要组成部分，尤其是举办区域性、民族性、特色性的主题宴会，服务人员服装与主题的相互呼应为宴会增色不少。例如，在具有中国特色的宴会上，服务小姐身穿旗袍，亭亭玉立，落落大方，服务时营造出了一种幽雅的中国风氛围。再如，设计中国民间乡土风情主题宴会，往往会采用蓝印花服饰、手绘服饰、蜡染服饰、绣花服饰等，弥漫着浓浓的乡土气息。少数民族的主题宴会，服务人员的服饰可根据民族特色进行设计。

❸ 主题宴会服务设计的关键控制点

（1）服务人员要对宴会主题文化有所了解：在对宴会进行主题设计时，需要对服务人员进行宴会的主题文化培训，使服务人员能够了解到主题的意义，并感受到文化的感染力，这样才能够投入到宴会主题活动中来。

（2）服务人员要对宴会特色菜品及酒水有所了解：主题宴会的特色菜品和酒水大多为针对宴会专门设计的，并非常规宴会所见到菜式，其中的核心菜品需要餐台服务才能完全体现出其与众不同之处，因此要将菜品及酒水的口味、质感、风味、服务细节和流程告知服务人员，并进行技能训练才能保证宴会的顺利进行。

(3) 服务人员要对宴会文娱表演有所了解：文娱表演是很多主题宴会的重头戏，服务人员需对文娱节目的内容和进程有所了解，以避免与其他服务活动有所冲突，或无法协助节目表演进入高潮。

(4) 服务人员要对宴会进程有所了解：主题宴会的进程大致包括宴会开始、主办方致辞、嘉宾感谢、特别嘉奖、产品陈述、即兴表演、文娱节目等内容，在流程安排上有一定的前后时间顺序，服务人员需了解宴会进程的时间节点与内容的衔接，避免出现服务脱节或无法提供服务的现象发生。如在主办方致辞后会举行敬酒干杯的礼仪环节，这时就需要服务人员为与宴者斟满酒水才不会出现空杯而导致忙乱的现象。

（二）主题宴会安全设计

主题宴会服务安全设计主要从人员安全、设施设备安全、运营安全、消防安全、食品安全、财物安全、应急预案等方面来进行设计。

❶ **人员安全设计** 因主题宴会往往在设计时具有对所出席宾客明确的指向性，因此要根据宾客群体特征和个别特殊个体要求进行安全服务的设计，例如，“重阳敬老宴”时就要考虑配置轮椅和一些急救药物等。

❷ **食品安全设计** 食品安全是主题宴会的必须保证，在宴会设计时即要规避有食品安全隐患的食材和饮品等，在原料购进后的生产加工过程中依然要加强对食品安全的管控。例如，北方某酒店为形成特色、吸引消费者推出了“河豚宴”，但是从河豚食材到加工和宴会服务都没有成熟技术和流程支撑，因此该酒店采用合作的模式，与江苏的河豚养殖和烹制技术团队合作，引进了人工养殖的无毒害河豚，并由专门的厨师团队和服务团队进行烹制和服务，在增加了营业收入的同时也增加了酒店的知名度。

❸ **消防安全设计** 消防安全的重视、消防设施的合理使用及消防预案的制订是主题宴会成功举办的必备功课，主题宴会时可能很多装饰材料及音响设施均为临时安装，很多材料可能为易燃材料，在安装前要予以甄别，如无法避免则要做好消防措施。例如，呼和浩特某酒店在举办婚礼宴会时舞台冷焰火打出火星引燃了舞台下方的塑料花，开始只是冒浓烟，由于消防措施未能及时实施，宴会厅工作人员及宾客四散逃离，从而引发了一场火灾不大，但全酒店浓烟弥漫的大型事件，并波及与其共用烟道的另一家酒店，使其长达两年无法恢复运营。

❹ **设施设备安全设计** 为体现主题宴会的特色，厨房往往会推出一些非常规的菜品，甚至制作场地会设置在宴会就餐区，这就要求要充分考虑生产安全问题。例如，“黄河鱼美食节——铁锅炖鱼宴会”是在草坪举行，超大的炖鱼铁锅就在就餐区附近，因此要考虑炖鱼的灶台燃料安全以及大铁锅的稳固性等因素。

❺ **应急预案设计** 承办主题宴会的酒店要把即将开始的宴会任务当作全新的业务来对待，要有对突发事件的正确认知，要做好详细的应急预案，才能有效地应对宴会举办时的各类突发事件。

单元一 节庆主题宴会设计

单元描述

本单元为节庆主题宴会设计的实例介绍，将以世界节日、中国传统节日、商业文化节日等为主题展开宴会设计，在宴会设计时为避免内容重复，同时结合各类新兴餐饮业态模式，分别采用了冷餐会、传统桌餐、户外草坪宴会等形式加以设计。本单元宴会设计实例是以节日文化展示和菜单设计为原点，以环境设计和服务设计为支撑，以安全管理为保证展开的宴会全体系设计，尽可能多地在菜式特色、服务细节、环境美化、安全综合管理等方面予以创新性描述，从而加深学生对宴会设计的全

面理解，提升对相关知识的全面运用能力，了解该类型宴会的设计方法及原理。

单元目标

1. 能够了解并运用节日文化的特殊性和延展性。
2. 掌握主题宴会菜单设计、酒水设计、台面设计、服务设计、环境设计、安全设计的方法。
3. 培养学生思考的能力，使学生具备挖掘节日文化更深层次意义的能力。

知识准备

1. 了解各类中国传统节日、世界节日、中国传统民俗等文化。
2. 了解各类商业文化自定义节日的开发背景及流程。
3. 了解各类节日所处的时间段内的物产资源。

任务实施

知识拓展
4-1-1

实例一　“三八国际劳动妇女节”三八女神节冷餐会设计实例

三八国际劳动妇女节是在每年的 3 月 8 日为庆祝妇女在经济、政治和社会等领域做出的重要贡献和取得的巨大成就而设立的节日。

本宴会以三八国际劳动妇女节为基础，设计了“三八女神节”为主题的时尚冷餐会，宴会以 50 人为基准就餐人数设计(图 4-1-1)。

图 4-1-1　时尚的冷餐会

一、三八女神节冷餐会环境设计

❶ 三八女神节宴会环境的功能格局设计

(1) 功能分区设计：宴会为冷餐会，现场划分为迎宾待客区、衣帽间、更衣室、化妆间、小舞台、交流就餐区、共享自助食物餐台、共享自助饮品台、休息区、备餐区等。

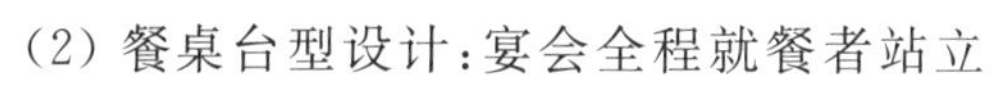

(2) 餐桌台型设计：宴会全程就餐者站立进餐，无固定餐桌，为方便宾客临时放置物品和餐食，在交流就餐区设置小餐台 6 个，以小舞台为中轴，分为两排，每排 3 个。在休息区配置餐椅 10 把。

(3) 餐台设计：共享自助食物餐台、共享自助饮品台位于舞台的左右两侧，餐台与两侧的墙体保持 1.5 m 的距离，以方便工作人员补充食物和饮品。

❷ 三八女神节宴会的环境氛围设计

(1) 环境灯光设计：宴会场地氛围设计是本次宴会的核心内容，为体现节日氛围，现场灯光需降低亮度，以营造温馨的场景，在休息区特意使用了烛光。

(2) 舞台及主题文化设计：在小舞台用花卉和气球等元素设计拼出了“与美丽为伴，携幸福同行”宴会主题词。

(3) 背景音乐设计：宴会特意选用了《美丽的梦神》《梁山伯与祝英台》《茉莉花》等曲目作为现场的背景音乐。

(4) 窗帘布草设计：宴会厅选用了淡绿色、淡粉色丝绸、棉布、薄纱等材料作为多层窗帘，营造了春意盎然的生命气息和节日氛围。

(5) 花卉植物设计：宴会厅现场选择了康乃馨、非洲菊、百合、玫瑰、郁金香等花卉品种，分别摆放于迎宾待客区、休息区、小舞台四周，在自助食物餐台上还撒了很多康乃馨花瓣作为装饰，鲜花既体现了装饰效果，又表达了花语寓意，使得现场呈现了浓浓的暖意和淡淡的花香。

二、三八女神节冷餐会台面设计

（一）冷餐会台面分区设计

冷餐会台面设计共分为三个区域，一是用于摆放菜点和酒水的共享自助食物餐台及共享自助饮品台；二是为方便就餐者而设置小型餐桌；三是为增加节日氛围、活跃气氛而设置的 DIY 菜品服务台。

（二）冷餐会台面设计原则

1 实用功能与艺术效果兼容原则　冷餐会为面向女性而设计，使用了大量的鲜花，而鲜花会对菜点的摆放形成干扰，因此在餐台布置时采取了先对鲜花进行清洗，再进行错层摆放的方法，使餐台达到了实用与美观相结合的效果。

2 菜肴、点心、饮品分区原则　冷餐会的菜肴、点心及饮品的温度和形态及使用的餐具都不相同，在餐台设计时首先对各类食品进行了分区设计，同时对同一类产品进行了口味区分，针对不同的器皿采用先低后高的设计原则。

3 方便取用原则　因冷餐会不使用筷子等餐具，为方便就餐者拿取食物和饮品，在餐点餐盘附近都放置了小竹签和小盘托，在共享自助饮品台放置了小型杯子以及事先斟倒好的酒水饮料。

（三）冷餐会具体台面设计

1 餐具布草设计

（1）布草设计：冷餐会选择以藕荷色为主色调，共享自助食物餐台和共享自助饮品台搭配紫色桌旗，凸显高贵的神秘感。烛光照耀下层次分明的菜品，造型美观、精致。

（2）餐具设计：冷餐会餐具设计分为两大部分，第一部分是用于盛放共享自助菜点和让菜服务的餐盘，此类餐具全部使用藕粉釉色餐具；第二部分为宾客拿取食物和饮品的餐具，此部分餐具全部使用白色镂空釉骨瓷，规格均为小型。

2 餐台美化设计　展示台中心摆放白色百合为主的花台，香气芬芳、竞相绽放，展现了女性独立、优雅的姿态。特别搭配的花瓣形果叉新颖而不失活泼。心形香槟塔是冷餐会的一大亮点，并在香槟塔前预留出了适合拍照的空间，可方便记录难忘的时刻。

3 互动设计　冷餐会特别设计的 DIY 环节是手工制作卷包“薄饼丝娃娃”，通过亲自动手制作增加了互动性和参与性，增添了本次主题冷餐会的趣味性。

三、三八女神节冷餐会菜单、酒水设计

（一）冷餐会菜单设计

1 冷餐会菜单设计原则

（1）美观化原则：本场冷餐会专为女士而设计，所以在菜单的设计上优先是要以高颜值作为设计原则的，在具体菜点的造型上更加突出立体化造型以及鲜艳的色块组合，例如，“蔓越莓凉糕”使用了洁白的糯米点缀鲜艳的蔓越莓盛装在墨绿色的三层玻璃层架上，形成了强烈的色泽反差，成了当餐的爆款产品。

（2）小型化原则：在冷餐会进程中交流是主要的目的，宾主在走动中品味美食、浅尝饮品，并不断交谈，因此所有菜点在设计时均以可一口吃入为宜，这样就不会妨碍宾主的尽情交流。

（3）时尚化原则：本次冷餐会的菜单由中西式菜品共同构成，在品种上做到了新产品与传统产品相结合，但即便是传统产品也经过了精心设计，例如，“盐水凤梨”本是家庭常见水果做法，然而在

宴会中厨师巧妙地将凤梨片放在白砂糖堆上，中间用焦糖片作为装饰物，使得这一传统水果演变为时尚产品。

❷ 冷餐会菜单设计方法

（1）大菜小吃化：本次冷餐会的菜单设计充分发挥了团队的创意，将一些宴会大菜进行了革新设计，例如，“盐水三黄鸡”是将三黄鸡盐水浸卤后，再用鸡皮包卷鸡腿肉和鸡胸肉做成串状，并刷了烧烤酱以助于丰富其口味，就像街头烧烤档的烧烤菜卷。

（2）中餐西式化：冷餐会是西餐宴会中常见的形式，所以在菜单设计时，设计师及团队对“五香熏鱼”“桂林马蹄糕”等大量的中式菜点进行了西式化的改革创新，使这些中式名品在本次宴会中焕发了另一种光彩。

（3）小菜精致化：有些小菜并不昂贵，但确很受消费者的最爱。“薄饼丝娃娃”是冷餐会的一道DIY菜点，这个贵阳街头的小吃经过改良，用三色薄饼配以多种丝状配料和丰富的酱汁，还辅以干冰制造气氛，顿显精美大气。三八女神节冷餐会菜单如图4-1-2所示。

❸ 冷餐会菜单设计要求　冷餐会根据女士的饮食和文化喜好，结合当代的文化趋势，在菜单设计上以低脂肪、低热量的手工菜点为主。

（1）所有菜点均要求无骨、无刺、无筋膜、低脂肪。

（2）所有菜点均要求无汤汁、无刺激性气味和味道。

（3）所有菜点的最大规格不超过3 cm。

（4）所有菜点均要求用竹签、餐勺等插取时保持不碎裂。

（5）所有菜点均经过美化造型。

（6）本次宴会不使用刺身类生食菜点。

（7）除指定茶台提供冰镇和高于70 ℃的酒水外，所有递送饮品均为常温。

图4-1-2　三八女神节冷餐会菜单

（二）冷餐会酒水设计

❶ 冷餐会酒水设计原则

（1）以宴会主题模式设计酒水：宴会为冷餐会，交流是主要目的，在酒水设计时以低酒精度和无

酒精饮品为主，并配备了不同款式的酒具容器，在共享自助饮品台的设计时充分考虑了酒水的特性。对饮品进行了高低错落有致的摆放，以及酒精饮品与果汁等分区陈列的方式，形成了造型美观，并且拿取和递送方便的共享自助饮品台。

(2) 以菜点风格设计酒水：冷餐会酒水整体菜单的菜点多为口味清淡和偏甜型的，宴会所用酒水的设计也均为偏淡雅的风味，即使是调制鸡尾酒，也降低了基酒的度数和减少了基酒的使用量。

(3) 以宾客群体特征设计酒水：结合就餐者的饮食特点，酒水设计搭配了起泡酒和鲜榨果汁等女士偏爱的饮品，并且在酒水的温度上进行了合理的控制。

② 冷餐会酒水搭配设计 冷餐会将以鸡尾酒和果汁系列为主推饮品，饮品设计为小杯量装，符合女士浅尝慢饮的饮食习惯。三八女神节冷餐会酒水饮品单如图 4-1-3 所示。

图 4-1-3　三八女神节冷餐会酒水饮品单

四、三八女神节服务与安全设计

以“三八女神节”为主题的冷餐会，主题突出、形式新颖，是一种时尚的社交宴请方式。因冷餐会形式重在交流、宾客往来自由、不拘泥于形式，只配备极少的座位，宾客站立就餐饮酒，所以需要在服务流程中加以特别的设计。

(一) 冷餐会服务设计

① 冷餐会开始前准备工作

(1) 按照宴会主题进行场地布置：在宴会开始前 3 h，对宴会厅进行场地布置，因布草和花卉等均由企划部完成布场，所以只需对小型就餐桌和共享自助食物餐台、饮品台进行布置，并进行部分点缀和配置共用餐具等。

(2) 冷餐会的服务准备:开餐前 1 h 与主办方核对冷餐会流程及变更内容,组织服务例会,将冷餐会主办方要求及服务注意事项予以传达,会后对宴会厅进行餐前检查,因不设置固定餐桌,所以需要对小型餐桌所摆放的插取菜点的竹签和纸巾等进行认真检查。

(3) 冷餐会的共享自助食物餐台布置:在开餐前 2 h 冷餐会的共享自助食物餐台准备好盛装食物的固定器皿,正式开餐前 30 min,将食物摆放至固定位置,并核对菜点名称是否与实物相符。

(4) 冷餐会的共享自助饮品台准备:在开餐前 2 h 冷餐会的共享自助饮品台准备好摆放酒水的固定器皿,正式开餐前 30 min,将酒水摆放至固定位置,并对各类酒水进行装杯,有需要保持低温的,保持冰镇状态和适宜的温度,同时核对酒水名称是否与实物相符。

(5) 冷餐会让送菜点、酒水准备:开餐前 20 min 检查需要让送的菜点及酒水是否装盘、装杯,本次宴会共分为 5 个轮次让送菜点和酒水,5 个轮次分别为中式冷菜、西式冷菜、中式点心、西式点心、水果轮次,每个轮次饮品各搭配一个品种进行席间穿插让送,每个单品各准备 5 盘,每盘均为 12 块或 12 小杯。

❷ 冷餐会服务流程

(1) 迎宾并引领宾客寄存衣物:迎宾员与主办方代表站立在门口引领宾客入场,统计宾客人数,但要注意不要让统计时的声响打扰到宾客,其他人员按照工作分配在规定的位置站好,与来往的宾客微笑示意问好,并及时帮助宾客到衣物寄存处办理寄存手续。

(2) 引领宾客进入冷餐会宴会厅:在进入宴会厅之前,为方便女士们补妆,宴会厅特设置了化妆间,因此要询问是否需要化装,如无需要可直接引领进入冷餐会宴会厅。

(3) 宴会开始提供席间服务:

①主办方进行主题发言后开始第一轮让送菜点酒水。

②嘉宾进行致辞后开始第二轮让送菜点酒水。

③全体成员拍照后开始第三轮让送菜点酒水。

④之后每隔 10 min 进行一轮让送菜点酒水。

⑤菜点全部让送完成后,可邀请就餐者前往共享自助食物餐台、饮品台,DIY 区域品尝食物和酒水。

(4) 冷餐会收尾服务:

①本次宴会进程为 90 min,在主持人宣布宴会结束时,服务人员快速撤离服务区在餐厅门口列队欢送宾客。

②迎宾员及时引领宾客到达衣物寄存处拿取衣物。

③服务人员清理场地、餐具及剩余的食物和酒水。

❸ 冷餐会服务设计关键控制点

①席间注意及时清理小型餐桌和餐台上所放置的空餐盘和使用后的竹签、纸巾、空酒杯等。

②在让送菜点酒水时要避免与宾客发生碰撞,餐盘需向内紧贴身体避免碰撞后发生滑落事故。

③让送菜点时如遇有嘉宾讲话或表演节目可以暂缓或减少走动频率。

④在共享自助饮品台斟倒酒水时要观察宾客对酒水饮品的喜好度,避免全部斟倒后无人取用而造成浪费的情况发生。

⑤本场冷餐会席间增加了宾客 DIY 互动环节,服务人员应提前准备好 DIY 所需要的原材料,必要时可以协助宾客完成制作。

(二) 冷餐会安全设计

❶ 冷餐会设施及场地设备安全 因前来参加宴会的宾客均为女性,基本都穿高跟鞋和晚礼服,且为走动就餐,因此提前制订了地面的防滑管理措施,摆放了防滑指示牌,并重新铺设了地毯,在非地毯区域安排了保洁员注意地面卫生,以防止滑到事故发生。

❷ **冷餐会食品安全** 冷餐会所有食品均为提前预制，在宴会设计时明确规定食物必须为 24 h 内加工制作，饮品需在开宴前 30 min 开启，储存食物的温度为 4～8 ℃以保鲜，共享自助食物餐台和饮品台上的食物和酒水在未开餐前全部加盖或覆盖保鲜膜做隔尘处理。

❸ **特殊事件的安全预案** 本次冷餐会最有可能发生的非常规事故有裙摆踩踏、酒杯滑落、食物掉落等，酒店在事先做了充足的预案，如发生饮品倾洒或酒杯摔碎等意外时，要采取先隔离人群再进行清理的方案。

知识拓展
4-1-2

实例二 春节家宴设计实例

图 4-1-4 春节家宴

本宴会设计将春节家宴定义为包含年夜饭在内的持续整个正月的一个营销系列活动。春节家宴的设计不仅可以带来当季的营业额增长，也会为餐饮酒店带来良好的社会美誉度。

本春节家宴以吉祥菜为彩头，合理搭配各类膳食、平衡各种口味，合理利用春节期间的各种食材，搭配春节大众必点菜品，既适合单桌售卖，也支持多桌销售，塑造了美好的就餐体验，如图 4-1-4 所示。

春节家宴适合餐饮酒店整桌售卖，最小单位为一桌，通常以三至五桌为最佳，下面以五桌为例描述春节家宴的设计。

一、春节家宴

❶ **春节家宴环境的功能格局设计**

（1）功能分区设计：春节家宴使用了长方形大雅间作为宴会举办场地，设置了就餐区、备餐区、衣帽区、文娱活动区，为满足家庭交流需求，还专设了品茶聊天区，并配置了茶椅、茶几、茶台等。

（2）餐桌台型设计：宴会厅餐桌设计为梅花形，正中的花心是宴会主桌，为方便宴会的主人及长者上舞台讲话或观看节目，主桌与舞台间未摆放餐桌。

❷ **春节家宴的环境氛围设计**

（1）宴会灯光设计：宴会使用暖色光作为主要光源，在宴会厅天花板特意布置了大红灯笼、彩色 LED 串灯等。

（2）舞台及主题文化设计：春节家宴要求以“家和万事兴”为主题，氛围营造要浓厚，宴会厅小舞台用大红色绒布做了布景，装饰有当年生肖、喜鹊、龙凤、麒麟、石榴、佛手、如意等吉庆祥瑞的艺术造型，以方便拍摄全家福照片。

在宴会厅的墙壁及大门也张贴了春联、福字、窗花、年画、门神等具有传统意义的装饰物。

（3）背景音乐设计：背景音乐选择《春节序曲》《步步高》《喜洋洋》《恭喜发财》《新年好》《难忘今宵》等循环播放。

（4）窗帘布草设计：宴会厅布草采用大红丝绒窗帘，内衬淡黄色洒金纱幔，营造出富丽堂皇的华丽景象。

（5）花卉绿植设计：在品茶聊天区特意摆放了水仙、蝴蝶兰、仙客来、一品红等鲜花，茶台上还用玻璃圆鱼缸养了几尾红色金鱼，寓意为年年有余。

二、春节家宴台面设计

（一）春节家宴台面主题设计

宴会台面以“家”文化为核心展开设计，避免使用商务宴会和政务宴会常规使用的金色或特大型器皿及摆件，而是更多以实用性器皿及摆件为主。

（二）春节家宴台面设计原则

❶ 实用性与艺术性兼容原则　因其台面设计着重于实用性，考虑到每桌就餐人数会大于常规的10人，所以在台面设计时尽量地使用小型餐具，同时也考虑到了艺术性的合理组合，在台面正中摆放了由火龙果堆积的果盆，寓意着日子红红火火。

❷ 安全性原则　台面设计时考虑到了宴会中会有儿童就餐，所以桌台上没有采用玻璃鱼缸和共用餐叉等存在安全隐患的设计。

（三）春节家宴的台面设计

❶ 布草设计　以春节家宴为主题的宴会选用红色和金色的色彩搭配彰显隆重。红色，是我们中国人最喜欢的颜色，象征美好、喜庆，金色象征高贵、富有。以红色为底搭配金色福字印花的台布很好地烘托了节日气氛，金色的帆船造型口布折花寓意风调雨顺、事事如意。

❷ 餐具设计　印有福字花纹的餐具与整体台面相呼应，台面所选择餐具外沿为红色镶金边，盘心为白色，每个盘心都摆放了一个红色福字剪纸以烘托节日的气氛。在餐具上还搭配了儿童使用的卡通图案密胺瓷器皿。

❸ 台面美化设计　台面的美化以实用性为原则，在每两个餐位中间摆放了一个红色的中国结，这也非常符合吉祥如意过春节的主题意义。中心装饰物选用糖艺制作的富贵牡丹花更是新颖别致，增添了餐台的艺术性。

三、春节家宴菜单、酒水设计

（一）宴会菜单设计

❶ 春节家宴菜单设计原则

（1）菜点风味搭配合理：在春节家宴菜单设计过程中要兼顾各种风味的搭配，既要有本地域的特色菜点，也要有其他地域的经典菜式，同时要避免某一类菜点的堆积，如在凉菜、热菜、主食中大量地使用某一地域风味的菜点，会使就餐者感到风味重复。

（2）营养搭配科学合理：营养的均衡是宴会菜单设计的重要工作，也是宴会菜单设计必须遵守的原则，因春节家宴喜欢席面隆重的消费心理，往往会安排较多的荤菜，所以在设计时应合理搭配粗粮、蔬菜、水果等，如“玉米粒土豆饼”等。

（3）菜点数量适度：在春节家宴菜单设计时会照顾老人、小孩及外地归来人员的不同饮食需求，所以菜点数量会多一些，因此本次宴会的菜点数量虽然比较多，但是对每道菜的实际分量却进行了严格的控制，保证每人食用到500 g净料即可。

（4）菜单文化紧扣主题：春节家宴菜单的文化紧扣宴会主题，在菜点的名称上使用了大量的吉祥语或关联语，使得服务人员在报出菜名时获得满堂喝彩。

❷ 春节家宴菜单设计方法

（1）按照传统习俗设计菜单：春节家宴的菜单设计采用了大多数菜点按照本地域的春节饮食习俗设计，加入了少量的其他风味的方法，这样既关照了宴会中老人的饮食喜好，也顾全了年轻人的口味需求。

（2）按照主办者要求及主要宾客特征设计菜单：本宴会主办方在宴会菜单设计时往往会提出一些具体要求，因此设计人员需要厘清主办方的要求内涵，通过设计巧妙地加以实现，如本次宴会中的“状元及第”就是主办者为今年刚刚考上大学的孩子特意要求添加的主食。

（3）按照时令特产设计菜单：时令特产是春节家宴设计的必选条件之一，春节之际的特产食材有些是常年生产但是春节食用别有蕴意的，如“鸿运当头”的猪头，也有春节之时的应季佳品，如“丰

收庆余年”里面的小金橘等。

(4) 按照设备及技术优势设计菜单:在菜单设计时一定要兼顾承办宴会酒店的设备能力以及发挥酒店厨师的技术优势,如本宴会的“油焗大闸蟹”就是举办宴会酒店的镇店名菜。

春节家宴菜单是以春节期间大众消费者普遍喜爱的传统菜点为基础,搭配当季的特产食材和具有一定寓意的特定原料设计而成。为符合春节期间的吉祥意义,菜单中的菜点名称都使用了具有美好寓意的名字,使其更能够烘托宴会的氛围,如图 4-1-5 所示。

图 4-1-5 春节家宴菜单

(二) 春节家宴酒水设计

❶ 春节家宴酒水设计原则

(1) 以宴会主题模式设计酒水:因宴会为家宴形式,重在一家人情感的交流,所以在设计酒水时首先考虑的是家宴中长者的喜好,其次才是其他与宴者的需求。

(2) 以菜点风格设计酒水:春节家宴的菜单设计以本地域口味较为浓重的菜点为主,所以在搭配酒水时选用了酱香型和浓香型白酒。

❷ 春节家宴酒水搭配设计 春节家宴的酒水要考虑到家庭聚餐的特征,所以在酒水设计时要兼顾老人与儿童的需求,同时考虑到节日消费要比日常消费水平高一些,所以酒水的安排也比日常家宴丰富了很多,如图 4-1-6 所示。

四、春节家宴服务与安全设计

(一) 春节家宴服务设计

春节家宴的设计为围餐形式,寓意团圆幸福,在服务设计上应注重气氛的营造以及服务效率的提升。

❶ 春节家宴开始前准备工作

(1) 按照宴会主题进行场地布置:在宴会开始前 3 h,对宴会厅进行场地布置,因布草和花卉等均由企划部完成布场,所以只需对餐桌和餐椅进行布置,并进行餐具摆放、菜单陈列等工作。

(2) 春节家宴的服务准备:开餐前 1 h 与主办方核对家宴流程及变更内容,组织服务例会,将春

图 4-1-6　春节家宴酒水单

节家宴主办方要求及服务注意事项予以传达，会后对宴会厅进行餐前检查。

(3) 春节家宴餐前食物摆台：在开餐前 1 h 将干果、鲜果等食物摆放至餐桌正中，并调整摆放顺序。

(4) 春节家宴的酒水准备：在开餐前 1 h 将宴会所用酒水摆放在备餐柜及餐桌上，并对白酒进行预热、啤酒和酸奶等进行冰镇。

(5) 春节家宴凉菜及菜点所需调味料准备：开餐前 20 min 将宴会凉菜及其他菜点所需调味料准备好，如饺子所需的米醋、大蒜等，凉菜需要上至桌面，调味料需要放置在备餐柜上，随菜点上桌。

❷ 春节家宴服务流程

(1) 迎宾并引领到达宴会厅：迎宾员与主办者站立在门口引领宾客进入宴会厅，服务人员要根据宾客的身份引领入座位，家宴都会将家中的长者安排在宴会的主人位和主宾位置。

(2) 为宾客做餐前服务：宾客落座后，须将宾客的衣物挂在衣架上，并为宾客铺好口布，随即奉上普洱茶，同时要调整同桌人员的座位松紧度，如果有左手用餐人员，要合理安排邻近的座位，幼小的儿童视自理情况安排儿童椅。

需征求宾客意见需要何种酒水，并完成斟倒工作。

(3) 宴会开始提供席间服务：

①主办方进行新春贺词发言后开始上热菜，同时撤掉干果和水果。

②家中长者讲话后上宴会大菜。

③组织全体家庭成员拍全家福照片。

④之后每隔 5 min 上一道热菜。

⑤宴会期间保持酒水服务。

⑥宴会特别设计了在宴会进程中按照人数派发酒店定制红包的环节，以向宾客表达美好祝愿，内容为一张两元钱的彩票或一张电影票，宾客通过拆红包获得惊喜。

(4) 春节家宴收尾服务：

①本次宴会进程为 2 h，在宴会主人宣布宴会结束时，服务人员需协助老人起身，并为宾客递送衣物，同时提醒宾客带好随身物品，部分服务人员在餐厅门口列队欢送宾客。

②服务人员清理场地、餐具，协助宾客将剩余的食物和酒水带走。

③收银员完成结账，本次宴会为宾客准备了代金券红包，在结账完成后要赠予宴会主办者。

（二）春节家宴安全设计

1 春节家宴人员安全 春节家宴的服务安全设计主要是人员安全管理，因前来参加宴会的宾客年龄结构跨度比较大，服务的难度相对较大，特别是老人和儿童，所以可开辟儿童活动场地，并有专人看管；对老人的进出引导和搀扶也是必不可少的。

2 春节家宴食品安全 春节家宴与宴者人员构成复杂、身体状况各异，需提前与主办者问询有无饮食忌讳，并在菜单设计时避免设计刺身类菜点。

知识拓展

4-1-3

实例三 黄河鱼美食节——铁锅炖鱼宴会设计实例

黄河鱼美食节是黄河流域沿岸餐饮企业在旅游季节推出的一个标志性美食经营活动，主要目标客户为各类旅行团、自驾游旅游群体，举办商务宴请的各类公司等。铁锅炖鱼宴会以“铁锅炖鱼”为主打特色菜（图 4-1-7），搭配黄河沿岸的农家特产食材和典型的地方特色菜点组配成宴，强化了黄河鱼浓重的乡土风味。

图 4-1-7 铁锅炖鱼

铁锅炖鱼宴会是黄河鱼美食节的常规经营项目，贯穿美食节始终，活动全程要围绕全鱼宴展开，穿插延河流域的民间歌舞表演、钓鱼比赛、头竿鱼竞拍等活动，充分调动现场的气氛。同时还有熟鱼打包外卖，活鱼配送的业务相继展开，形成了餐饮业拉动农副产业的全体系美食活动。

铁锅炖鱼宴会选在河边地势较平缓、与河边保持安全距离的草坪举办，活动现场用超大铁锅炖鱼，体现了淳朴的渔家饮食文化特色。

某公司为答谢客户订购了 100 人的“铁锅炖鱼宴会”，下面是该宴会设计的描述。

一、铁锅炖鱼宴会环境设计

1 铁锅炖鱼宴会环境的功能格局设计

（1）功能分区设计：宴会现场设计了迎宾接待区、就餐区、黄河文化观赏区、烹饪区、备餐区、特色农副产品零售区、卫生间、舞台表演区、酒水服务区、收银区等功能区域。

在举办宴会的草坪区以外还用本地草本花卉规划出了一条参观小道，引导就餐者进入拍卖区和摄影区。

（2）餐桌台型设计：宴会餐桌在舞台前分两排摆放，每排各摆放 5 桌，因两侧有铁锅炖鱼的烹饪区域和农副产品展销区域，所以餐桌相对集中在舞台正前方。

（3）其他环境功能设计：本宴会为室外宴会，在草坪外部分土壤裸露地面铺设了绿色薄地毯，为充分利用自然光照明，搭设了多个遮光棚、遮阳伞等设施。

2 铁锅炖鱼宴会的环境氛围设计

（1）舞台及主题文化设计：宴会舞台为乡村戏台的设计风格，宴会场地整体凸显黄河流域的乡土文化，在屋舍搭建的风格上、装饰饰品的点缀上都在不断强化黄河中上游地区的风土人情。

黄河文化观赏区以文字、图片、实物的形式向就餐者展现了黄河中上游文化的历史变迁。

在就餐区和拍照区摆设了石碾子、石磨、耙犁、辘轳、竹篾、箩筐等古旧农具和生活用具，还有黄河渡口的老木船。

（2）背景音乐设计：背景音乐取自沿河流域地区民间音乐《花儿与少年》《天下黄河九十九道弯》《西部放歌》《我们是黄河泰山》《黄河渔娘》等。

二、铁锅炖鱼宴会台面设计

（一）铁锅炖鱼宴会台面分类设计

宴会的台面分大致分为三种类型，每一种台面类型因其功能不同要求体现不同的特色。第一种类型是宾客就餐的餐桌，在台面设计上紧扣黄河文化为特色；第二种类型是农副产品的展示区台面，采用了农家风格的碎花土布和草编容器等元素；第三种类型是烹饪区内大铁锅炖鱼工作台面，因其有火源，所以采用了土陶器皿及吊挂在铁锅前的干鱼和咸肉作为装饰元素。

（二）铁锅炖鱼宴会台面设计原则

❶ **突出文化性原则**　铁锅炖鱼宴会的台面设计须以宴会的核心文化黄河文化为中心进行设计，在元素的积累过程中围绕主题进行收集，所呈现的文化主要有两个点，一个是黄河流域的乡土文化，另一个是黄河鱼的文化。

❷ **突出特色的原则**　铁锅炖鱼是一道特色十足的地方名菜，这个特色要在台面设计上予以充分展示，因此台面上预先摆设的炖鱼陶炉也是一个经典的装饰物，并且点出了宴会的主题。

（三）铁锅炖鱼宴会具体台面设计

❶ **布草设计**　铁锅炖鱼宴会为露天室外宴会，为与优美的户外景色相协调，在台面布置上选用天蓝色棉麻台布为底布、乳白色为装饰布为台布，形成了与蓝天白云相呼应的自然效果。

❷ **餐具设计**　餐具选用淡褐色带釉仿陶系列餐具，凸显厚重的黄河文化，在餐盘中都有鲤鱼跳龙门的白描构图，象征“事业蒸蒸日上”。

❸ **功能设计**　为突出主题菜品和方便服务人员工作，在台面正中摆放有深黄色土陶炉子，用来摆放直径 30 cm 的铁锅，炉子内放有木炭，这个功能特征明显的设计可以有助于突出菜品的特色，保证菜品的质量。

❹ **文化设计**　在餐桌每个餐位上各摆放了一本《黄河鱼文化宣传册》，着重简述了黄河鱼的各种传说及营养功能等。

三、铁锅炖鱼宴会菜单、酒水设计

（一）铁锅炖鱼宴会菜单设计

铁锅炖鱼宴会菜单是以黄河中上游饮食风味为基础，借鉴其他菜品风味组配而成。菜品以鲤鱼、鲢鱼、小湖虾等原料构成，同时搭配豆腐等多种食材，并巧妙地利用全鱼的各个部位分类制作。在菜品制作过程中还采用了一种原料，多种形态、多种口感的体现形式。

❶ **铁锅炖鱼宴会菜单设计原则**

（1）突出特色原则：宴会的菜单设计以核心菜品“铁锅炖鱼”为特色进行设计，强调了特色化原则，使得主菜成了本次宴会的核心价值。

（2）突出主材原则：宴会的主要食材为黄河鱼鲜，这是地域的特产食材，颇负盛名，选用各种黄河鱼虾烹制整桌宴席，形成了宴会浓重地域风味特色。

（3）菜点风味丰富性原则：因为所有菜点几乎全部用黄河鱼虾制作完成，因此需要在制作工艺和菜点体现形式上下足功夫，整桌宴席菜要口味和造型没有重复、质感更是各有千秋，以展示厨师团队深厚的技术功底和对黄河特产的独特解读力。

❷ **铁锅炖鱼宴会菜单设计方法**

（1）以特色菜品为中心展开设计：铁锅炖鱼宴会以特色菜品铁锅炖鱼为中心展开设计，主菜是“砂锅鱼头”，其余菜品在口味上及造型上均避免了与主菜重复。

（2）以地域特产为辅助展开设计：宴会菜单设计时既以黄河鱼为主要食材也兼顾了该地域的其

他特色风味，如“冰糖粉鱼鱼”就是使用淀粉制作的一款特色甜味凉菜。

(3) 以技术优势展开设计：宴会菜单的设计并没有去追求更加时尚的菜点，而是立足于本餐厅的技术优势进行产品组配，不仅让消费者品尝到了浓郁的黄河风味，更展示了餐厅独特的技术特点。铁锅炖鱼宴会菜单如图 4-1-8 所示。

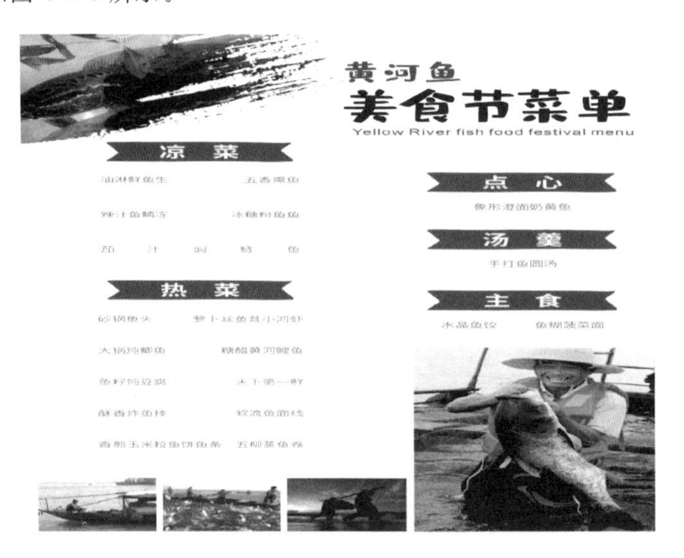

图 4-1-8　铁锅炖鱼宴会菜单

(二) 铁锅炖鱼宴会酒水设计

❶ 铁锅炖鱼宴会酒水设计原则

(1) 与宴会主题文化保持一致：本宴会的酒水设计与宴会主题风格保持一致，选用的酒水均为当地产特色酒水和茶饮，也使用了老酒壶等配套器皿。

(2) 与菜点保持风味一致：本宴会的菜点口味属于浓郁醇厚，因此在酒水的搭配上也选择风味较为厚重的黄河老黄酒、河套白酒等。

❷ 铁锅炖鱼宴会酒水搭配设计　本宴会的酒水设计以黄河中上游当地产酒水为主进行设计搭配，以强化突出浓郁的地方特色(图 4-1-9)。

图 4-1-9　铁锅炖鱼宴会酒水单

四、铁锅炖鱼宴会服务与安全设计

(一)铁锅炖鱼宴会服务设计

铁锅炖鱼宴会的设计为围餐形式,因宴会流程中各类活动较多,所以宴会现场气氛较为活跃。

❶ 铁锅炖鱼宴会开始前准备工作

(1)按照宴会主题进行场地布置:在宴会开始前 3 h,对宴会场地进行布置,因布草和花卉等均以草坪原生为主,所以只需对餐桌和餐椅进行布置,并进行餐具摆放、菜单陈列等工作。

(2)铁锅炖鱼宴会的服务准备:开餐前 1 h 与主办方核对宴会流程及变更内容,组织服务例会,将铁锅炖鱼宴会主办方要求及服务注意事项予以传达,会后对宴会现场进行餐前检查。

(3)铁锅炖鱼宴会餐前食物摆台:在开餐前 1 h 将葵花子、南瓜子、河套蜜瓜等食物摆放至餐桌正中,并调整摆放顺序,避免颜色相似的摆放于一处。

(4)铁锅炖鱼宴会的酒水准备:在开餐前 1 h 将宴会所用酒水摆放在备餐柜及餐桌上,并对啤酒和酸奶等进行冰镇。

(5)铁锅炖鱼宴会凉菜及菜点所需调味料准备:开餐前 20 min 将宴会凉菜及其他菜点所需调味料准备好,如饺子的米醋、大蒜等,凉菜需要上至桌面,调味料需要放置在备餐柜上,随菜点上桌。

❷ 铁锅炖鱼宴会服务流程

(1)迎宾并引领到达宴会厅:迎宾员与主办单位迎宾人员站立在门口引领宾客进入宴会就餐区,宴会前已将各桌人员固定位置示意图打印好,服务人员要根据宾客的固定桌号引领其入座。

(2)为宾客做餐前服务:宾客落座后,须将宾客的衣物挂在衣架上,并为宾客铺好口布,随即奉上阴山黄金茶,同时要调整同桌人员的座位松紧度,如果有左手用餐人员,要合理安排邻近的座位,幼小的儿童视自理情况安排儿童椅。

需征求宾客意见需要何种酒水,并完成斟倒工作。

(3)宴会开始提供席间服务:

①主办方致欢迎辞后开始上热菜,同时撤掉干果和水果。

②宴会主人与嘉宾共同为宴会大菜“砂锅鱼头”剪彩,并由嘉宾祝词。

③之后每隔 5 min 上一道热菜。

④宴会期间保持酒水服务。

⑤宴会特别设计了在宴会进程中表演民间歌舞、头竿鱼竞拍等活动,充分调动现场的气氛。

(4)铁锅炖鱼宴会收尾服务:

①本次宴会进程为 2 h,在宴会主办单位宣布宴会结束时,服务人员需协助宾客起身,并为宾客递送衣物,同时提醒宾客带好随身物品,部分服务人员在餐厅出入口处列队欢送宾客。

②服务人员清理场地、餐具,协助宾客将剩余的食物和酒水带走。

③收银员完成结账,结账前需核对有无餐具损失等情况出现。

❸ 铁锅炖鱼宴会服务设计关键控制点　黄河鱼是当地旅游项目的核心产品,服务人员要对黄河鱼的相关知识予以了解,以便于回答就餐者的提问,并能够将特色菜铁锅炖鱼的顺口溜流利背诵而出。

(1)因为宾客人数较多,而且是团队性质,主办方安排了很多活动,所以要与主办方提前沟通,协调好上菜顺序、节目时间、座位标签、主题话术、舞台音效等具体工作。

(2)在席间穿插了民间歌舞表演、钓鱼比赛、头竿鱼竞拍等活动,服务人员应配合主持人充分调动现场的气氛。在熟鱼打包外卖服务过程中,应与宾客仔细核对数量及金额,针对活鱼配送的业务要详细记录宾客姓名及地址等重要信息。

(3)本场主题宴会服务人员的服装设计选用了乡土气息浓郁、非常接地气的绿底碎花的围裙式

服装，不仅与主题呼应也便于服务。

（二）铁锅炖鱼宴会安全设计

❶ **铁锅炖鱼宴会生产安全设计** 因宴会特色菜为铁锅炖鱼，而炖鱼的超大铁锅距离就餐区很近，因此要加强炖鱼燃料的管理和铁锅稳固性的管理，还要在铁锅与就餐区 2 m 处设置隔离带，避免非工作人员闯入发生意外。

❷ **铁锅炖鱼宴会人员安全设计** 举办场地为黄河岸边的草坪，要注意防止宾客落水，在岸边划定隔离带，并准备 2 名救生员和救生船。

❸ **铁锅炖鱼宴会食品安全设计** 因宴会在户外草坪举行，其主要食材多为露天陈列，因此对食品安全采取了专门的控制方法，如摆放保鲜工作展柜，增加隔尘罩等。

单元二 营养养生主题宴会设计

本单元为营养养生主题宴会设计的实例介绍，营养养生主题宴会是在考虑季节变化、中国传统饮食文化、健康饮食标准的基础上，结合不同季节的物产资源、中国传统养生理念、健康饮食的合理配膳等多方面因素，运用传统桌餐、会议茶歇、自助餐等多样餐饮经营模式，设计出的以养生文化为载体、以养生补益为目的、以大众健康为根本、以多样化菜点为展示的，起到宣传健康饮食理念、促进中国传统文化创新、拉动餐饮酒店经营业绩的新宴会形式。

营养养生主题宴会是以养生文化为展示窗口，在菜单设计上采用荤素搭配、素菜荤做等技术手法，在环境设计和服务设计上力求塑造全新的养生文化氛围和提升服务细节水准，同时以食品安全为保证展开设计。从而加深学生对养生理念的认知，改变传统宴会以荤为主的形式，使学生能够综合运用中国传统养生文化服务于餐饮酒店业的经营。

单元目标

1. 能够了解并运用中国传统养生文化的知识。

2. 掌握营养养生主题宴会菜单设计、酒水设计、台面设计、服务设计、环境设计、安全设计的方法。

3. 培养学生思考的能力，使学生具备挖掘养生文化及多方面运用的能力。

知识准备

1. 对中国传统养生文化有所了解。

2. 对中国居民健康饮食的标准有所了解。

3. 对各类养生食材的特性有所了解。

知识拓展

4-2-1

实例一 春季养生宴会设计实例

春季养生宴会是在总结春季养生方法的基础上，结合春季特产食材设计而成。根据春季养生的规律，本宴会从两个方面加以设计，一是中医养生原理在春季养生中的运用；二是结合春季特产食材，推出应季的产品，满足时令季节宾客的需求（图 4-2-1）。春季饮食应该清淡可口，少吃油腻、生冷及刺激性食物。

本宴会以春季养生为基础，结合多样食材，运用多种烹调方法，巧妙组合了养生文化作为宴会环境设计背景，搭配滋补养生的酒水，制作出了一场完美的养生宴会。

春季养生宴会面对中老年人群体进行设计，结合春季人体所需和春季特产食材，采用中式围餐方式，在宴会中少量安排低酒精度的养生滋补酒，同时搭配了春茶和果汁饮品，从而达到了养生和季节性体验的双重享受。

图 4-2-1　油焖春笋

某公益社团在春季特意发起了一场公益募捐，为某养老院的30位老人订购了一场春季养生宴会，下面将围绕春季养生宴会展开设计描述。

一、春季养生宴会环境设计

❶ 春季养生宴会环境的功能格局设计

(1) 功能分区设计：设宴的场所为饭店酒楼的常规宴会厅，以方便利用常规宴会厅的各类基础设施。额外需要特备一个房间，作为突发事件的处理应急室。

宴会厅配备了一个小舞台，用于主持人对春季养生宴会进行介绍和公益人员表演节目。

(2) 餐桌台型设计：因宴会人数较少，现场将三张餐桌呈一字型，在小舞台前面展开。

❷ 春季养生宴会的环境氛围设计

(1) 宴会灯光设计：宴会厅使用暖色光源，餐桌上方特意加装了用以提升桌面亮度的射灯。

(2) 宴会舞台及主题文化设计：宴会小舞台为临时搭建，考虑到可能会有老人上台的因素，高度只有 20 cm，舞台背景以“养生”为主题，采用红白两色玫瑰鲜花拼摆了一个直径 1 m 见方的“养”字。宴会厅增设了茶饮休闲区域，陈列了书架、博古架、花架、古琴等家具。

(3) 背景音乐设计：背景音乐选用舒缓的江南丝竹曲目《姑苏行》《春江花月夜》《春绿江南》《紫竹调》等，广东音乐《步步高》《雨打芭蕉》《旱天雷》《娱乐升平》等。

(4) 窗帘布草设计：宴会厅窗帘布艺装饰使用了深绿、浅绿两种色差的轻纱帷幔，花纹选择寿桃、万字符、回形纹等吉祥纹样。

(5) 花卉绿植设计：宴会厅设计以“春养”的主题，以绿色的纱幔和大量的绿植营造了绿意盎然、充满生机的春天景象。

四周摆放有龟背竹、万年青、罗汉松、南天竹、春兰、芍药、仙客来、一品红、佛手柑等绿植。

二、春季养生宴会台面设计

(一) 春季养生宴会台面设计原则

❶ 方便实用性原则　因本次宴会的就餐者多为老人，为避免台面过于复杂而给就餐者带来不便，所以在餐具和其他装饰物上都力求以简单、实用为原则，去掉了很多酒具和与本次宴会菜单无关的餐具，提升了老人们在就餐过程中的实际使用满意度。

❷ 突出主题性原则　养生是本次宴会的主题，所以在台面设计时一切均以突出主题为原则，所选用的装饰物均为滋补性食材，这就突出了宴会主题的特殊性。

(二) 春季养生宴会具体台面设计

❶ 布草设计　台面使用淡绿色桌布搭配银灰色台心布组合，使用黄绿色的丝绸口布折叠成各式盘花，并使用绿叶状的口布扣，与春季相呼应、与主题相互烘托。

❷ 餐具设计　摆台餐具选择白色餐具和水晶杯具，它们交相辉映，整台宴会台面素雅、整洁、自

然，营造了宁静的氛围。

❸ **文化设计**　台面设计以绿色和银灰色为主色调，绿色象征生命的活力和勃勃的生机，银灰色轻柔、舒缓给人以舒适、自然、清新的感觉。在台面的美化设计中选用了菜单中的食材为装饰和点题原料，餐台正中用长山药制作了假山，假山下面铺满了黑米和燕麦、石斛、西洋参、枸杞等菜单中的食材，在假山上插了蓬莱松作为装饰，营造了自然和谐的养生意境，强化了医食同源的原理和应用。

三、春季养生宴会菜单、酒水设计

（一）春节养生宴会菜单设计

❶ 春节养生宴会菜单设计原则

（1）符合季节养生原理原则：随着季节的轮转进行养生调理是人体进行自我修复和强身健体有效措施，春季的养生调理重在调养肝脏，所以在菜单设计时加入了有益于肝脏的海参、山药、枸杞等食材，使宴会达到了有益于春季健康调养的目的。

（2）突出医食同源原则：医食同源是中国烹饪艺术的展现形式之一，在菜单设计时不仅是进行食材搭配组合，而是以中医理论为基础、以烹饪技术为过程制作出可食性非常强的美味佳肴，使就餐者能够感知到饮食与医疗之间的关联性，从而激发消费者养成以食养生的健康生活习惯。

（3）符合就餐者特征原则：就餐者多为老人，在菜单设计时避免了热量过大的食材组配，在口味上讲求清淡，剔除了老韧和带有大量骨刺的菜点，并安排了较多的炖菜和带有汤水的菜点，这样的设计非常符合老年就餐者的需求。

❷ 春季养生宴会菜单设计方法

（1）以医食同源理论为依据设计菜单：春季养生宴会菜单是以中国传统春季养生理论为基础进行设计的，在养生理论指导下进行食材的选择、菜式的组配、口味的调剂等工作，而并非简单地进行菜点组合搭配。在养生菜点的设计上也是遵循着循序渐进的补养方式，以养为主，不是以医为主，所以在滋补类食材的选择及用料数量上均有着科学的设计。

（2）以季节特产为因素设计菜单：使用当季特产的食材进行春季养生宴会的菜单设计是较为直接的一种方法，这样可使消费者感觉到季节变化的需求，从而产生购买愿望。如宴会中安排了“香椿苗”和“春柳芽”等季节特产食材，使宴会菜点与春节养生的主题完美结合。

（3）以就餐者需求设计菜单：如同其他宴会设计菜单时会考虑满足消费者需求一样，本宴会在菜单设计前对老人消费群体进行了调研，了解了他们的日常饮食习惯，尤其是饮食忌讳和口味需求特点。例如，菜单中有两道豆腐菜品，凉菜是使用传统豆腐制作，热菜是珍菌酿豆腐，这是为了满足老人摄入优质蛋白的需求而设计的（图 4-2-2）。

（二）春季养生宴会酒水设计

❶ 春季养生宴会酒水设计原则

（1）与宴会主题文化保持一致：本宴会的主题文化是养生，在酒水的设计上要与养生主题保持一致性，因此只设计了黄酒和葡萄酒两个低酒精度的酒精饮品，而其他的则为茶饮和果汁等有益于养生的佳品。

（2）与宴会核心菜点内容保持一致：本宴会的菜点均为清淡型，所以在酒水设计时也遵循清爽淡雅的风格，并且根据进餐顺序分为餐前、餐中、餐后三个节奏分别进行设计，每一个节奏均与菜点风味特色形成较高的契合度，如餐前淡雅清香的明前龙井就与即将开始品尝的凉菜系列在食材和口味上进行了巧妙的搭配。

（3）符合就餐者的需求：就餐者多为老人，不能大量饮酒，但是需要多元化的食物和饮品，所以在酒水设计时选择了鲜榨果蔬汁等饮品以丰富宴会的饮品种类。

❷ **春季养生宴会酒水搭配设计**　春季养生宴会以养生为主题，所以在酒水选择时以明前龙井

图 4-2-2　春季养生宴会菜单

开始，在宴会进行中搭配果蔬汁、黄酒等，最后再配以春季盛开的桃花熏制花茶作为宴会收尾饮品（图 4-2-3）。

图 4-2-3　春季养生宴会酒水单

四、春季养生宴会服务与安全设计

（一）春季养生宴会服务设计

春季养生宴会的设计为围餐形式，宴会为养生主题，就餐者为老人，因此宴会现场气氛热烈而不失高雅，且流程衔接紧密，各活动内容有序进行。

❶ 春季养生宴会开始前准备工作

（1）按照宴会主题进行场地布置：在宴会开始前3 h，对宴会场地进行布置，因使用标准宴会厅，场地布景已由企划部完成，所以只需对餐桌布景进行设计装饰，以及餐椅等进行布置，并进行餐具摆放、菜单陈列等工作。

（2）春季养生宴会的服务准备：开餐前1 h与主办方核对宴会流程及变更内容，组织服务例会，将宴会主办方要求及服务注意事项予以传达，会后对宴会现场进行餐前检查。

（3）春季养生宴会的酒水准备：在开餐前1 h将宴会所用酒水摆放在备餐柜及餐桌上，并对啤酒和酸奶等进行冰镇，冰镇温度需控制在20 ℃左右，做鲜榨果蔬汁之前需做好蔬菜水果的清洗切割整理工作。

（4）春季养生宴会凉菜及菜点所需调味料准备：开餐前20 min将宴会凉菜及其他菜点所需调味料准备好，如饺子所需的米醋、大蒜等，凉菜需要上至桌面，调味料需要放置在备餐柜上，随菜点上桌。

❷ 春季养生宴会服务流程

（1）迎宾并引领到达宴会厅：迎宾员与主办单位迎宾人员站立在门口引领宾客进入宴会就餐区，宴会前已将各桌人员固定位置示意图打印好，服务人员要根据宾客的固定桌号引领其入座。

（2）为宾客做餐前服务：宾客落座后，须将宾客的衣物挂在衣架上，并为宾客铺好口布，随即奉上明前龙井茶，同时要调整同桌人员的座位松紧度，如果有左手用餐人员，要合理安排邻近的座位。

需征求宾客意见需要何种酒水，并完成斟倒工作。

（3）宴会开始提供席间服务：

①主办方致欢迎辞后开始上热菜。

②宴会主办方将邀请养老院负责人上台讲话。

③主持人详细介绍本次养生宴会的主题意义。

④之后每隔5 min上一道热菜，宴会期间保持酒水服务。

⑤在宴会过程中由公益人员和酒店服务人员进行歌舞表演，表演时可以减缓席间服务内容。

⑥因本次宴会为公益活动，所以酒店也献出了爱心，在宴会结束前为每一位就餐的老人送上了一份养生礼物。

（4）春季养生宴会收尾服务：

①本次宴会进程为1.5 h，在宴会主办方宣布宴会结束时，服务人员需协助宾客起身，并为宾客递送衣物，同时提醒宾客带好随身物品，部分服务人员在餐厅出入口处列队欢送宾客。

②服务人员清理场地、餐具，协助宾客将剩余的食物和酒水带走。

③收银员完成结账，结账前需核对有无餐具损失等情况出现。

（二）春季养生宴会安全设计

❶ 春季养生宴会人员安全设计 因参加宴会的宾客以老人居多，所以对于人员安全的设计至关重要，一是要保证上下楼梯的安全，二是要注意地面防滑，三是一些道路的指示标志要清晰。为此酒店特别在关键地域安排了服务人员予以引导和帮扶。

❷ 春季养生宴会食品安全设计 宴会所有食材均为正规渠道采购，在加工过程中也严格执行作业规范，同时对于一些既是食材也是药材的原料进行科学添加。同时还在食用安全方面进行了设计。例如，对“奶汤猪肚炖鲫鱼”这道菜做了特殊处理，即只保留鱼汤而没有鱼肉，以防止鱼刺卡刺等事故发生。

❸ **春季养生宴会的设备安全设计**　因春季气候不稳定，宴会厅在空气湿度与室内温度上做了特别要求，室内温度设置为 23 ℃，湿度为 40%～50%，并保持通风良好。

❹ **春季养生宴会应急安全设计**　考虑到老人会因慢性病而触发一些特殊事件，宴会厅除准备了一间临时处置房间以外，还准备了一些急救药品，并对服务人员进行了简单的急救措施培训。

知识拓展

4-2-2

实例二　茗茶养生茶歇设计实例

茶叶入肴、茶叶制宴中国古已有之，近年来随着茶饮养生文化的广泛推广，茶宴已成为养生宴会的经典之作。

茶叶入馔表现在茶与食物的完美结合，本宴会充分挖掘茶产品的可塑性和延展性，精心设计各具特色的茶香点心及饮品，取茶之清香，融入各种食材之中，为宴会锦上添花(图 4-2-4)。

图 4-2-4　龙井茶酥

茗茶养生茶歇将茶艺表演与茶饮及茶点品鉴融为一体，在各式会议间隙、正式宴会前夕、大型宴会之后举行，已经成为一种新的社交形式，为餐饮酒店业经营带来了新的经营项目，也为广大消费者带来了健康的饮食消费新品类。

本次茶歇以"茶"作为主题，旨在向大众宣传茶文化，立意新颖、主旨明确，是极具代表性的一场主题茶歇，在品茗茶、尝茶点之余，欣赏茶艺表演，达到放松身心，而促进养生的目的。

下面是某学院组织的一场学术交流会会议间隙举办的一场有 100 人参加的茗茶养生茶歇设计方案。

一、茗茶养生茶歇环境设计

❶ **茗茶养生茶歇环境的功能格局设计**

(1) 宴会功能分区设计：茗茶养生茶歇设宴的场地是酒店多功能厅门前开阔处，为茶歇设计有休息区、茶点供应区、冷热饮品供应区、水果供应区、茶艺表演区、茶文化展示区等区域。

(2) 餐台台型设计：茶歇餐台设置于多功能厅大门右侧开阔处，与会议签到处对向而设，餐台呈 L 形设计，长桌为餐台，短桌为茶艺表演台。

❷ **茗茶养生茶歇的环境氛围设计**

(1) 主题文化设计：在茶艺表演区增设了一个小型 LED 屏幕，播放茶文化的视频，再现了云雾缭绕、宛若仙境的茶山，绿意盎然、山清水秀的茶场，朴实憨直、勤劳智慧的茶农，源远流传、修身养性的茶艺等。

四周墙面、立柱使用中国书法字画作为装饰。茶艺展示区摆放富有禅意的木雕、泥塑、瓷器和古玩玉器，以及材质不同、形式各异、颜色有别的茶具。

(2) 背景音乐设计：茶歇现场氛围营造以舒缓、宁静、安逸、舒适为主题，背景音乐设计特选取我国四大茶区的民间音乐，如江北茶区安徽民歌《猴魁茶歌》，江南茶区的浙江民歌《采茶舞曲》、湖北民歌《六口茶》，西南茶区的四川民歌《采茶调》，华南茶区的福建民歌《采茶灯》等。

(3) 花卉绿植设计：茶歇区摆放翠竹、幽兰、文竹、茶花等绿植，配合香薰、流水景观摆件，营造出香气缭绕的室内休闲小景。

二、茗茶养生茶歇台面设计

(一) 茗茶养生茶歇台面分区设计

茶歇台面分为茶点台、水果台、水果茶台和茶艺表演台四个部分，以及一个小型的休息区台面。

Note

（二）茗茶养生茶歇台面设计原则

❶ 实用功能与艺术效果兼容原则 茗茶养生茶歇的餐台如同自助餐台设计一样，在注重产品陈列的实用功能的同时，也要注意艺术美化的功能，使宾客获得精神与物质的双重享受。

❷ 茶点、水果、水果茶分区原则 茶歇台面采用分区设计的原则，一是可以方便就餐者取用；二是水果茶需要现场调配，因此需要有工作人员进行现场服务，分区则为现场服务提供了便利条件。

❸ 方便添加补充和宾客取用原则 茶歇台面的设计使用了镜面盘、玻璃层架、博古架等既实用又有观赏性的物品作为茶点和水果等食物的陈列用具，在放置时采用前低后高的组合，在摆放产品时要遵循服务人员能够方便补充短缺食品和方便宾客拿取食物的原则。

（三）茗茶养生茶歇具体台面设计

❶ 布草餐具设计

（1）布草设计：陈列各式茶点、水果及水果茶的餐台以乳白色台布为底，搭配青绿色桌裙，台布上点缀三色堇花瓣和铜钱草叶片作为装饰。

（2）餐具设计：用白色骨瓷餐具搭配木质餐叉、小勺、茶盏托。餐台上盛放点心的盛器选择了各式竹木筐和小型博古架，并搭配各式彩釉小盏、水晶小杯作为盛放食物的器皿。

❷ 餐台美化设计 为了更加直观地展现历史悠久的茶文化，在茶歇台的一侧增加了茶艺表演，茶艺表演选择了大红酸枝大型茶台，四周摆放了可容纳12人同时品鉴的茶位。茶台上陈列了豆青釉茶具和古树老茶及十二生肖茶宠作为装饰物。

❸ 文化设计 茗茶养生茶歇以“茶文化”为主题，重在渲染淳朴、自然、健康的意境。

在茶歇展台的装饰物设计上，选择了富有江南韵味的油纸伞以及香炉、中式家具摆件等，与茶食搭配在一起错落有致、相互呼应。

❹ 服务功能设计 L形茶歇台长台的顶端是餐具台，台面以实用型为主，台面摆放7寸小碟、木质水果叉、餐巾纸、饮料杯、吸管、茶杯、茶碗等用具。

在小型休息区设置有少量的固定桌椅，台面为原木桌面，只铺设桌旗，点缀文竹等绿叶花卉，桌面摆放餐巾纸盒、水果叉等用品。

三、茗茶养生茶歇菜单、饮品设计

茗茶养生茶歇是会议间隙的休息时间所举行的，产品以茶点和各式水果茶、新鲜水果构成，在茶点设计上分为中式和西式两大类，以茶入肴则为茶歇加入了茶的广泛应用含义，在茶饮中新增的水果茶则为创新之举。

（一）茗茶养生茶歇菜单设计

❶ 茗茶养生茶歇菜单设计原则

（1）围绕主题原则：茶歇菜单设计以茶文化为核心展开，各类点心与小菜均围绕此核心进行。菜单设计不仅是产品的静态陈列，而且还是现场活动动态的说明书，例如，茶艺表演是一边表演一边让宾客品鉴茶汤的过程，而在这个过程中，茶叶的选择则体现出由陈香的普洱，到淡雅甘甜的茉莉花茶，又到香气馥郁的武夷山大红袍的多层次。

（2）简洁方便原则：所有的茶点均设计成较小的形状，在气味及口味上没有刺激的味道，一是为了取食方便；二是因为茶点多为茶汁制作，需要保持清新的茶香。

（3）数量适度原则：这次茶歇共约有100人参加，在茶点及饮品数量的设计上以保证供应为原则，但是考虑到用餐时间仅为30 min，所以在数量上也进行了科学的控制，避免剩余太多，造成浪费。

❷ 茗茶养生茶歇菜单设计方法

（1）以茶入肴的设计方法：茶歇菜单的茶点均为采用不同品种的茶汁加入其他食材制作而成，

这是专为本次茶歇而进行的创新设计，产品紧扣主题又品种丰富，在中式和西式两类茶点中都体现了创作者的独具匠心。

（2）点心服务于饮品的设计方法：茶歇的饮品口味以淡雅和酸甜居多，因此设计的茶点口味也都较为清淡，但是茶香却很浓郁。

（3）结合现场服务的设计方法：茶歇现场无固定桌椅，为走动式进餐，所有食品均为小型块状、饼状等，在每个茶点的外面都设计了单独的包装，以方便宾客用手取食。

茗茶养生茶歇菜单如图 4-2-5 所示。

图 4-2-5　茗茶养生茶歇菜单

（二）茗茶养生茶歇饮品搭配设计

茗茶养生茶歇的饮品精选各地特产茗茶，并辅以茶艺表演，为茶歇增添了知识和灵动的气息。茗茶养生茶歇饮品单如图 4-2-6 所示。

四、茗茶养生茶歇服务与安全设计

（一）茗茶养生茶歇服务设计

❶ 茗茶养生茶歇开始前准备工作　为方便做好准备工作，在茶歇开始前一天，酒店已与主办方确认了茶歇服务的内容，包括时间、地点、人数、主题、茶食以及特殊注意事项。服务人员根据双方确定的具体内容提前将所需物品准备齐全，并按照实际人数和场地设计茶歇台型。

（1）在茶歇开始之前 1 h，服务人员根据会议人数及茶歇种类，准备茶歇菜牌、骨碟、水果叉、取餐夹、咖啡加热炉、咖啡壶及热水壶等物品，并准备餐巾纸、牙签、咖啡、咖啡伴侣、方糖、红茶等消耗品。

（2）预订的茶歇开始前 30 min，服务人员将饮品及茶食摆放好，茶食按照宾客常规进食顺序摆放，味道由淡到浓，由酸到甜依次陈列。饮品装入饮料果汁鼎内，部分水果茶需要冰镇，可以采用加入食用冰块的方式。

（3）预订的茶歇开始前 15 min，服务人员将大量的水果茶调配好后装入饮品杯中，以方便宾客

图 4-2-6 茗茶养生茶歇饮品单

取用，并防止出现拥挤现象。

茶歇开始后由引领人员引导宾客来到茶歇台前，服务人员则站立于在茶歇台旁提供服务。

❷ **茗茶养生茶歇服务流程** 在茶歇服务过程中，服务人员身着棉麻质地的中式风格复古刺绣禅意茶服。

在茶歇期间，服务人员提供走动式服务，及时解答宾客问题并提供各类服务，还需为宾客及时递送冷热饮品。服务过程中要及时整理及补充茶歇台上的茶点，添加饮品，清理茶歇台上的食物垃圾以及收拾餐具等。

茶艺表演是本次茶歇的特色内容，服务人员为积极配合茶艺表演人员，将分批次引导宾客参观茶艺表演。

❸ **茗茶养生茶歇收尾服务** 在茶歇结束后若主办方没有提出打包要求，服务人员可及时回收剩余食品。

（二）茗茶养生茶歇安全设计

茶歇的安全设计主要包括设施设备安全的设计、食品安全设计和服务安全设计等方面。

❶ **茶歇设施设备安全设计** 因享用茶歇的人员较多且时间段很短只有 30 min，为保证供应的所有茶类饮品均为提前加工、自助取用，现场增加了四个冰茶鼎和两个热茶鼎，对于此类设备特意加装了稳固防护装置，以防止倾斜摔落而导致其他事故发生。

❷ **茶歇食品安全设计** 考虑到为常温食品、冰镇饮品、热饮茗茶混合食用、温差较大，因此对食品的安全工作做了特别的预案，如凤梨用纯净水加食盐浸泡后再提供食用，所有冰镇饮品均设定冰镇温度为 15 ℃左右。

❸ **茶歇服务安全设计** 由于茶歇服务的集中性、自由取食性和短暂性，所以安排了多名服务人员在现场进行人员疏导和茶汤洒落的及时清理工作。

实例三 素食养生宴会设计实例

素食养生宴会是在发扬素食文化、提倡素食养生的基础上开发设计而来。一家素食品厂家为推广素食品，举办了一场 200 人就餐的素食自助餐宴会，宴会在充分了解素食养生的基础上，结合各地

优质素菜食材资源，汇集多种烹制方法，采用素菜荤做、荤菜素搭的方法，按照正规的宴会服务流程，全新推出了素食养生宴会。并采用自助餐的取餐方式，快捷而方便地为就餐者提供了包含40多个素食产品和10多种茶饮产品的自助菜点体系，既有养生功能，又体现了高超的烹饪技艺，为就餐者带来了双重的美好享受。

以下是该素食养生宴会的设计方案。

知识拓展
4-2-3

一、素食养生宴会环境设计

1 素食养生宴会环境的功能格局设计

（1）功能格局设计：素食养生宴会为大型自助餐宴会，设宴的场地为大型中餐宴会厅，宴会厅的总面积为800 m^2。设计有迎宾接待区、衣帽间、暗光备餐区、就餐区、亮光就餐区、烹饪区、收银区、素食品展销区等功能区域。因宴会为机构团体定制，现场将对素食养生展开主题介绍，所以宴会厅搭建了舞台设计面积为30 m^2 的长方形舞台。

（2）餐桌餐台设计：不同于酒店早餐等使用的流动就餐自助餐厅，餐位数可以少于实际就餐人数，本宴会要求一次性配足200人的餐位。

餐桌餐台的设计分区是以舞台为中心展开的，舞台前方为餐桌区，共摆放直径1.8 m的圆形桌面10张，其余为长方形4～6人餐桌。餐桌区左侧为烹饪区，主要摆放和烹制热菜、主食、汤羹、铁板烧、DIY自助烹饪菜点等，右侧为菜点陈列区，主要陈列水果、点心、饮品。

由于聚餐人员较多，对于容易发生人员拥堵的热菜区、铁板区、DIY区等区域进行了单独的疏导设计，由于素食自助餐不饮酒，所以对主食和水果则进行了双份双餐台设计。

（3）其他功能设计：为防止餐桌餐具更替不及时，特意在宴会厅两侧都设置了备餐间，以起到快速收撤餐桌、补充餐具的作用。

2 素食养生宴会的环境氛围设计

（1）宴会灯光设计：宴会主办者希望素食养生宴会不要举办成普通会议餐，要有一定的娱乐性，因此在灯光上采用了新型的数字灯光系统和全息影像系统，让宾客有多媒体数字特效视听的体验。

为配合全息影像的特效，宴会全场灯光较暗，各种舞台灯光变化较多。

（2）舞台及主题文化设计：舞台LED定屏播放宴会主题相关内容，同时也在宴会间隙循环播放与素食养生相关的视频资料。

宴会厅利用墙面、立柱张贴悬挂素食品厂家的宣传资料及素食品菜点图片。

（3）背景音乐设计：背景音乐设计考虑大众化需求，以优雅温馨的风格和大众熟知的流行曲目为主，如萨克斯曲《回家》《茉莉花》，钢琴曲《致爱丽丝》《秋日私语》，小提琴曲《天空之城》《此情可待》等。

二、素食养生宴会台面设计

（一）素食养生宴会台面分区设计

本次宴会的台面设计分为两个部分，一是菜点陈列与烹饪餐桌台面设计，二是宾客就餐餐桌台面设计。

（二）素食养生宴会台面设计原则

1 实用功能与艺术效果兼容原则　素食养生宴会的台面设计多以实用型为主，由于本次宴会优质而明确的主题性，因此要把握实用功能与艺术效果兼容的原则。例如，陈列食品和烹饪的餐台以实用型为主，桌面为大理石和不锈钢等材料，无须点缀，只需配齐菜点所用菜夹、菜勺等即可，但是在台面背景设计上就选择主办方的产品图片和泡沫雕刻作品作为装饰物。在就餐桌只摆放了龟背竹叶片作为垫盘，而没有摆放其他餐具和酒具，这也是出于实用性原则的考虑。

Note

② 主题突出原则 素食养生宴会自身具有鲜明的特色，但是仍需要在台面上将素食产品独特的魅力予以展现。因此在台面设计时，大量地使用蔬菜、素食品的卡通图片和雕刻作品等为点缀背景。同时在餐位上摆放的《素食养生图册》再次强化主题。

（三）素食养生宴会具体台面设计

① 就餐餐桌台面设计 就餐餐面台面铺放白色台布，围以淡黄色桌裙，餐桌摆放牙签和纸巾等公共用品，餐厅共设有4人台、6人台和10人台多种台面，每个餐桌上用一片龟背竹叶片作为餐位垫盘，起到了餐位定位和餐桌美化的作用。

② 菜点陈列与烹饪餐桌台面设计 在菜点陈列与烹饪餐桌台面上设计了一个四季物产的主干线，依据四季的不同物产进行陈列，在这个设计上打破了传统的自助餐分为冷菜、热菜、主食的餐台设计理念。

餐台中心和背景大量使用新鲜蔬菜、瓜果、菌菇制作展示台中心装饰物，并使用泡沫雕、冰雕和糖艺作品装饰台面，在热菜的最中心处是一个巨大的泡沫雕蘑菇群和几只活泼的小兔子。

三、素食养生宴会菜单、酒水设计

（一）素食养生自助餐宴会菜单设计

① 素食养生宴会菜单设计原则

（1）营养搭配科学合理原则：素食宴会的设计要在营养搭配上进行综合考虑，避免出现营养单一或营养倾斜的现象，因此不仅要在菜点的分量上予以设计，还需在热量以及营养成分的全面性上加以考虑。

（2）主题突出整体协调原则：宴会主题是素食养生，因产品为素食厂家提供，所以要考虑厂家的产品体系是否能够支撑本次宴会，可以适度搭配其他素食原料，使宴会的整体产品体系均衡，避免因产品不够全面而导致宴会的整体体验满意度下降。

（3）烹饪的美味美观原则：对于素食的菜点设计上遵循美味与美观并存的原则，对于素食的烹饪技术和方法运用要有独特的烹饪技艺作为支撑，设计菜单时不仅是要设计食材和菜点组配，还要在烹制方法以及菜点形式、装盘技巧、风味特色等方面进行全体系设计，才能够起到组配成宴的良好效果。

② 素食养生宴会菜单设计方法

（1）素菜荤做进行设计：对于素食的制作，可以在口味、造型、名称、工艺等方面进行与荤菜同样的技术环节设计，使得素食在口味和形式上都与荤菜相接近，甚至会优于荤菜。

（2）小吃变大菜进行设计：小吃具有独特的风味特色，加以规范化设计和技术提升，同样可以成为宴会的佳肴。例如“油泼菠菜面”为陕西小吃，本宴会将其面条工艺及制作方法进行重新设计，使这一地方小吃成了宴会的特色产品。

（3）广选食材进行设计：素食的食材范围非常广泛，且各具特色。宴会充分调研市场，选择各类素食食材，利用不同食材的风味优势，形成了本次宴会的整体风味特色。素食养生宴会在菜单设计上广泛选取蔬菜、珍菌、水果、坚果、人工合成素食等多样食材，形成了具有主题突出、特色鲜明、实用性强等特征的素食宴会新模式。

（4）运用多样烹饪技术进行设计：在素食的烹饪技法选择上，本次宴会更加大胆地尝试了铁板烧、麻辣卤等各种技法，使得各类素食焕发了别样的生命力。素食养生宴会菜单如图4-2-7所示。

图 4-2-7　素食养生宴会菜单

（二）素食养生宴会酒水设计

❶ 素食养生宴会酒水设计原则

（1）以满足宾客需求为原则：宴会的酒水搭配主要在于饮品的搭配，宴会没有选择含酒精的饮品，以茶饮和果汁为主，这是按照主办者的要求而进行设计的，所以满足宾客的需求是素食养生宴会酒水设计必须遵循的原则。

（2）突出宴会主题为原则：宴会的主题是素食养生，在酒水的搭配上也要以养生这一主题作为设计的原则，在具体品种的搭配上要选择与养生文化相关联的，如多种果汁和酸奶等。

❷ 素食养生宴会酒水搭配设计　素食养生宴会以养生为主题，在饮品搭配上也与主题相呼应，以茶饮和果汁为主，以起到全面养生的作用。素食养生宴会酒水单如图 4-2-8 所示。

四、素食养生宴会服务与安全设计

（一）素食养生宴会服务设计

❶ 素食养生宴会开始前准备工作

（1）按照宴会主题进行场地布置：在宴会开始前 3 h，对宴会厅进行场地布置，因菜点陈列和烹饪餐桌台面装饰已由企划部完成，所以只需对就餐餐桌台面进行布置，并对菜点陈列和烹饪餐桌台面进行部分点缀和配置共用餐具等。

（2）素食养生宴会的服务准备：开餐前 1 h 与主办方核对素食养生宴会流程及变更内容，组织服务例会，将素食养生宴会主办方要求及服务注意事项予以传达，会后对宴会厅进行餐前检查。

（3）素食养生宴会的菜点陈列餐台布置：在开餐前 2 h 在菜点陈列餐台摆放盛装食物的固定器皿，正式开餐前 30 min，将食物摆放至固定位置，并核对菜点名称是否与实物相符。

（4）素食养生宴会的酒水餐台准备：在开餐前 2 h 摆放饮品的固定器皿，正式开餐前 30 min，将饮品摆放至固定位置，并对各类饮品进行装杯，有需要保持低温的，保持冰镇状态和温度，同时核对

图 4-2-8　素食养生宴会酒水单

饮品名称是否与实物相符。

❷ 素食养生宴会服务流程

（1）迎宾并引领宾客寄存衣物：迎宾员与主办方代表站立在门口引领宾客入场，统计宾客人数，但要注意不要让统计声响打扰到宾客，其他人员按照工作分配在规定的位置站好，并与来往的宾客微笑示意问好，并及时帮助宾客到衣物寄存处办理寄存手续。

（2）引领宾客进入宴会厅：引领宾客进入宴会厅，按照计划好的座位图引领入位。

（3）宴会开始提供席间服务：

①主办方进行主题发言后，宾客们可以自由选餐。

②嘉宾分享素食养生经验。

③服务人员引导宾客尝试 DIY 产品制作。

④服务人员不间断进行饮品与清台服务。

⑤席间会通过全息影像系统不间断播放素食的自然生产和加工视频，还有中外食用素食的名人照片。

（4）素食养生宴会收尾服务：

①本次宴会进程为 90 min，在主持人宣布宴会结束时，部分服务人员快速撤离服务区在餐厅门口列队欢送宾客。

②迎宾员及时引领宾客到达衣物寄存处拿取衣物。

③服务人员清理场地、餐具及剩余的食物和饮品。

❸ 素食养生宴会服务设计关键控制点

（1）席间注意及时清理餐桌和餐台上所放置的空餐盘和使用后的牙签、纸巾、空酒杯等。

（2）在服务过程中要避免与宾客发生碰撞，拿取食物或饮品时餐盘需向内紧贴身体避免碰撞后发生滑落事故。

（3）本场宴会席间增加了宾客 DIY 互动环节，服务人员应提前准备好 DIY 所需要的原材料，必要时可以协助宾客完成菜品制作。

（二）素食养生宴会安全设计

素食养生宴会是一个自助餐宴会，在安全设计中主要包括四个方面：一是人员安全，二是设施设备安全，三是服务安全，四是食品安全。

❶ **素食养生宴会人员安全**　首先在人员安全方面划定了取食动线隔离带，以防止人员穿插导致拥挤事故。同时对自助餐厅进行了分区管理，活泼的小朋友总喜欢跑来跑去、行动不便的宾客希望更加方便地拿取食物，针对宾客不同特征安排合适的位置。

❷ **素食养生宴会设施设备安全**　在菜点设计中“玉米面煎饼”是一道 DIY 模式的主食，因此要求设备在保证可以将食材烹饪成熟的基础上也需要保证宾客的安全，因此在煎饼机旁特意摆放了玉米面煎饼设备操作指南。

❸ **素食养生宴会服务安全**　在服务安全方面则要求服务人员及时清理台面的餐具和酒具等，防止因堆积而导致破碎的事件发生。

❹ **素食养生宴会食品安全**　在食品安全方面主要是加强了食品提前加工的控制和现场加工食物的安全检查和督导工作，重点是食物的预制加工必须保证是在当日完成。

单元三　地域民族特色主题宴会设计

单元描述

本单元为地域民族特色主题宴会设计的实例介绍，将通过对民族传统文化、地域特产食材等为主题展开宴会设计，在宴会设计时为使宴会符合现代饮食消费的习惯，避免菜点构成营养不均衡，特意对菜点进行了改良设计，但又不失原有地域民族文化的特色，同时也与现代餐饮酒店业的经营紧密衔接，在环境设计、摆台设计、服务设计等方面也力求做到民族文化与现代服务兼容。

本单元宴会着重设计了中国饮食史上可与满汉全席媲美的诈马宴和极具地域特色的全羊席，二者在食材上有一定的相似性，但是在餐制上却截然不同，诈马宴采用蒙元时期一人一桌的分餐制，全羊席则是传统的围餐制。两个宴会的相同点是都非常注重环境氛围的营造和主题文化的突出，因此在服务上也都根据环境布局的不同做出了大幅度的全新设计。

通过此单元的学习，学生可更全面地了解我国丰富多彩的民族饮食文化，并可学习如何古为今用地发扬、善用民族文化，使民族文化大放异彩。

单元目标

1. 能够了解并运用地域民族文化的独特魅力。
2. 掌握地域民族特色主题宴会菜单设计、酒水设计、台面设计、服务设计、环境设计、安全设计的方法。
3. 培养学生思考的能力，使学生具备挖掘地域民族文化更深层次意义的能力。

知识准备

1. 了解中国各民族的传统文化。
2. 了解各地域的物产特色。
3. 了解各类主题宴会的商业用途。

知识拓展
4-3-1

实例一　全羊席设计实例

全羊席是以吉祥的羊的文化为背景，以全羊菜点为宴会主体的一次面对旅游消费者的特色宴会。

全羊席是中国传统的名宴，菜式有108道之多，为能够达到突出宴会文化，又能够突出地域饮食特色，同时结合现代人的饮食消费习惯，全羊席将传统的全羊席进行了精选，利用羊的不同部位制作出了一套全羊系列的菜点，并搭配了蔬菜和谷物等食材，浓缩而成了只有18道菜的现代版全羊席。

宴会中不仅有全羊菜点的呈现，还有羊的文化的诗歌朗读助兴，更有《三阳开泰》《百羊图》书法字画作品的拍卖活动，还有系列羊肉产品、羊绒制品的现场促销等活动。

全羊席举办时还对宴会厅进行了以羊的文化为主题的文化布景，使消费者在品尝美味佳肴之余，领略了中国传统文化的博大精深。全羊席菜点如图4-3-1所示。

图4-3-1　全羊席菜点

以内蒙古某公司为答谢全国优质经销商而在草原上最美好8月份举办的一场200人参加的盛大全羊席为例进行描述。

一、全羊席环境设计

❶ 全羊席环境的功能格局设计

（1）功能区域设计：宴会厅选用草原旅游景点超大型蒙古包，现场设计有迎宾待客区、衣帽寄存间、备餐区、就餐区、表演区、烹饪区、贵宾区、特色产品售卖区等区域。

其中在宴会厅入口处左右两侧各开辟出两个100 m² 专区，一个为羊文化宣传区，另一个为该公司本年度的最新产品和下年度的概念产品陈列区。

蒙古包内搭建了100 m² 的大型舞台，用以表演节目和进行产品推广走秀。

（2）餐桌台型设计：为方便就餐者观看节目和服务人员工作便利，餐桌呈扇面形分为A、B、C、D、E五个区，每个区纵向排列4桌，每个区域设置一个小的服务备餐区，用于进行酒水和菜点服务。

（3）其他功能设计：因宴会有拍卖流程，所以在宴会厅入口处设置了拍卖字画的展示区，该区域也有拍卖品的打包和收银功能。

❷ 全羊席的环境氛围设计　宴会厅的舞台是场地内的核心关注点，在设计上突出中国的“羊文化”要素，舞台装饰品使用多种羊造型。

宴会背景音乐为民乐合奏《喜洋洋》《五哥放羊》《牧羊曲》等乐曲循环滚动播放。

LED大屏滚动播放“羊文化”相关的视频素材，以百羊图作为宴会主题定屏。

宴会厅整体风格既保留了原有的民族风装饰风格，又经过特意设计增加了淡蓝、淡绿的流行色。

在宴会厅四周的墙壁上张贴了多幅以羊为题材的剪纸、年画、版画、装饰画、书法作品，烘托“全羊席”以及“羊文化”的特色和艺术魅力。

在贵宾区内的博古架上摆放了羊骨制作的图腾和生肖制品、羊形或羊纹陶艺泥塑制品、羊主题

雕刻作品、面塑作品等摆件，营造“羊”无处不在的气氛。

二、全羊席台面设计

（一）全羊席台面设计原则

❶ 突出宴会主题文化原则 全羊席的台面设计围绕羊的吉祥文化展开设计，在摆台及装饰物的元素选取上，尽可能多地选择与羊文化有关联的产品，在图案等符号的选择上也向羊文化倾斜，从而形成浓重的羊文化氛围。

❷ 方便服务与就餐原则 在全羊席的台面设计上，要考虑餐具的件数以及装饰物的大小规格，要为后期的上菜服务留有空间，以避免发生服务事故。

（二）全羊席的具体台面设计

❶ 布草餐具设计

（1）布草设计：全羊席台面选择绿色丝绸为台布，上面覆盖白色印有云朵团纹的台布作为桌心布。口布折花主人位选择象征尊贵地位的迎宾桂冠造型，副主人位选择莲花造型，其余宾客位为帆船造型，寓意一帆风顺，友谊长久。

（2）餐具设计：餐具选择墨绿色12寸大垫盘，盘边为金色五羊图花边，其余餐具选择白色镂空釉系列骨器，筷架为淡青色羊头造型，餐桌的牙签筒、纸巾盒、盐罐等均由不同造型的羊图案设计而成，尤以“领头羊”造型的纸巾盒最为突出。

❷ 餐台美化设计 餐桌中心为以乳白色发光灯柱，灯罩为乳白色硫酸纸，灯罩印有一百个不同书法字体的“羊”字，灯柱下端摆放有盐雕“三羊开泰”装饰品。

全羊席的菜单为折扇手写书法字体，每桌每人一份，就餐者可以在餐后带走作为纪念品。

三、全羊席菜单、酒水设计

（一）全羊席菜单设计

全羊席菜单在设计上遵循中国传统宴客礼仪，在菜单格局上设计了开胃干果、餐前小菜、凉菜、热菜、点心、主食、汤粥等菜点，在传统全羊席的菜单上加入了创新元素，在营养搭配上避免了原料单一，在口味和菜点形式上更具有多样性，在菜点的名称的制定上运用了寓意名称与写实名称相结合的手法，对于原料的处理技术更是挖掘了厨师的精湛技艺，将羊的各个部位特性予以发挥，整桌宴会体现了中国烹饪艺术的独特魅力。

❶ 全羊席菜单设计原则

（1）继承与创新兼容原则：全羊席是中国烹饪的完美结晶，本宴会在总结传统全羊席菜单的基础上，遵循继承与创新兼容的原则，精选了能够满足现代消费者饮食需求的，并且方便制作与销售的产品进行革新，再搭配各地域风味的羊肉经典菜品及创新羊肉菜点组合成宴。

（2）营养搭配科学合理原则：全羊席为避免使用一种主料而造成的营养不均衡，采用了大量辅料搭配来起到均衡营养的作用，从而实现宴会菜点的营养科学合理。

（3）菜式丰富整体协调原则：全羊席因只使用一种主料，为避免形式上的单一化，需要遵循丰富性的原则，所以通过调整菜点的口味、口感等方法，以达到宴会产品丰富、特色鲜明、变化多样的效果。

❷ 全羊席菜单设计方法

（1）继承传统全羊席精髓进行设计：全羊席菜单设计有一部分菜品是完全继承了传统全羊席的菜品，如“香糟烧猩唇”等，有些则是模仿了近年来的一些全羊席创新菜点，如“玲珑爆虾球”等，所以本宴会是在继承的基础上进行设计的。

(2) 全羊细分进行设计：通过更加细分化的全羊分档取料方法，获得了不同质感和特色的食材，加以独特烹制，便有了不同风味的全羊菜点，如“麒麟育子”“红烧鹿尾”等。

(3) 口味多样化进行设计：全羊席菜单在口味上力求丰富，除了常见的咸鲜味以外，更是添加了麻辣、椒麻、奶香、五香等多种味型，使宴会变得丰富多彩。

(4) 配料多样化进行设计：在菜单设计时考虑到只以羊肉作为主料会让宴会有食材单一的感觉，因此几乎每道菜都采用围边、镶酿、拼配等多种形式进行了组合，从而使得宴会体现出了食材多样、营养丰富、口感纷呈的特点。

(5) 形似多样化进行设计：全羊席在菜单的格式上参照中国传统大宴菜单格式设计组合而成，分为席前干果、餐前小菜、凉菜、热菜、点心、主食、汤粥等多个模块，模块间既有关联又各具特色可独立分割，从而形成了全羊席严谨而又多样化的特点。全羊席菜单如图 4-3-2 所示。

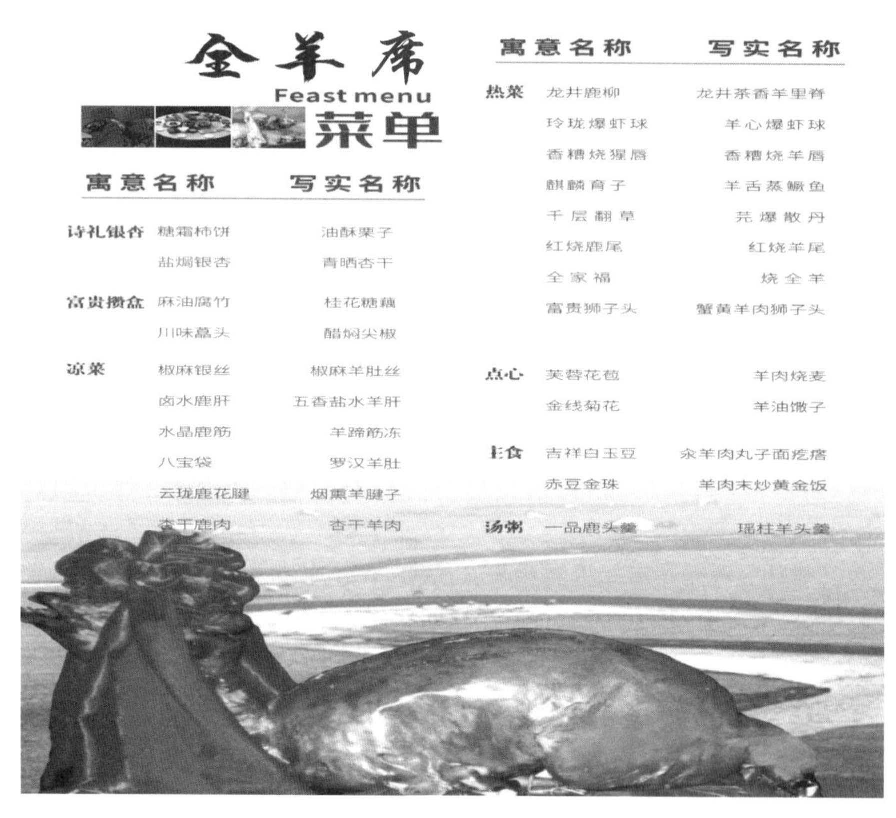
全羊席
Feast menu
菜单

	寓意名称	写实名称
诗礼银杏	糖霜柿饼	油酥栗子
	盐焗银杏	青晒杏干
富贵攒盒	麻油腐竹	桂花糖藕
	川味蒜头	醋焖尖椒
凉菜	椒麻银丝	椒麻羊肚丝
	卤水鹿肝	五香盐水羊肝
	水晶鹿筋	羊蹄筋冻
	八宝袋	罗汉羊肚
	云珑鹿花腱	烟熏羊腱子
	杏干鹿肉	杏干羊肉
热菜	龙井鹿柳	龙井茶香羊里脊
	玲珑爆虾球	羊心爆虾球
	香糟烧猩唇	香糟烧羊唇
	麒麟育子	羊舌蒸鳜鱼
	千层翻草	芫爆散丹
	红烧鹿尾	红烧羊尾
	全家福	烧全羊
	富贵狮子头	蟹黄羊肉狮子头
点心	芙蓉花苞	羊肉烧麦
	金线菊花	羊油馓子
主食	吉祥白玉豆	汆羊肉丸子面疙瘩
	赤豆金珠	羊肉末炒黄金饭
汤粥	一品鹿头羹	瑶柱羊头羹

图 4-3-2 全羊席菜单

(二) 宴会酒水设计

❶ 宴会酒水设计原则

(1) 与宴会文化主题保持一致性的原则：全羊席是吉祥羊文化的转换体，菜式风格多为西北风味，在酒水的选择上也有目标地选择了西北风味的酒水进行搭配，从而达到文化整体上的协调一致。

(2) 与菜肴风味保持一致性的原则：宴会的菜点风味多为浓厚的西北风格，在酒水设计时选择了风味醇厚的河套老窖陈酿等，在茶饮的搭配上也是选用了铁观音和普洱等半发酵和全发酵茶品。

❷ 宴会酒水搭配设计 宜搭配与羊肉风味近似的酒水，同时考虑到大量食用羊肉需要及时消化，特别设计了安化黑茶和苏打沙棘汁，用以解腻去膻、实现羊肉营养的完全转化。全羊席酒水单如图 4-3-3 所示。

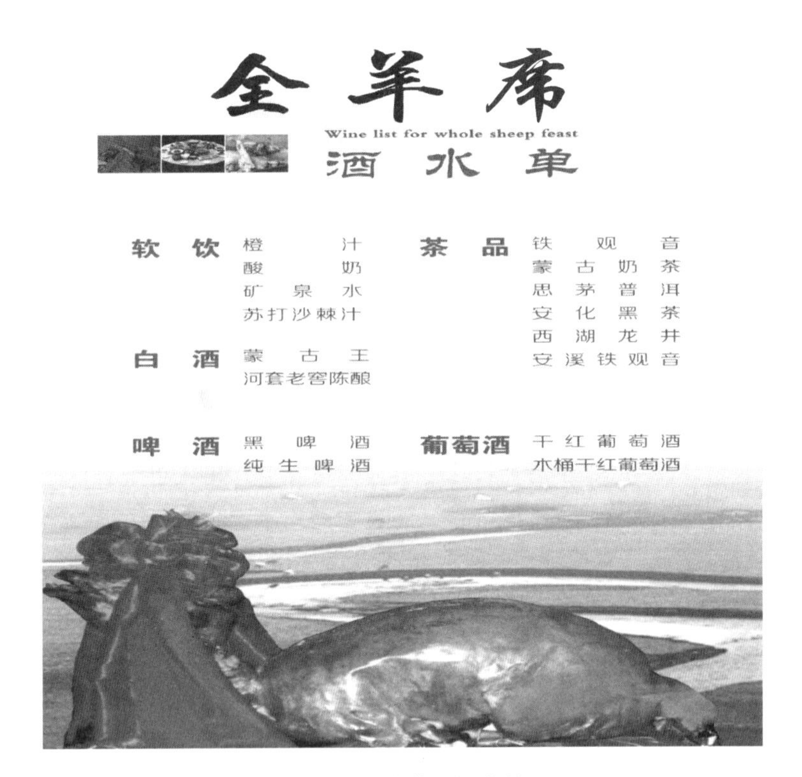

图 4-3-3　全羊席酒水单

四、全羊席服务与安全设计

（一）全羊席服务设计

全羊席以“祥”为旨、以“羊”为宴，意在发挥“羊”文化对饮食文化的影响，整场宴会特色鲜明、服务流程细致周到，与主题文化形成了完美的互动。

❶ 全羊席开始前准备工作

（1）按照宴会主题进行场地布置：在宴会开始前一天对宴会场地进行布置，重点是环境布景及餐桌餐椅摆放。宴会开始前 3 h，对餐桌进行布草及餐桌美化装饰，并进行餐具摆放、菜单陈列等工作。

（2）全羊席的服务准备：开餐前 1 h 与主办方核对宴会流程及变更内容，组织服务例会，将宴会主办方要求及服务注意事项予以传达，会后对宴会现场进行餐前检查。

（3）全羊席的酒水准备：在开餐前 1 h 将宴会所用酒水摆放在备餐柜及餐桌上，并对啤酒和酸奶等进行冰镇，冰镇温度需控制在 15 ℃左右。

（4）全羊席菜点所需调味料准备：开餐前 30 min 将宴会菜点所需的调味料准备好，凉菜需要摆放至桌面，并调整好位置，避免同色菜点相近摆放，调味料需要放置在备餐柜上，随菜点上桌。

❷ 全羊席服务流程

（1）迎宾并引领到达宴会厅：迎宾员与主办单位迎宾人员站立在门口引领宾客进入宴会就餐区，宴会前已将各桌人员固定位置示意图打印好，并为每一位宾客送上宴会定制“小羊”伴手礼做纪念，服务人员要根据宾客的固定桌号引领入座位。

（2）为宾客做餐前服务：宾客落座后，须将宾客的衣物挂在衣架上，并为宾客铺好口布，随即奉上蒙古奶茶，同时要调整同桌人员的座位松紧度，如果有左手用餐人员，要合理安排邻近的座位。

需征求宾客意见需要何种酒水，并完成斟倒工作。

（3）宴会开始提供席间服务：

①主办单位代表致欢迎辞。

②嘉宾上台致辞，讲话后开始上热菜。

③主持人介绍公司新推出的产品。

④宴会期间进行歌舞表演、诗歌朗读，服务人员保持上菜和酒水服务。

⑤公司新产品走秀。

⑥公司为宴会准备了羊文化书法字画作品拍卖，拍卖收入将捐献给内蒙古荒漠地区用于治沙防风、巩固水土等公益事业，在拍卖期间，服务人员须引领中拍人员前往付款处结算，并为宾客将作品打包好。

（4）全羊席收尾服务：

①本次宴会进程为 2 h，在宴会主办单位代表宣布宴会结束时，服务人员需协助宾客起身，并为宾客递送衣物，同时提醒宾客带好随身物品，部分服务人员在餐厅出入口处列队欢送宾客。

②服务人员清理场地、餐具，协助宾客将剩余的食物和酒水带走。

③收银员完成结账，结账前需核对有无餐具损失等情况出现。

（二）全羊席安全设计

❶ 全羊席人员安全设计 因参加宴会人员较多，所以对于人员安全的设计至关重要，尤其要注意避免人员拥挤和地面防滑，为此酒店特别在关键地方安排了服务人员进行人员疏导。

❷ 全羊席的设备安全设计 宴会厅需保证空气流通，并需对空气湿度与室内温度做特别要求。要求室内温度设置为 23 ℃，湿度为 50%～60%，并保持通风良好。

❸ 全羊席服务安全设计 全羊席是极具特色的宴席，在宴会的安全设计上主要服务安全的管理，由于羊肉菜肴在常温下容易发生脂肪凝固、肌肉发硬、膻味加重的现象，所以本宴会所有热菜的餐具均为加热保温餐具，尤其是“烧全羊”这道菜采用特制全羊形砂锅盛装，上桌后还有在砂锅盖上浇淋花雕酒并点燃的仪式，同时在砂锅底部也有酒精炉在加热，所以此菜的服务安全尤为重要，首先是对服务人员进行了多次培训考核，再就是在奉上此菜时提醒宾客就餐注意安全，并且有一名服务人员协助上菜的服务人员进行餐桌维护工作。

知识拓展

4-3-2

实例二 诈马宴设计实例

现代版诈马宴是根据蒙元文化的记载，结合现代健康饮食消费理念，以蒙古族历史文化为背景，以蒙古族历史上著名的蒙古八珍为基础，以蒙古族歌舞表演和民族文化礼仪贯穿宴会始终设计而成。

诈马宴在进行宴会菜单设计时，以蒙古族先白食、再红食的进餐饮食习俗顺序为设计标准，结合现代民族歌舞演艺，采用分餐制的模式进餐。宾客在进餐时是单人单桌，所有菜点均为单人的小份制，在进餐顺序上是每表演一个歌舞节目之后方可上一道菜，菜点全部上齐之后会预留一部分宾客自由交流的时间。

诈马宴共分为三个乐章进行，每个乐章又分为若干个小环节。

第一乐章是迎宾仪式：

在此环节前宾客需统一换好特制的质孙服，根据男女不同和年龄不同以及宾主关系会有不同的服饰，之后才可以统一列队开始欢迎仪式。欢迎仪式上，宾客要接受主人敬献的马奶酒，并品尝奶食品，然后按照设计好的座次顺序落座。

第二乐章是宴会正餐活动：

在此乐章曲进行时要先由主持人邀请主人方的尊贵长者宣读成吉思汗的祖训（图 4-3-4），再由主人致欢迎辞，接下来就是按照歌舞节目与菜点的组合顺序进行正式宴会，在此环节中最重要的环节就是要为宴会的主菜烤全牛或者烤全羊进行剪彩（图 4-3-5），可由主人邀请最尊贵的宾客进行剪

彩、讲话、祝福、敬酒等活动。

诈马宴采用单人单桌的分餐制就餐形式，席间每上一道菜就进行一个蒙古族歌舞节目的表演。因诈马宴准备工作较为烦琐，且涉及部门较多，所以本宴会为一次性销售，并设最低消费额度和最低就餐人数标准。

图 4-3-4　宣读成吉思汗祖训

图 4-3-5　诈马宴主菜剪彩

第三乐章是欢送宾客：

此乐章的进行是在歌舞表演已经结束，所有菜点已经上齐，宾客之间已经充分地进行了交流之后才开始，采用的方式为主人邀请宾客在全体演职人员的伴唱下进行围绕篝火的跳舞活动（图 4-3-6），之后就可以由主持人宣布本次诈马宴正式结束。

2008 年某跨国银行召集亚太地区的行长及相关负责人，举办了一场主题为“盟”的诈马宴，与宴人数为 30 人，下面为本次诈马宴会的设计方案。

图 4-3-6　邀请宾客跳舞

一、诈马宴环境设计

❶ 诈马宴环境格局设计

（1）功能分区设计：诈马宴宴会厅为具有鲜明的蒙古族特色的宫廷式、超大型蒙古包建筑，整体建筑内部为圆形宴会厅。

宴会厅设计有迎宾甬道、衣帽存取间、更衣室、化妆间、照相区、备餐区、演职人员候场区、就餐区、表演区、休息区等区域。

本次诈马宴接待 30 位宾客赴宴用餐，就餐区空间设计为 400 m^2 左右，表演区域为 80 m^2 左右。

（2）餐桌台型设计：宴会厅正中设置为表演区，宾主环坐在宴会厅四周，桌与桌之间呈鱼鳞状，整体为圆圈台型散开。因诈马宴为单人单桌的分餐模式，每张桌子长为 100 cm、宽为 80 cm，为形成安全动线，所以在空间上要大于常规的宴会场地面积。

（3）其他功能设计：诈马宴菜点均为分餐式，所有菜点的上菜与撤换盘碟餐具的数量都较大，且有些菜点需要在现场附近进行组合装盘，因此需要设计一个能够为菜点加热保温且空间够大的备餐区。

❷ 诈马宴环境氛围设计

（1）环境灯光设计：诈马宴灯光设计根据宴会的进程及内容要求，主要分为三个部分：第一个是亮光区域，即更衣室、化妆间等区域，使用日光灯；第二个是暗光区域，即宾客落座就餐的区域，使用壁灯和蜡烛；第三个是舞台表演区域，使用可变舞台灯光系统。

（2）舞台及主题文化设计：诈马宴是衣饮宴会，不论在内容安排上，还是在时间节奏上，以及收取费用方面，歌舞表演与饮食处于同等重要的地位，所以舞台的设计显得尤为重要。

由于在宴会过程中有多种节目以舞蹈形式出现，还有与宾客互动的场景，所以舞台与就餐区需保持水平位置，舞台有各式吊顶，但是无背景，舞台中央也没有固定道具，可根据需要摆放火盆等。

宴会厅四周的墙壁及立柱上悬挂了各式民族生活用品和工艺品等，根据主办单位的要求在餐桌最外围和舞台中央上方，悬挂和竖立了写有“盟”字的蓝色缎面大旗。

(3) 背景音乐设计：诈马宴背景音乐选择蒙古族古风音乐，其他节目音乐依节目内容而定。

(4) 窗帘布草设计：为突出宴会舞台艺术效果，使用了墨绿色绒布窗帘，以起到遮光的作用。在窗帘上部垂吊了禄马风旗作为布艺装饰。

二、诈马宴台面设计

（一）诈马宴台面设计原则

❶ 实用功能与文化艺术效果兼容原则 诈马宴的台面为单人分餐台面，在设计上既要考虑能够突出隆重的宫廷文化宴会场景，又要根据现代餐饮消费需求，满足服务功能要求，因此要遵循实用与艺术兼容的原则。

❷ 体现菜点特色原则 诈马宴的台面摆台餐具和装饰物等件数较多，在器皿的选择和摆放的先后顺序及位置上要为菜点提供服务。

（二）诈马宴具体台面设计

诈马宴台面设计有别于传统围餐宴会的设计，要完全按照分餐制上菜来设计餐具，因此台面所需用面积是常规宴会的2倍。

❶ 餐具布草设计

(1) 布草设计：餐桌使用金黄色滚龙团纹刺绣棉布作为台布，口布为金黄色镶淡蓝色双线花边，使用紫金色镂空口布圈。

(2) 餐具设计：诈马宴整套餐具均为定制，为白色釉中彩骨瓷，描有金顶大帐蒙古包图案。餐桌陈列物品包含食品级餐具共计30件，共分为三层陈列。第一层为靠近就餐者的垫盘、骨碟、毛巾托、茶杯、筷架、汤碗、奶茶碗、筷子、勺子、蒙古刀、餐叉、餐前冷盘等；第二层在第一层上方，内容为红酒杯、白酒杯、啤酒杯、饮料杯、马奶酒碗、味碟、席珍、节目单、开胃小菜等；第三层为最上方，内容为名签、马头琴工艺品桌签立架、纸巾筒、蜡烛、小火锅架子等。详细内容如表4-3-1所示。

表 4-3-1 诈马宴摆台餐具及食品内容

品种	名　称	数　量
食品	白食（奶豆腐、奶皮子）小拼盘	1份
	茶食（黄油饼、粿条、酸奶饼）小拼盘	1份
	开胃小菜	1份
	餐前冷盘	1份
酒水	红酒	1/3杯
	马奶酒	1碗
	白酒	1杯
酒杯	饮料杯	1个
	啤酒杯	1个
菜单	席珍	1份
	名签	1张
	桌号牌	1个
	节目单	1份

续表

品种	名　　称	数　　量
备品	热毛巾	1块
	纸巾筒	若干
	蜡烛(表演节目时会关掉主灯)	1支
	蒙古刀	1把
	镀银餐叉	1把
	奶茶碗	1个
	马头琴工艺品桌签立架	1个
	红木镶嵌牛骨筷子	1双
	牛骨镀银勺子	1把
	毛巾托	1个
	垫盘	1个
	骨碟	1个
	汤碗	1个
	味碟	1套
	茶杯	1套
	马鞍形筷架	1个
	小火锅架子	1个

❷ 餐台文化设计　诈马宴的餐椅也是台面设计的一部分,要求使用蟠龙雕花扶手座椅,并搭配黄色面料靠垫和坐垫。

三、诈马宴菜单、酒水设计

(一) 诈马宴菜单设计

❶ 诈马宴菜单设计原则

(1) 尊重民族饮食习惯原则:在菜单的格式上遵循蒙古族先白食而后红食的饮食习惯,并考证了相关书籍关于诈马宴的资料记载,按照传统民族饮食习俗进行了宴会设计。

(2) 不断创新原则:诈马宴为蒙元时期的宴会,饮食风格与现代进餐习惯有一些不同,因此需要在饮食产品以及酒水搭配上,根据现代饮食思想进行变革,所以有些菜点使用了传统原料但在展现形式上进行了创新性设计。

(3) 菜点与歌舞结合原则:诈马宴的歌舞表演与上菜节奏浑然一体,每上一道菜就有一个节目进行表演,因此要做到菜点与节目的配合,不能因为上菜服务而影响节目表演,而主菜烤全羊则是菜点与演艺节目的完美结合,通过现场献哈达、敬酒、剪彩等一系列文艺礼仪环节将一道菜品推向了礼仪的最高境界。

❷ 诈马宴菜单设计方法

(1) 古为今用进行设计:诈马宴菜单是以元代蒙古八珍食材为基础,结合蒙古族饮食习惯,参照《饮膳正要》等烹饪古籍设计而成,在设计过程中也加入了现代消费者普遍接受的一些食材。因为都是分餐制,所以在菜点的形态上都予以全部创新,使宴会菜点既有蒙元文化的古韵,也符合现代饮食消费习惯。

(2) 挖掘地域食材进行设计:内蒙古地域广阔,物产丰富,诈马宴菜单设计充分利用这一优势,灵活运用各类特产食材,如既选择了内蒙古西部地区的苁蓉,也选择了中部地区的瓜果,还有东部地区的白蘑,而这一条食材选择线跨越2000多千米。

(3) 结合现代人健康饮食理念进行设计:诈马宴菜单在菜点投料量上做到精准施料,以人均

500 g净料为标准设计，在口味上除了咸鲜味以外也加入了甜味、微辣味等多样味型，在营养结构上将蔬菜素食作为配料巧妙地与主菜进行组配，从而形成了较为全面的营养结构。诈马宴菜单见图4-3-7。

图 4-3-7 诈马宴分餐菜单

(二) 诈马宴酒水设计

❶ 诈马宴酒水设计原则

(1) 与宴会主题文化一致性原则：酒水在诈马宴的运行环节中多次以非常重要的角色出现，宾客到来时要先喝马奶酒，在烤全牛或烤全羊剪彩时要同饮结盟酒，宴会结束前还会共饮一杯酒，所以在酒水的设计时要在品种及风味上与宴会主题文化保持一致。

(2) 与宴会档次一致性原则：诈马宴是蒙元时期的宫廷大宴，在酒水的选择上要与宴会的档次保持一致，不可选择太普通的酒水，否则会失去宴会的高贵风格。

❷ 诈马宴酒水搭配设计 诈马宴的酒水设计全部以内蒙古的特产酒水饮品为基础设计，注重品类齐备和酒与菜的搭配，使宴会的文化氛围愈加浓重。诈马宴酒水单如图 4-3-8 所示。

四、诈马宴服务与安全设计

(一) 诈马宴服务设计

❶ 诈马宴开始前准备工作

(1) 宴会开始前一天，对宴会厅进行环境布景和桌椅台型进行摆放。

(2) 宴会开始前 3 h 准备衣帽间的衣架及衣物寄存登记卡等物品，检查服装分类和熨烫质量。

诈马宴酒水单

Wine list of horse feast

啤　酒	纯生啤酒
红　酒	干红葡萄酒
白　酒	蒙古王白酒
软　饮	矿泉水　老酸奶　沙棘汁
马奶酒	原酿马奶酒
茶　品	奶茶　山茶　陶高奶茶　果茶

图 4-3-8　诈马宴酒水单

(3) 宴会开始前 2 h，服务人员与演职人员全部就位，更换服装、检查音响设备，并摆放台面所需的餐具及菜单等。

(4) 宴会开始前 1 h，准备迎宾所用的马奶酒和奶食品等，与主办方确定宴会流程有无更改，组织服务流程例会。

(5) 宴会开始前 30 min 将白食、茶食、凉菜等摆放在台面上，进行餐前检查，主要检查餐具数量和卫生状况。

(6) 宴会开始前 15 min 全体演职人员及服务人员列队形成甬道，做好迎接宾客的准备。引领宾客入座并提供酒水服务。

❷ 诈马宴服务流程

(1) 第一乐章：迎宾仪式。

①全体演职人员及服务人员手捧哈达在迎宾甬道列队相迎宾客，并请宾客品尝马奶酒、奶皮子等白食。

②邀请宾客更换质孙服，并为宾客办理衣物寄存服务。

③在宴会厅门口演职人员列队唱起歌曲欢迎宾客入场，并为宾客敬献哈达，服务人员根据宾客姓名引领入座。

④服务人员为宾客斟倒奶茶，也可斟倒清茶，并礼让宾客品尝奶食品和茶食，并为宾客斟倒酒水和饮料，摆放凉菜，点燃蜡烛。

(2) 第二乐章：宴会开始。

①宴会开始，由主持人邀请长者宣读成吉思汗祖训，并请主人致欢迎辞，此时服务人员需暂停服务。

②服务人员上第一道热菜，将“大漠苁蓉炖牛骨髓”放于小火锅架子上，并点燃酒精炉。

③演职人员表演蒙古长调，服务人员需撤掉火锅盖，提醒宾客注意火锅的安全使用。

④服务员上第二道热菜“金帐焖牛排”，同时撤掉茶食餐具。

⑤演职人员表演萨满舞，服务人员可以提供酒水服务。

⑥服务人员上第三道热菜“沙地萝卜扒驼掌”，同时撤掉凉菜餐具。

⑦演职人员表演无伴奏合唱，服务人员可以提供酒水服务。

⑧服务人员上点心“奶油阿木苏”，同时撤掉白食餐具。

⑨演职人员表演潮尔独奏，服务人员可以提供酒水服务，并撤掉火锅餐具。

⑩宴会进入高潮，举行大菜“金帐烤全牛或烤全羊”剪彩仪式。现场由全体演职人员表演剪彩节目，服务人员协助主人邀请贵宾上台进行剪彩，剪彩嘉宾将邀请主人及其他宾客共饮一杯结盟酒，剪彩结束后需引领贵宾回到座位。

⑪演职人员表演顶碗舞，服务人员可提供酒水服务，并为宾客奉献烤全牛或烤全羊大菜，可根据进餐情况撤掉部分餐具。

⑫服务人员上第四道热菜“兴安白蘑煮菜心”，服务人员提供酒水服务，并撤掉部分餐具。

⑬演职人员表演男女生合唱，服务人员提供酒水服务，并撤掉部分餐具。

⑭服务人员上主食“布里亚特包子”，可提供酒水服务，并撤掉部分餐具。

⑮演职人员表演马头琴合奏，服务人员提供酒水服务，并撤掉部分餐具。

⑯服务人员上主食“鲜奶图古拉汤”，可提供酒水服务，并撤掉大部分餐具，主人会邀请到场宾客再次同饮一杯酒，以结束今天的宴会。

⑰服务人员上餐后水果“河套瓜果花篮”，场内响起轻音乐，宾客进行自由交流。

(3) 第三乐章：欢送贵宾。

①服务人员及全体演职人员邀请宾客进入舞台，围着火盆跳起舞蹈。

②主持人宣布诈马宴正式结束。

③服务人员引领宾客更换服装，凭存取衣物票证领取存放的物品。

④服务人员及全体演职人员列队欢送宾客。

(二) 诈马宴安全设计

诈马宴是一个分餐制宴会，现场摆放了30张单人餐桌，因此在服务的安全管理上要有不同于其他主题宴会的设计方案。

❶ 诈马宴设施及消防安全 诈马宴的服务是在多个座位间穿插上菜，容易造成上错菜或菜点摔落等现象的发生，尤其是“大漠苁蓉炖牛骨髓”为小火锅汤羹，在上菜时尤其要注意安全，防止发生消防事故，因此应在诈马宴举办前专门对各部门及服务人员进行了数十次的模拟培训。

❷ 诈马宴食品安全 保证诈马宴的食品安全是要避免在食物制作完成后因节目表演等原因而无法上菜造成食物被污染的情况发生。

❸ 诈马宴宾客财物安全 参加诈马宴的所有宾客均要求穿蒙古袍入席，为加强对宾客替换衣物和财物的管理而专门设置了衣帽存取间和临时保险柜，并设计了存取衣物、财物票证。

知识拓展

4-3-3

❹ 诈马宴服务安全 为突出歌舞表演，诈马宴在就餐过程中大多数时间是在半暗场的灯光条件下进行的，现场只有表演区灯光较明亮，服务人员为避免影响宾客观赏和操作失误，现场会暂停一些服务。宾客会离席接打电话或去卫生间，各区域服务人员应协助引导，并告知宾客所落座的座位号，避免回来时因人员多、台型复杂、灯光暗淡而找不到座位。

模块五

宴会服务设计

扫码看课件

单元一 中餐宴会服务程序

单元描述

宴会是根据宾客提前预订的内容和特殊的就餐要求,而提供的以多人围餐形式为主的大型的正式就餐社交活动。中餐宴会服务则根据宴会的主题、形式、规格为宾客提供细致、规范统一、周到的程序化、系统化服务。本单元将按中餐宴会服务流程,系统地学习中餐宴会服务程序。

单元目标

1. 能够借助图片、表格、流程图等形式使学生理解宴会服务程序的理论知识。
2. 掌握中餐宴会服务的宴前、宴中、宴后三个阶段的服务流程。
3. 养成认真、细致、耐心的良好品质。

引导案例

一天,宴会预订部的小王像往常一样接待一名预订宴会的宾客,记录其要求后,便通知相关人员做准备。一切就绪后,宴会即将开始。主办人又提出新的要求,如饮品需要准备红茶,宴会过程中需要增添立式麦克风等。匆忙之中准备有些慌乱,且等候时间较长,致使宾客不满并投诉。

思考:导致宾客不满和投诉的原因是什么?我们应怎样改进宴会服务?

分析:宴会是根据宾客提前预订的内容和特殊的就餐要求而提供的正式就餐社交活动。在宴会预订时酒店预订人员应尽可能地了解主办方的需求,造成宾客不满与投诉的主要原因是在预订时未对宾客的特殊需求进行详细的了解和确认,只是常规记录宾客的基本要求,按部就班,对宴会预订信息了解得不全面。

措施:预订人员在接受预订时不仅要仔细地记录宾客的基本信息和要求,更要站在宾客的角度考虑个性化的需求,对宴会可能所需的物品或涉及的项目安排要进行推销,这样既可增加利润又可体现周到的服务,以避免上述情况的发生。

任务实施

一、宴会服务设计的原则

（一）宾客需求原则

宴会需求和等级规格的高低是由举办者的宴请目的、宴请事由、主要宴请对象的重要程度、准备达到的宴会影响、出席宴会的主要人物身份地位、举办者的宴会标准等多重因素决定。因此,宴会服务设计时必须遵循满足目标宾客的需求原则,确保每项宴会服务都能根据目标宾客需求层次和等级规格,提供质价相符、针对性强的优质服务。

（二）考虑生产经营因素原则

在宴会服务设计的过程中，必须考虑本宴会厅服务人员的综合素质，选择一些能发挥他们特长的服务活动，才能提高宴会的服务质量。同时，还要考虑服务场地的安排、布置、设施设备的局限性等。对于那些能歌善舞的服务人员可计划安排一些服务难度大的服务项目，如在婚宴中，依托特色民俗文化，穿插“花轿迎新”或“情歌对唱”等民间表演，激发宾客的参与热情，以获得可观的销售利润。

（三）创新性原则

在市场竞争中，只有不断创新才能给宾客以新鲜的感受，才能在行业竞争中独树一帜，成为被模仿和追逐的对象。创新源于对宾客需求的满足，服务创新可以从服务方式、语音、内容、环境、过程等方面体现出来。对于宴会而言，服务创新要立于宴会类型、主题、形式，围绕主题进行细节的设计，但是创新要充分考虑宾客的审美和品味，以得到对方的认可，可新、可奇、可雅，但不能过俗，要体现创新中的文化内涵特色，如婚宴中的喜庆、家庭聚会的温馨、公司年会的大气等，只有把握不同的主题内涵，借助于一定的服务方式才能出奇制胜。

（四）标准化原则

不管是何种类型的宴会，专业化的服务是不可或缺的，在求新求变的同时不能脱离服务的专业化、标准化，如同写作中“形散神不可散”的要求一样。服务人员操作手法的卫生，操作程序的准确到位，服务的高效快捷，服务态度的热情真诚等要自始至终贯穿于整个服务过程中，再以此为基础，突出主题特征，才能使两者的结合相得益彰，锦上添花。

（五）主题化原则

宴会是以社交为目的的宴饮活动，并不是盲目举办的。每场宴会都有一个鲜明的主题，围绕主题来选择菜品风味、举办场地、灯光音乐、服务方式的表现形式和就餐环境的装饰布置等。例如，北京长城饭店为美国商务宾客举办的著名的“丝绸之路”宴会，根据宾客需求，设计了以天山图案为背景，以三条象征丝绸之路的黄色装饰的宽敞通道，伴有新疆舞蹈演员载歌载舞的表演及设计美观、大方、舒适、典雅的宴会台面，完美地展现了本商务宴会的主题，创造出令宾客十分满意的宴会主题场景与优质服务，达到了使宾客“永久难忘”的效果。

二、中餐宴会服务程序

中餐宴会多使用圆桌，提供中式风格菜品，使用中式餐具，按照中式服务方式和传统的礼节礼仪进行服务，其服务程序如图 5-1-1 所示。

（一）宴会服务准备

宴会的服务准备工作包括：宴会的承接、宴会的组织工作、宴会的环境准备、宴会的物品准备、宴会的开餐准备以及宴前检查工作。

1 宴会的承接 宴会的预订工作可由宴会部或营销部负责，但宴请活动的最后确认和宴会厅的安排要由宴会部经理批准执行，一经确定，则首先签订宴请合同，然后通知宴会部做好前期的筹备工作。

（1）受理宴会预订：受理宴会预订时，需要掌握宾客与宴会有关的情况，包括以下几个内容。

八知道：知台数、知人数、知宴会标准、知开餐时间、知菜式品种、知主办单位或房号、知收费办法、知邀请对象及出菜顺序。

三了解：了解宾客风俗习惯、了解宾客生活忌讳、了解宾客特殊需要。如果是外宾，还应了解国籍、宗教信仰、禁忌和品味特点。

（2）签订宴会合同：即填写宴会预订单、收取宴会预订金或抵押支票，最后由双方签字生效。

（3）通知宴会部做准备工作：将宾客预订宴会的详细情况以书面形式通知宴会服务部门或人员。

❷ 宴会的组织工作

（1）正式举办宴会前厨房部、宴会厅、酒水部、采购部、工程部、保安部等各有关部门密切配合、通力合作，共同做好宴会前的准备工作。首先召开全体工作人员会议，传达信息，要求每位服务人员都要做到“八知”“三了解”。

（2）明确分工。按照宴会目标按照空间与时间顺序制订具体的分工计划。规模较大的宴会，要确定总指挥人员，在准备阶段，要向服务人员交代任务、讲意义、提要求、宣布人员分工和服务注意事项。

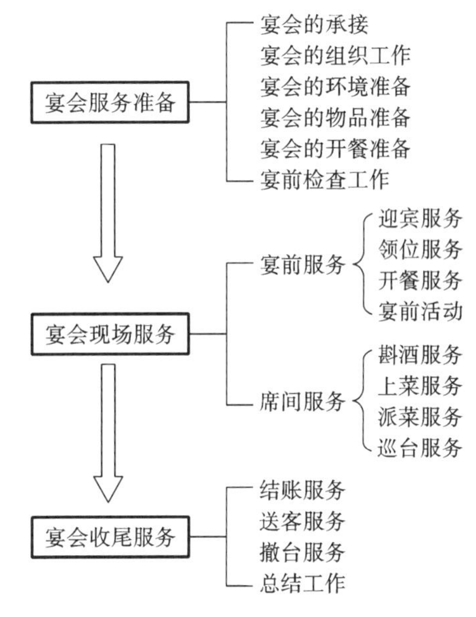

图 5-1-1　中餐宴会服务程序

在人员分工方面，要根据宴会要求，对迎宾、值台、传菜、酒水及贵宾室服务等岗位，都有明确分工，每位服务人员都要有具体任务，将责任落实到个人，为了保证服务质量，可将宴会桌位和人员分工情况标在宴会台型图上，使所有员工明确自己的岗位职责。做好人力物力的充分准备，要求所有服务人员从思想上重视，服务热情、主动、细致、礼貌、周全、气氛热烈，保证宴会善始善终。

实例 5-1-1

❸ 宴会的环境准备　宴会的环境准备包括宴会场景布置与宴会台型布置。在开餐前各大酒店对宴会环境准备的时间长短有不同规定，一般依据宴会的规模档次，以及宴会厅布置的烦琐程度来确定，一般场景布置在开餐前 4 h 开始布置，台型布置在开餐前 2 h 开始布置，筹备工作从开餐前 8 h 即开始准备。

（1）场景布置：宴会场景一般包括宴会自然环境、餐厅建筑环境、宴会场地环境三个部分。在宴会场景设计中主要针对宴会场地进行设计。应根据宾客要求、宴会主题、宴请标准从空间布局、环境设计、娱乐活动三个方面进行场景设计。一般通过色彩的运用、空间的分割、灯光的选择、布景的修饰以及背景音乐等增加宴会隆重、盛大与热烈欢迎的气氛。如选用中国红为主色调的婚宴，在靠近主桌前方或厅内醒目位置悬挂“寿”字的寿宴，用荧光灯渲染星空效果的生日宴，用红色地毯装饰出贵宾通道的商务宴等。

（2）台型布置：宴会的台型布置一般根据宴会形式、主题、人数、接待规格、习惯禁忌、特别需求、时令季节和宴会厅的结构、形状、面积、空间、光线、设备等情况进行设计。在宴会开始前，宴会管理人员要根据以上因素设计好台型图，研究具体措施和注意事项。设计时要按宴会台型布置的原则，即“中心第一，先左后右，高近低远”的原则来设计。在布置过程中做到餐桌摆放整齐、横竖成行、斜对成线，既要突出主桌又要排列整齐，间隔适当；既要方便就餐，又要便于服务人员席间操作。通常宴会每桌占地面积标准为 10～12 m^2，桌与桌之间距离为 2 m 以上，重大宴会的主通道要适当宽敞一些，同时铺上红地毯，突出主通道。

❹ 宴会的物品准备

（1）餐具准备：根据菜单的服务要求，准备好各种金器、银器、瓷器、玻璃器皿等餐具酒具，备好菜品应跟配的佐料、开水、茶叶，备好鲜花、酒水、香烟、水果以及服务中所用物品（香巾、分餐用具、笔、开瓶器、脏物夹等）。

中餐宴会一般用到的餐具有骨碟、汤碗、汤勺、味碟、筷子、筷架、分勺、牙签，三套杯（水杯、葡萄酒杯、白酒杯），台布、公筷、公勺、烟灰缸、火柴、菜单等。

准备物品时要注意，重点宴会要多准备一些菜单，做到人手一份，要求封面精美、字体规范，可留作纪念。

（2）铺设餐台：流程见图 5-1-2。

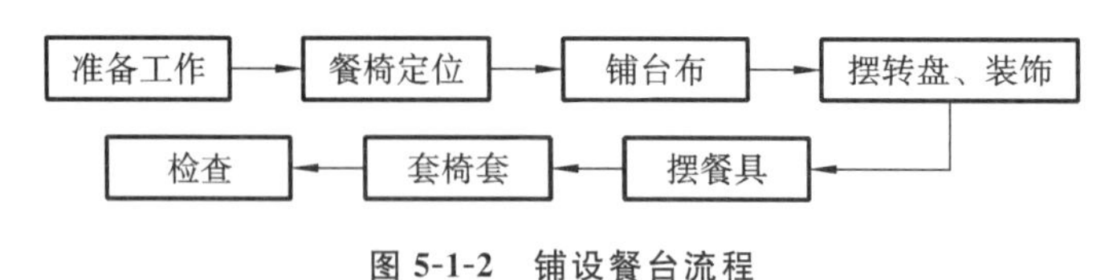

图 5-1-2　铺设餐台流程

①准备工作。洗净双手、准备用具、检查用具。

②餐椅定位。将餐饮摆放成三三两两式。

③铺台布。站于副主人餐位，选用推拉式、抖铺式、撒网式、肩上式等方法铺设台布。

④摆转盘、装饰。

⑤摆餐具。左手托盘，右手摆台，中餐宴会摆台标准如图 5-1-3 所示。

• 第一托：骨碟。从主人位开始按顺时针方向操作，骨碟距离桌边 1 cm，骨碟间距均匀相等。

• 第二托：味碟、汤碗、汤勺、筷架、分勺、筷子等。味碟摆在骨碟直径延长线上 1 cm 处，汤碗摆放在味碟左侧 1 cm 处，汤勺勺柄朝左。味碟直径延长线上摆放筷架，距离骨碟 3 cm；分勺在里筷子在外，筷尾距离桌边 1 cm；牙签置于分勺与筷子之间，店徽朝上，尾部与分勺平齐。

• 第三、四托：杯具。水杯、红酒杯、白酒杯按顺序定在汤碗、味碟正前方，三杯中心在一条斜直线上，与水平线成 30°角，三杯间距 1 cm，红酒杯对味碟中线且与味碟距离 2 cm。

• 第五托：公共餐具。公共餐具每桌两副，分别摆在正副主人位。筷架摆放在水杯上方 2 cm 处，公勺在里、公筷在外，尾部朝右。从主人位右侧开始按顺时针方向，两个座位摆一个烟灰缸，店徽朝外。

⑥套椅套。

⑦摆台后的检查。检查餐具有无遗漏、破损，餐具摆放是否符合规范，餐具是否清洁光亮，餐椅是否配齐。

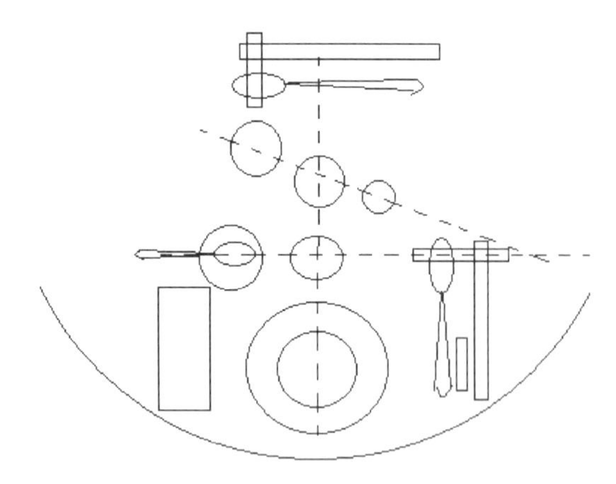

图 5-1-3　中餐摆台图示

⑤ 宴会的开餐准备　大型宴会开始前 15 min 左右摆上冷盘，摆设冷盘时，要根据菜点的品种和数量，注意菜点色调的分布，荤素的搭配，刀口的逆顺，菜盘间的距离等，使摆台不仅是为宾客提供一个舒适的就餐地点和一套必需的进餐工具，还能给宾客以赏心悦目的艺术享受，为宴会增添隆重、欢快的气氛。

冷盘摆放后斟倒预备酒。所谓预备酒，是在宴会开始之前斟倒，宾主落座后，致辞干杯时使用，这杯酒如果不预先斟好，宾客来后再斟，会显得手忙脚乱。预备酒一般斟白酒，以示庄重，葡萄酒、啤酒、饮料等则不适合预先斟倒。

❻ 宴前检查工作　准备工作全部就绪后，宴会管理人员要做一次全面的检查，从宴会各岗位人员安排是否合理，到餐具、饮料、酒水、水果是否备齐；从摆台是否符合规格，到各种用具及调味料是否备齐并略有盈余；从宴会厅的清洁卫生是否搞好，到餐具酒具的消毒是否符合卫生标准；从服务人员的个人卫生、仪表装束是否整洁，到照明、空调、音响等系统功能是否正常工作等，都要一一进行仔细的检查，做到有备无患，保证宴会按时保质举行。

（二）宴会现场服务

❶ 宴前服务

（1）迎宾服务：宴会开餐前 30 min 一切准备工作就绪，打开宴会厅门。迎宾员身着旗袍或制服站在门口迎宾，值台服务员站在各自负责的餐桌旁，面向门口迎候宾客。如果是 VIP 宴会，餐厅的经理或主管一起迎宾，将宾客引至专用的休息室休息。宾客到达时，热情迎接微笑问好。在服务过程中要注意分辨主人和主宾。迎接、问候、引导服务等操作规范、语言准确、态度热情。宴会的迎宾服务形式有：①夹道式：在酒店门口夹道欢迎或在宴会厅门口夹道欢迎。②领位式：领位员在酒店门口或在宴会厅门口欢迎宾客并引领宾客到位。③站位式：值台服务员站在餐桌前欢迎，宾客到来后拉椅让宾客落座。上述几种形式可以综合使用，也可单独使用。

（2）领位服务：

①接挂衣帽：

• 如宾客欲脱外衣、帽子，服务人员要主动接挂在衣帽架上或存入衣帽间。

• 宴会规模较小，可不专设衣帽间，只在宴会厅门旁置放衣帽架。规模较大的宴会需设衣帽间，因衣物件数较多，一般用衣帽牌区别，一枚挂在衣物上，另一枚交给宾客以备领取，凭牌为宾客提供保管衣物的服务。

• 对重要的贵宾则不可用衣帽牌，而要凭记忆力进行准确的服务，以免失礼。

• 接挂衣帽应握住衣领，切勿倒提，以防口袋物品倒出。贵重衣帽要用衣架悬挂，以防走样。贵重物品请宾客自己保管。

②拉椅落座：

• 重要宾客应引领入席。引领宾客时应面带微笑，走在宾客左侧前方 1.5 m 处，并且不时回头，把握好距离，引领宾客到预订座位入席。

• 顺序：先女宾后男宾，先主宾后一般宾客，优先照顾年长和行动不便的宾客。

• 动作：当迎宾员把宾客带到餐桌边时，值台服务员应主动上前问好并协助迎宾员为宾客拉椅让座。值台服务员应站在椅背的正后方，双手握住椅背的两侧，后退半步的同时将椅子拉后半步；用右手做请的手势，示意宾客入座；在宾客即将坐下的时候，双手扶住椅背的两侧，用右腿顶住椅背，手脚配合将椅子轻轻往前送，使宾客不用自己移动椅子便能恰到好处地入座。

• 要求：动作要迅速、敏捷，力度要适中、适度。如有儿童就餐，需搬来加高的儿童椅，并协助儿童入座。

③开餐服务：

• 铺餐巾。依据先宾后主、女士优先的原则，在宾客右侧为宾客铺餐巾。铺餐巾一般有两种方法：一是拿起餐巾，将其打开对折成三角状，将其轻轻铺在宾客膝盖上，三角开口朝外；二是将餐巾打开压在骨盆下面。注意不要动作过大抖动餐巾，如有儿童则应根据家长的要求，帮助儿童铺餐巾。

• 撤（补）餐具。宴请人数如有增减，应按用餐人数撤去多余餐具或补上所需餐具，并调整座椅间距。同时将花瓶、席位卡撤掉。

• 撤筷套。在宾客的右侧，右手拿起带筷套的筷子，交于左手，用右手打开筷套封口，捏住筷子的后端并取出，摆在原来位置。将每次脱下的筷套握在左手中，最后一起收走。

• 茶水服务。应先询问宾客喜欢饮用何种茶，适当做介绍。上茶时，按照先宾后主的顺序，在

宾客右侧倒第一杯茶,以八分满为宜。为全部宾客倒完茶水后,将茶壶续满水,放在转盘上,壶柄朝向宾客,供宾客自己添茶。

• 香巾服务。根据宾客人数从保温箱中取出小毛巾,放在毛巾篮中。服务时,按女士优先、先宾后主的原则站在宾客右侧,用服务夹夹住小毛巾依次递给宾客或放在香巾碟中。宾客用过的香巾在征询宾客同意后方可撤下。香巾要干净、无异味,温度一般保持在 40 ℃左右。

④宴前活动:宴前活动的特点是服务档次高、活动时间短、开始时间早、事情变化多,因此服务人员到岗要准时、准备工作要充分,有适应变化的思想准备。

• 酒会。对场地要求不高,可在宴会厅前的中厅、走道或其他场地举行。

形式以站立为主。饮料有鸡尾酒、软饮、啤酒、葡萄酒、香槟与小吃、小点。饮料酒品可由服务人员端着托盘穿梭于宾客之间派送,也可让宾客在吧台自取。时间总长在半小时至一小时。酒品的酒精度数不宜过高。

• 会见。一般在会客室安排会见,沙发三面围坐,主人与主宾的座位应在厅房主画下;其他宾客如果座位不够,可安排在第二、第三排,但主人后面不可安排座位(翻译人员座位除外),沙发之间摆放茶几。沙发摆放应留有主人迎客握手的空间。茶水可在主人到达后、宾客来到之前倒好。会见结束后,要及时整理会客室。

• 照相。拍照通常在主、客握手时和主、客刚入座时进行,其他人员不要穿梭于其间,以免破坏相片画面。集体照相在接见结束后进行,要预先摆放好台阶,但不能影响宾客的入场。摆放台阶前要进行过场、入场与退场的操练,力争在最短的时间里一步到位。

• 采访。现场采访可在任何地点。采访时要保持安静,并适当提醒其他宾客,避免对采访造成干扰。

❷ 席间服务

(1)斟酒服务:

①斟酒的动作:斟酒时右脚踏入,以 T 字形步姿站在宾客两椅之间,身体离桌边 15 cm(图 5-1-4),斟酒时,身体微微前倾,不可紧贴宾客。右手大拇指叉开,食指伸直,其余三指并拢,掌心紧贴于瓶身中下部,酒标朝外,通过腕力和手指的力量控制酒液的流速(图 5-1-5)。斟酒时,瓶口距杯口 2 cm 左右,不要将瓶口搭在杯口上,以防污染(图 5-1-6)。斟酒适度后,微微抬起瓶口,同时手腕顺时针旋转 45°,使最后一滴酒均匀地分布到瓶口边沿(图 5-1-7)。

图 5-1-4 斟酒站姿

图 5-1-5 斟酒握瓶

②斟酒的顺序:在只有一名服务人员斟酒时,应从主宾开始,再主人,然后按顺时针方向进行斟酒;如有女宾,按女士优先的原则。在有两个服务人员为同一桌宾客斟酒时,一个服务人员从主宾开始,另一个服务人员从副主宾开始斟酒,然后按顺时针方向进行斟酒。切忌站在一个位置继续为下一位宾客斟酒或为左右两位宾客斟酒。

图 5-1-6　斟酒瓶口位置

图 5-1-7　斟酒旋瓶

③宴会斟酒的注意事项：

• 为宾客斟倒酒水时，要先征求宾客的意见，根据宾客的要求斟倒各自喜欢的酒水饮料，如宾客提出不要，应将宾客前的空杯撤走。

• 宴会期间要及时为宾客添加饮料、酒水，直至宾客示意不要为止（如酒水已斟完应征询主人意见是否需要添加）。

• 当宾客起立干杯、敬酒时，要帮宾客拉椅（即向后移），然后迅速拿起酒瓶跟随宾客准备添酒，添酒量应随宾客的意愿。

• 宾主就座时，要将椅推向前。拉椅、推椅都要注意宾客的安全。

• 宾客离开座位去敬酒时，要将宾客的餐巾叠好放在宾客的筷子旁边。

• 在宴会中，服务人员要随时注意每位宾客的酒杯，见喝剩 1/3 时，应及时添加。

• 斟酒时注意不要弄错酒水。

• 在宾主互相祝酒讲话前，服务人员应斟好所有宾客的预备酒。在宾主讲话时，服务人员停止一切活动。讲话结束后，如果宾主间的座位有段距离，服务人员应准备好两种酒，放在小托盘中，侍立在旁，并在主宾端起酒杯后，迅速离开。如果宾主在原位祝酒，服务人员应在致辞完毕干杯后，迅速帮其续酒。

（2）上菜服务：

①上菜的原则：先冷后热、先菜后点、先咸后甜、先炒后烧、先清淡后肥厚、先优质后一般。

②上菜的位置：宴会上菜位置并不固定，以“方便就餐，方便服务”为原则。一般上菜位置会选择在翻译和陪同人员座位之间、陪同和次要宾客之间或副主人右边。有利于方便翻译人员或副主人介绍菜肴。

③上菜的顺序：一般宴会的第一道上凉菜、第二道上主菜、第三道上热菜、第四道上汤菜、第五道上甜菜，随后上点心，最后上水果。而中餐宴会因地域不同上菜顺序也略有不同。例如华南地区，要先上开席汤，再上冷盘、热炒、大菜、饭点，最后是水果。

④上菜的时机：开宴前 15 min 先将冷菜端上餐桌。宴会要把握好第一道热菜的上菜时间。当冷菜吃到一半时（10～15 min）开始上第一道热菜，或主动询问宾客是否“起菜”，待得到确认后通知厨房及时烹制。其他热菜上菜时机要随宾客用餐速度及热菜道数统一考虑、灵活确定。大型宴会上菜应以主桌为准，先上主桌，再按桌号依次上菜，绝不可颠倒主次。上完最后一道菜时要轻声地告诉副主人“菜已上齐”，并询问是否还需要加菜或其他帮助，以提醒宾客注意掌握宴会的结束时间。

⑤上菜的方法：左手托托盘，右腿在前左腿在后，插站在两位宾客的坐椅之间，侧身用右手上菜。把菜品送到转台上，报清楚菜品名称，然后按顺时针方向旋转一圈，等宾客观赏完菜品后，转至主宾面前，让其品尝。上下一道菜品时，将前一道菜转移到其他位置。

⑥菜品的摆放：宴会菜品的摆放既要位置适中对称摆放，又要讲究造型艺术美观。在摆放菜品时需要将菜品最宜观赏的一面即看面（表 5-1-1）对准主位。

表 5-1-1　各类菜品看面

看面	实例
头部	整形的有头的菜，如烤乳猪
身子	整形的头部被隐藏的菜，如八宝鸭
腹部	"鸡不献头、鸭不献掌、鱼不献脊"，一律头部向右，腹部朝向宾客
刀面	整齐的刀面为看面，如冷菜拼盘
正面	有"喜""寿"字的造型菜，字的正面为看面
盆向	使用长盆的热菜，长盆应横向宾客

(3) 派菜服务：又称为让菜，在用餐标准较高或是宾客身份较高的宴会上，服务人员将已上桌的菜品分派给每位宾客。这是防制传染病，科学卫生，经济节约用餐的一种好形式。

①派菜的方式：

• 分叉分勺派菜法：核对菜名，上菜并报菜名；左手垫上餐巾并将菜盘托起，右手拿分菜勺、叉进行分菜；做到一勺准，数量均匀；站在宾客右侧按顺序将餐具送上。

• 转盘式派菜法：根据宾客人数预先摆放餐碟；上菜并介绍菜名；将菜均匀地分到各个餐具中；站在宾客右侧按顺序将餐具送上。

• 旁桌式派菜法：核对菜名、示菜并报菜名；将菜取下放置于服务桌上；派菜；站在宾客右侧按顺序将餐具送上。

• 各客式派菜法：由厨房工作人员在厨房进行分让；站在宾客右侧按顺序将餐具送上。

②派菜的工具：派菜的工具一般有分菜勺、分菜叉、分菜刀、长柄汤勺、公筷等。派菜时根据菜品的类型灵活使用派菜工具。分鱼、禽类菜品时，用分菜刀、分菜叉相互配合(图 5-1-8)；分炒菜时应使用分菜叉、分菜勺，也可使用公筷与长柄分菜勺配合(图 5-1-9、图 5-1-10)；分汤菜时，应使用长柄汤勺和公筷(图 5-1-11)。

图 5-1-8　分菜刀、分菜叉派菜

图 5-1-9　分菜叉、分菜勺派菜

③派菜的顺序：主宾→副主宾→主人→顺时针依次。

④派菜的要求：

• 征得宾客同意。派菜前需征询主人意见是否可以进行派菜，经主人同意后方可进行操作。

• 均匀准确，留有少许。操作时需每位宾客分得菜品分量均匀，并且不要将菜品完全分完，需要留有少许。

• 敬重主宾，优质部分让给主宾。为了显示对主宾的尊重，不仅在顺序上先为主宾派菜，并且需要将菜品最优质部分让给主宾。

• 一叉准、一勺准。派菜操作时需要动作精准，绝对不可以将一勺汤分给两位宾客。

• 不要碰撞出响声，干净卫生。派菜时应尽量不发出餐具碰撞的声音，不洒汤汁，操作干净

图 5-1-10　分菜勺、公筷派菜

图 5-1-11　汤勺、公筷派菜

卫生。

⑤鱼类菜品派菜操作：

- 鱼身上的其他配料拨到一边。
- 用餐刀顺脊骨或鱼中线划开，将鱼肉分开，剔除鱼骨。
- 将鱼骨恢复原样，浇上原汁。注意不要将鱼肉碰碎，要尽量保持鱼的原形。再用餐刀将鱼肉切成若干块，按宾主先后次序分派。如鱼块带鳞，要将带鳞部分紧贴餐碟，鱼肉朝上。

(4) 巡台服务：为显示宴会服务的优良和菜品的名贵，突出菜品的风味特点，保持桌面卫生雅致，在宴会进行的过程中，需要服务人员做好巡台，撤换餐具、烟灰缸等服务。

①更换餐具：

- 派菜后，应撤换用过的碗、盘、碟，再行派送菜点。
- 撤餐具时发现里面还有菜点，应礼貌征询宾客是否还要用，再做处理。
- 上甜食时应撤换全部小餐具。
- 应注意宾客的用餐习惯，如宾客筷子放在骨碟上，换后应将筷子还原。
- 每吃完一道菜换一次骨碟。
- 随时注意让宾客前面的小餐具数量与摆台数量保持基本一致，经宾客同意后方可撤走，动作熟练，手法利落。
- 撤换餐具分两次进行，随时保持餐台清洁卫生。

②更换烟灰缸：

- 宾客抽烟应主动点烟，并注意添加和撤换烟灰缸，烟灰缸内有 2 个烟头就应及时更换。
- 留意火不要太高，以免烧伤宾客，使用干净烟灰缸盖住脏烟灰缸一起撤至托盘内，再把干净烟灰缸放置于餐台上。

③勤换毛巾：应做到客到递巾，上汤羹、炒饭后递巾，上虾蟹等用手抓食的菜后递巾，用过的毛巾及时收回；上毛巾应使用毛巾盘，以避免弄湿台面。

④巡台的五勤原则：

- 勤问：当宾客坐在座位上四处张望时；当未弄清宾客的要求时；当需要宾客的确认时，服务员需询问宾客是否需要帮助。
- 勤巡：在宴会进行的过程中，服务员应勤巡台，及时发现宾客的桌上有无东西要收、要撤，时刻留意宾客的动向。
- 勤撤：勤撤空盘，勤撤空杯，勤撤垃圾。
- 勤添：勤添茶，勤添酒水。
- 勤换：当出现以下情况时，服务员需要对宾客的餐具、酒杯进行更换。倒过一种酒又倒另一种酒时；装过鱼腥味食物的器皿再上其他菜时；吃风味特殊、调味特别的菜品后；吃带芡汁的菜品后；餐具脏时；盘内骨刺残渣较多时；烟灰缸内有两个及以上烟头时。

（三）宴会收尾服务

❶ 结账服务

（1）退酒水，清点香烟、糖果。请主办人一起分类清点酒水、香烟的使用及剩余数量，对剩余物品进行处理。必须集中分类清点，并让宾客确认签字，用过的空瓶罐集中存放，以利于清点。

（2）核对增减菜点等花费。

（3）与主办方联系，做好结账准备工作。实际出菜桌数、酒水、菜品等应双方确认签字、优惠事项收费标准按宴会预订单规定执行。

（4）结账。所有的账单和宴席预订单一同拿到收银台汇总打单，将账单放至收银夹，请宾客结账买单；递上宾客意见簿征求宾客的意见，收银台收款或请宾客签单，并礼貌地向宾客致谢；账单确认无误、无漏，找补清楚。

❷ 送客服务

（1）宾客离开为其拉椅，提醒宾客携带随身物品。宴会结束，宾客站起准备离席，服务员应主动拉椅，留出退席的通道；取椅套，提醒宾客带好物品，帮助宾客穿外衣。使用礼貌用语，如“请各位带好您的随身物品”“请慢走”“欢迎再次光临”等。

（2）检查桌面、地面是否有遗留物品。

（3）欢送宾客离开。将宾客送至宴会厅门口，热情送客并向宾客致谢。

❸ 撤台服务

（1）收舞台、撤饰品。撤主席台背景及饰物，将撤离物品放置在规定地点，摆放规范，将宴会厅恢复一般时的状态。

（2）还椅、收台。按收台顺序，如银器→餐巾、香巾→酒具→不锈钢餐具→瓷器→筷子的顺序进行收台服务。从主位开始，顺时针把椅子放好，如捡到宾客遗留的物品应交还或存放在吧台。

（3）翻台，恢复台面，做好工作台清洁。撤临时工作台，打扫宴会厅，清出酒瓶等杂物，清洗、擦拭、存放餐用具，归还借用的物品，摆台整理桌椅。

（4）关好门窗、灯。所有宾客离开后，立即关掉一部分照明，所留照明能满足收尾工作需要即可。关闭空调、音响，切断电源，领班检查。

❹ 总结工作 大型宴会结束，主管一般召开总结会，写工作或管理日志，存档、传递信息等。

单元二 西餐宴会服务程序

单元描述

西餐宴会灵活多变的形式，浪漫典雅的环境，中西合璧的菜肴等，越来越受到国人的欢迎。西餐宴会服务与中餐宴会服务略有不同，本单元将按西餐宴会服务流程，系统地阐述西餐宴会服务程序。

单元目标

1. 能够借助图片、流程图等形式使学生理解西餐宴会服务程序的理论知识。
2. 掌握西餐宴会服务的宴前、宴中、宴后三个阶段的服务流程。
3. 养成认真、细致、耐心的良好品质。

任务实施

随着经济的发展，国际间的交流越来越密切，西餐宴会也越来越多。西餐宴会多使用长条桌，提

供西式风格菜肴、使用西式餐具，按照西式服务方式和传统的礼节进行服务，其服务程序如图 5-2-1 所示。

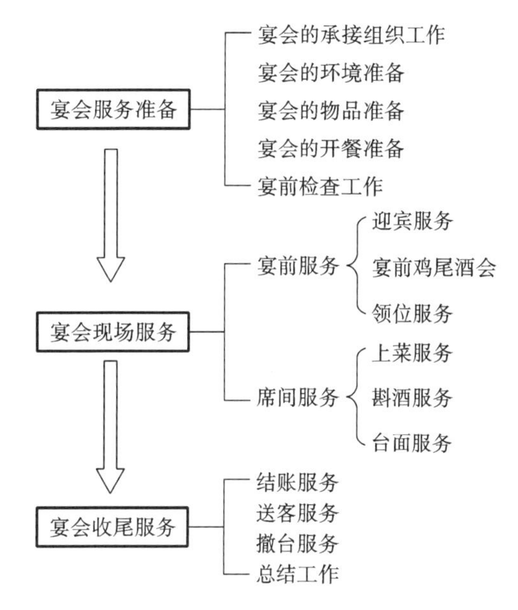

图 5-2-1　西餐宴会服务程序

一、宴会服务准备

西餐宴会的服务准备更多的是要了解本次宴会的类型与宾客的需求，通过宴会的承接组织工作、宴会的环境准备、宴会的物品准备、宴会的开餐准备以及宴前检查工作几个部分将宴会做到专业化、精细化。

（一）宴会的承接组织工作

在进行西餐宴会的预订工作时除了“八知”“三了解”外，我们还需要了解本次宴会的服务类型，与各部门分工协作，在宴会开始前做好充足的准备。

❶ 西餐服务类型

（1）法式服务：又称为里兹服务、正规服务、手推车服务，是恺撒·里兹首创的一种用于豪华饭店的服务。

• 服务特点：豪华贯穿每一个细节；两名服务人员合作为宾客服务；注重服务表演性；有专职酒水服务人员。

• 服务优点：讲究餐具豪华及用餐气氛；注重表演，提升用餐情趣；现场烹调保持菜肴热度；服务周到优雅。

• 服务缺点：服务节奏缓慢，用餐时间长，周转率低；服务人员专业技能要求很高，培训费用和人工成本高；每位服务人员服务宾客较少，需用服务车，空间利用率较低。

（2）英式服务：又称家庭式服务，多用于私人宴会，其服务方法是服务人员从厨房将烹制好的菜肴传送到餐厅，由宾客中的主人亲自动手切肉装盘，并配上蔬菜，服务人员把装盘的菜肴依次端送给每一位宾客。

• 服务特点：适用于私人宴请；宾客自己调味；主人服务。

• 服务优点：节省人力；不需要复杂的服务流程和相关设备；比较易控制食物成本；宾主都参与菜肴的取用，增强用餐气氛。

• 服务缺点：用餐时男女主人比较忙碌；宾主都参与菜肴的取用，过程中产生失误较难堪。

（3）美式服务：又称为盘式服务、飞碟服务，饭店的咖啡厅一般采用美式服务。

• 服务特点：服务简单操作便捷；一个服务人员同时为多人服务；室内陈设简单大方投资少。

• 服务优点：服务方式简便而快捷；一名服务人员服务多人，劳动力成本低；服务快速，可保持菜肴的热度；减少复杂流程，翻桌迅速。

• 服务缺点：服务方法简单，没有可看性；服务人员一人兼顾多人，宾客无法得到全方位的照顾。

（4）俄式服务：又称为国际式服务，起源于俄国沙皇时代。俄式服务通常由一名男服务人员为一桌宾客服务。

• 服务特点：气氛高雅；两次分菜；银盘服务。

• 服务优点：每桌只需一个服务人员，较法式节省人力；与法式一样讲究豪华、优雅，但服务速度快，费用低；讲究为客服务时优美文雅的风度，讲究服务操作技巧，比法式烹饪表演更实用；服务体现个人的照顾较多；食物根据宾客需要分派。

• 服务缺点：宾客较多时，用大银盘分配到最后的宾客时，食物适宜食用的温度难以保证；服务中使用大量的银器，投资大。

❷ 组织工作 与宴会营业部沟通，对宴会做到“八知”“三了解”；与宾客沟通，落实有关预订信息；与厨房沟通，了解菜式的制作方式与特色、菜肴的制作时间、菜式使用的盛器与装饰；与工程部、安全部、房务部、餐厅、人力资源部、市场公关部等相关部门做好提前沟通，做好宴会的人员与设施设备的准备工作。

（二）宴会的环境准备

❶ 西餐宴会台型设计 西餐宴会餐台多数由长台拼合而成，宴会采用何种台型，要根据参加宴会的人数、餐厅的形状以及主办单位的要求来决定。台型一般摆成一字形、马蹄形、U 形、T 形、正方形、鱼骨形、星形、梳子形等。本部分内容详见模块一单元二，在此就不再赘述。

❷ 西餐宴会座次安排 西方人在宴会过程中喜欢男女宾客穿插就座，座次的安排有英式、法式之分。

（1）英式坐法：主人夫妇各坐两头，主宾夫人坐在男主人右侧第一位，主宾坐在女主人右侧第一位，其他男女宾客穿插依次坐在中间。

（2）法式坐法：主人夫妇与主宾夫妇均对坐在餐桌的中间，主宾夫人坐在第一主人右侧，主宾坐在第一主人夫人右侧。

（三）宴会的物品准备

❶ 餐具准备 根据菜单的服务要求，准备好各种金器、银器、瓷器、玻璃器皿等餐具酒具、备好菜肴应跟配的佐料。根据宴会服务需要准备好相应有关的用具。如台号架、号码牌、红酒篮、酒桶、冰桶等。备好鲜花、烛台、酒、咖啡、茶等。

西餐宴会一般用到餐具有装饰盘、刀叉勺、面包盘、黄油碟、黄油刀，三套杯（水杯、红葡萄酒杯、白葡萄酒杯），台布、烛台、牙签盅、椒盐瓶、菜单等。

❷ 铺设餐台 流程见图 5-2-2。

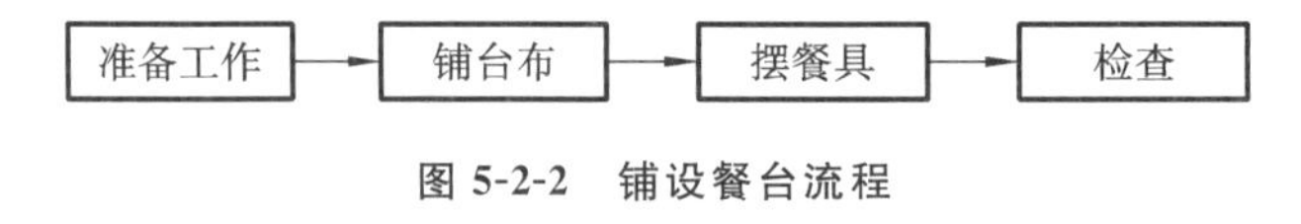

图 5-2-2　铺设餐台流程

（1）准备工作。洗净双手、准备用具、检查用具。

（2）铺台布。站在桌子一侧，双手持台布将台布抖铺在台面上，如用多块台布拼铺长台时，应从内向外铺设，保证多块台布的中股方向一致，台布的衔接处要重叠，宾客进入时看不到接缝。

（3）摆餐具。左手托盘，右手摆台，西餐宴会摆台标准见图 5-2-3。

①摆餐盘：从主人位开始顺时针方向摆放，盘边距桌沿 1.5 cm，盘与盘之间的距离相等。

②摆餐刀、叉、勺：从餐盘的右侧 1 cm 由里向外依次摆放主菜刀、鱼刀、汤勺和头盘刀，在装饰盘的左侧 1 cm 由里向外依次摆放主菜叉、鱼叉和头盘叉，除鱼叉向前突出 2～3 cm 外，其他刀、叉、勺柄平齐，刀锋朝左，纵向互相平行，距桌边 1.5 cm。

③摆甜品叉、甜品勺：在装饰盘的正前方由下向上摆放甜品叉和甜品勺，叉柄朝左和勺柄朝右。甜品勺距装饰盘 1 cm，甜品叉距装饰盘 0.5 cm。

④摆面包盘、黄油刀、黄油碟：

• 面包盘——摆放在餐叉左侧 1 cm 处。通常可以有两个摆放位置：一是面包盘边距餐台边 1.5 cm；二是面包盘的中心与装饰盘的中心线平行。

• 黄油刀——置于面包盘右 1/3 处，刀刃向左，柄端向下。

• 黄油碟——摆放在黄油刀尖正上方，相距 3 cm。

⑤摆玻璃杯具：从左至右依次摆放水杯、红葡萄酒杯和白葡萄酒杯。主刀餐刀延长线上 2 cm 处

摆放冰水杯，三杯在一条斜直线上，与桌边成45°角，杯肚相差1 cm。

⑥摆装饰物、烛台、牙签盅、椒盐瓶、烟灰缸：

- 装饰物——置于餐桌中央台布中心线上。
- 烛台——与装饰物相距20 cm，底座压在台布凸线，方向一致，与杯具所呈直线平行。
- 牙签盅——与烛台相距10 cm，压在台布凸线上。
- 椒盐瓶——与牙签盅相距2 cm，椒盐瓶两瓶间距1 cm。

(4) 摆台后检查。检查餐具有无遗漏、破损，餐具摆放是否符合规范，餐具是否清洁光亮，餐椅是否配齐。

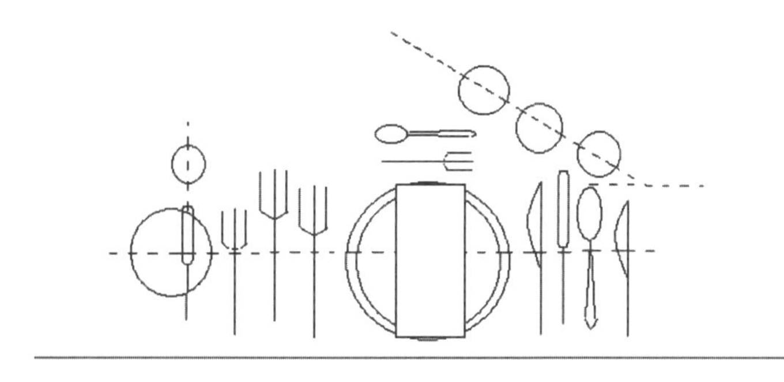

图 5-2-3　西餐摆台图示

（四）宴会的开餐准备

西餐宴会在开餐前10 min，需要将面包、黄油整齐地摆放在面包盘里，面包作为佐餐食品可以在任何时候与任何菜肴进行搭配，所以要保证宾客的面包盘里总是有面包，一旦盘子空了，应随时给宾客续添。

宴会开始前几分钟，应为宾客杯中斟倒冰冻的水，奶盅倒满牛奶。提前准备好咖啡和茶，将准备好的酒水饮料放入冰箱降温，根据宾客要求，提前把红酒倒入杯中。

宴会开始前将鲜花摆放到指定位置，注意不要将台布弄脏。如果是晚宴，提前几分钟将烛台点燃，晚宴过程中注意蜡烛燃烧情况，随时更换。

（五）宴前检查工作

准备工作全部就绪后，宴会管理人员要做一次全面的检查，从宴会各岗位人员安排是否合理，到餐具、饮料、酒水、水果是否备齐；从摆台是否符合规格，到各种用具及调味料是否备齐并略有盈余；从宴会厅的清洁卫生是否做好，到餐具酒具的消毒是否符合卫生标准；从服务人员的个人卫生、仪表装束是否整洁，到照明、空调、音响等系统功能是否正常工作等，都要一一进行仔细的检查，做到有备无患，保证宴会按时保质举行。

二、宴会现场服务

（一）宴前服务

❶ 迎宾服务　宴会开餐前30 min一切准备工作就绪，打开宴会厅门。迎宾员身着制服站在门口迎宾，值台服务员站在各自负责的餐桌旁，面向门口迎候宾客。宾客到达时，热情迎接微笑问好。为了避免宾客堵塞大厅与通道以及等候重要宾客到来，可将宾客引领到休息室提供餐前鸡尾酒服务。在服务过程中要注意分辨主人和主宾。迎接、问候、引导服务等操作规范、语言准确、态度热情。

❷ 宴前鸡尾酒会　宴前鸡尾酒会是为了方便宾客互相问候、交流。一般设在宴会厅的一侧或另外的休息室，在宴会开始前半个小时至一个小时进行。过程中，场内摆放小圆桌或茶几，准备好方便拿取的干果，鸡尾酒与饮料由服务人员托盘端送、巡回问让。当主宾到达后，由主人陪同进入宴会

厅内与其他宾客见面，随后一同进入宴会厅。

③ **领位服务** 接挂衣帽、拉椅让座、铺餐巾详见本模块有关中餐宴会领位服务内容。

宴会开始前，值台服务员精神饱满地站在餐桌旁，帮助宾客拉椅入座后，为宾客铺上餐巾，倒冰水。

（二）席间服务

① **上菜服务**

(1) 上菜的顺序：西餐采用分餐制，待宾客用完后撤去空盘再上另一道菜。应遵循先女宾后男宾、先宾客后主人的原则进行上菜。上菜的顺序在不同类型的西餐宴会上略有不同，一般的上菜顺序：开胃菜（头盘）→汤→副菜→主菜→蔬菜类菜肴→甜品→咖啡、茶。

(2) 上菜的位置：西餐上菜的位置以不影响宾客用餐为原则，一般遵循"右上右撤"原则，即在宾客右手边上菜撤盘，以顺时针方向依次为宾客上菜。若以"左上左撤"原则，则以逆时针方向依次上菜。

(3) 上菜的程序：

• 上面点：在宴会开始前，应将面包放入面包篮中，摆上黄油。在整个宴会过程中，面包篮里不能空，面包用完时应及时续添，直至宾客不需要为止。上面点时，应从宾客的左手边将面包置于面包盘中。面包盘应在撤主菜盘时撤掉，如菜单中有奶酪，应在宾客用完奶酪后将面包盘撤走。

• 上开胃菜：开胃菜是西餐的第一道菜，有冷头盘和热头盘之分，常见的有鱼子酱、鹅肝酱、熏鲑鱼、焗蜗牛等。因为要开胃，所以开胃菜一般以咸和酸为主，量少、质高。

从宾客右侧将头盘放在宾客面前的装饰盘内，逐位请示所需配料。宾客吃完后，根据宾客刀叉所放位置或表明不想吃后，先请示宾客经过允许后从宾客右手边撤盘。撤盘时要待整台宾客全部用完后一起撤走。

• 上汤：与中餐不同，西餐的汤用在开胃菜后，可以分为清汤、奶油汤、蔬菜汤和冷汤等。常见有牛尾清汤、各式奶油汤、海鲜汤、美式蛤蜊汤、意式蔬菜汤、俄式罗宋汤。

将汤盅放在汤底碟上，汤底碟放在装饰碟上，汤底碟右边放汤匙，带汤盖的汤盅上菜后要揭去汤盖，放在托盘撤走。宾客饮完汤后，按撤头盘的同样程序和方式连同装饰碟一起撤走。

• 上副菜：副菜一般为中等分量的鱼类、海鲜菜肴，品种包括各种淡、海水鱼类、贝类及软体动物类。因为鱼类菜肴的肉质鲜嫩，比较容易消化，所以放在肉类菜肴前面。西餐吃鱼讲究使用专用的调味汁，如荷兰汁、白奶油汁、美国汁、大主教汁等。

知识拓展 5-2-1

从宾客的右边上海鲜或鱼类菜肴后应请示宾客是否需要跟胡椒粉或芥末酱。宾客吃完后，根据宾客刀叉所放位置或表明不想吃后，先请示宾客经过允许后从宾客右手边撤盘。撤盘时要待整台宾客全部用完后一起撤走副菜盘碟。

• 上主菜：主菜为肉、禽类菜肴，其中肉类主菜以牛肉或牛排最具代表性。牛排按照部位可分为西冷牛排、菲力牛排、T骨牛排、薄牛排等，烹调方法常有烤、煎、扒等。主菜的调味汁主要有蘑菇汁、班尼斯汁等。禽类主菜多以鸡、鸭、鹅为原料，烹调方法可煮、炸、烤、焖，主要的调味汁有黄肉汁、咖喱汁、奶油汁。

知识拓展 5-2-2

上主菜前应事先逐位请示宾客对肉制品生熟程度的意见。根据每位宾客的需要通知厨房按宾客的要求进行扒制。上主菜时，要说明牛排的熟度，同时请示宾客是否需要胡椒粉、食盐等，再根据宾客的需要提供佐料。待所有宾客吃完牛排后，根据宾客刀叉所放位置或经宾客允许后，从宾客右手边撤走盘碟。

• 上蔬菜类菜肴：蔬菜类菜肴通常称为沙拉，可以安排在主菜之后，也可以和主菜同时上桌，所以它可以作为一道菜，也可作为配菜。蔬菜类菜肴的调味汁主要有油醋汁、法国汁、千岛汁、奶酪沙拉汁等。

• 上甜品：西餐的甜品是主菜后食用的，通常有布丁、煎饼、冰激凌、奶酪、饼干、水果等。

上甜品之前，从宾客的右边撤下除水杯、酒杯、饮料杯以外的所有餐具，并在左右两边摆好甜品叉和甜品勺，从宾客右边上甜品。

• 上饮品：西餐的最后一道是饮品，要先请示宾客是需要饮料、咖啡还是茶，根据每位宾客的需要提供相应的饮品。咖啡一般要加方糖和淡奶油，茶一般要跟上香桃片和糖，调味料由宾客自己取用。

上饮品时，如果宾客面前还有甜品盘，则将饮品杯放在甜品盘右侧；如果甜品盘已经撤走，则直接放在宾客面前。从宾客右边依次为宾客斟倒，不断供应，但添加前需询问宾客是否需要续添。

② **斟酒服务**　西餐宴会讲究菜肴与酒水的搭配，吃不同菜肴时要饮用不同类型的酒水。

(1) 备酒：按照宾客要求凭酒水单从库房领取酒水，检查酒品质量，擦净瓶身。根据不同的酒品最佳饮用温度提前降温或升温(表 5-2-1)。

表 5-2-1　各类酒品最佳饮用温度

酒品	最佳饮用温度
啤酒	4～8 ℃
白葡萄酒	干型、半干型 8～12 ℃，清淡型 10 ℃，味甜型 8 ℃
红葡萄酒	陈年干型红葡萄酒 16～18 ℃(即室温)，一般干型红葡萄酒 12～16 ℃， 桃红、半干型、半甜及甜型红葡萄酒 10～12 ℃
香槟酒、利口酒	6～9 ℃
白酒	中国白酒，名贵酒品不烫，一般酒品 20～25 ℃ 西方白酒，室温下净饮或加冰
黄酒、清酒	40 ℃

(2) 示酒：当宾客点酒后，在开瓶前，应先请宾客确认酒水的品牌。服务人员应站立在宾客的右侧，左手托瓶底，右手托瓶身，身体略向前倾，使瓶口朝上 45°，商标对着宾客，报酒品名称，等宾客确定无误后，方可打开。示酒的目的是表示对主人的尊重；核实选酒有无差错；证明商品质量可靠。

(3) 开瓶：酒品的封口一般有瓶盖和瓶塞两种，我们主要以葡萄酒和香槟为例介绍瓶塞酒品的开瓶方法。

• 葡萄酒：用开瓶器的小刀剥除瓶口的锡纸并用洁净的餐巾擦干净瓶口(图 5-2-4)；将酒瓶放在桌上，用开瓶器的螺旋垂直锥转入木塞，至螺丝钻刚刚没入为止(图 5-2-5)；将瓶塞慢慢拔出再用餐巾或口布擦净瓶口。

温馨小贴士：拔出时，用力不得过猛，以防瓶塞断裂。

过程中尽量不要晃动酒瓶，防止瓶底的酒渣泛起。

图 5-2-4　葡萄酒开瓶图示

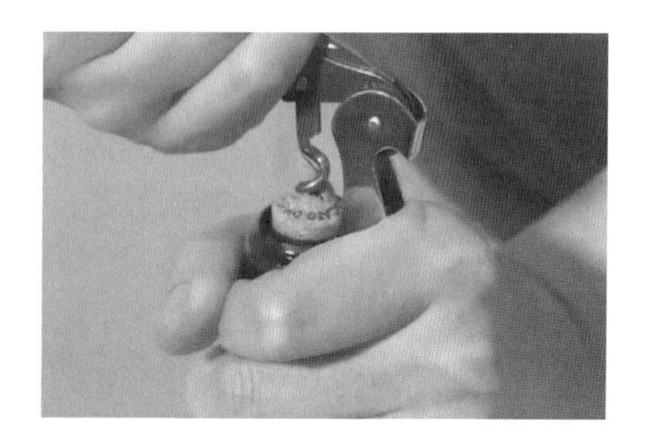

图 5-2-5　葡萄酒开瓶图示

• 香槟酒：用开瓶器的小刀剥除瓶口的锡纸；按住瓶塞，拧开捆扎瓶塞的铁丝（图 5-2-6）；左手斜拿成 45°角，大拇指压紧塞顶，右手握瓶缓慢转动酒瓶，使瓶内的气压逐渐地将木塞弹击出（图 5-2-7）。

温馨小贴士：瓶口始终不能朝向宾客或天花板，以防酒水喷溅到宾客身上或天花板上。

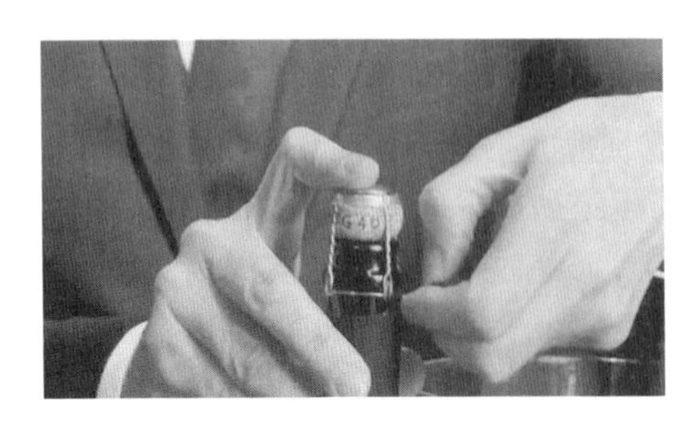

图 5-2-6　香槟酒开瓶图示

图 5-2-7　香槟酒开瓶图示

（4）验塞：开瓶后，服务人员要用洁净的餐巾将瓶口擦净，闻插入瓶内部分的瓶塞的味道，以检查酒品质量，将拔出的瓶塞放在垫有餐巾的托盘上，交于宾客检验。

（5）醒酒：陈年的葡萄酒在长时间的存放过程中会产生沉淀同时酒水会有一些令人不悦的杂味或异味（死酵母味、臭鸡蛋味）。所以为了增加口感，在斟酒前，服务人员应询问宾客是否需要醒酒，征得宾客同意后，将红葡萄酒倒入醒酒器中静置 5～10 min。酒液充分接触氧气后，本身的花香、果香逐渐散发出来，还能发展出一些更加微妙的风味，并柔顺葡萄酒中的单宁，使葡萄酒变得更有活力，口感也更加复杂、圆润。同时也可以将酒液与沉淀物分开。

（6）试酒：试酒是欧美人在宴请时的斟酒仪式。服务人员右手握瓶，左臂自然弯曲在身前，左臂上搭挂一块餐巾。在宾客右侧斟倒约 1 盎司（约 30 mL）的红葡萄酒，在桌上轻轻晃动酒杯，请主人闻香，经认可后将酒杯端送主宾品尝，在得到主人和主宾的赞同后再进行斟酒服务。

（7）斟酒：一般来讲，西餐每道不同的菜肴要配不同的酒水，吃一道菜便要换上一种新的酒水。西餐的酒水一共可以分为餐前酒、佐餐酒、餐后酒等三种。

餐前酒，别名开胃酒。它是在开始正式用餐前饮用，或在吃开胃菜时与之配伍。通常有鸡尾酒、味美思酒和香槟酒。

佐餐酒，又叫餐酒。它是在正式用餐期间饮用的酒水。西餐里的佐餐酒均为葡萄酒，而且大多数是干型葡萄酒或半干型葡萄酒。在正餐或宴会上选择佐餐酒有“白酒配白肉，红酒配红肉”的原则。这里所说的白肉，即鱼肉、海鲜、鸡肉。吃这类菜肴时，须以白葡萄酒搭配。而红肉，即牛肉、羊肉、猪肉。食用这类肉时，则应搭配红葡萄酒。

餐后酒，指的是在用餐之后，用来助消化的酒水。常见的餐后酒是利口酒，它又叫香甜酒。最有名的餐后酒，则是有“洋酒之王”美称的白兰地酒。

③ 台面服务

（1）保持清洁：拿餐具时，应拿刀叉的柄或杯子的底部，不可与食物碰触。餐桌上摆设的调味罐或杯子等物品要保持干净。上菜时需注意盘缘是否干净，若不干净，应用餐巾擦干净后，才能上席。撤盘时应将一起收下的餐具收拾到服务台上的托盘里，操作动作要轻。

（2）保持安静：西餐宴会十分注重气氛，但它不同于中餐宴会的热闹，而是在一种优雅、柔和的气氛中进行。服务人员要反应灵敏，步履要轻快，动作要敏捷干脆，不得有响声。向宾客介绍菜单或征询意见以宾客听得清为好。背景音乐要柔和，为宾客营造一种美妙的气氛。

（3）上菜撤盘：每上一道菜之前，应先将前一道菜所用餐具撤下。如果宾客用错餐具，服务人员不能指出宾客的错误，把前一道菜用错的餐具和应该使用的餐具全部撤下，然后给宾客补上对的餐具。上菜时，印有标志的餐盘应将标志正对着宾客。牛排等主菜必须靠近宾客，点心的尖头、蛋糕的

尖头应指向宾客。

(4) 保持温度：盛装热食的餐盘需预先加热才能使用，因此，餐盘或咖啡杯必须存放在具有保温功能的保温箱中。加盖的菜上席后，每一位服务人员负责一位宾客，为宾客揭盖要同时进行，动作一致。而冷菜类菜肴绝对不能使用保温箱内的热盘子来盛装，以维持菜肴应有的温度。

拓展能力
5-2-1

(5) 上调味酱：调味酱分为冷调味酱和热调味酱。冷调味酱如番茄酱、芥末酱等，由服务人员准备好后摆在服务桌上，待宾客需要时服务。热调味酱由厨房调制好后，由服务人员以分菜方式进行服务。上调味酱时可以一人上菜肴，一人随后上调味酱。或者在上菜之际，向宾客说明调味酱将随后服务，以免宾客不知另有调味酱而先品尝菜肴。

知识拓展
5-2-3

(6) 上洗手盅：凡是食用需用手的菜肴，如龙虾、乳鸽、蟹、饼干等，应提供洗手盅与香巾，盅内盛装约1/2的温水，放有花瓣或柠檬片装饰，用托盘送至宾客右上方的酒杯上方，上桌时稍做说明，避免宾客误饮用。随菜上桌的洗手盅，撤盘时需与餐盘一起收走。

三、宴会收尾服务

本部分详见中餐宴会收尾服务内容，在此不再赘述。

单元三　宴会服务现场突发事件管理

单元描述

酒店宴会服务现场具有人数众多、活动密集、菜品丰富等特点，若出现突发事件处理不周全的情况则会引发公关事件，进而给酒店的声誉和经济方面带来损失。故如何处理宴会服务现场突发事件成为酒店管理的重中之重。本单元从宴会服务现场突发事件的四个类型进行分析，提出相应的防范措施，建立宴会服务现场突发事件应急管理机制原则和制订宴会部门应对突发事件的管理预案。

单元目标

1. 了解宴会服务现场突发事件对酒店的影响。
2. 了解宴会服务现场突发事件的类型及分类表现。
3. 掌握宴会服务现场典型突发事件的处理步骤及方法。
4. 能根据宴会部门实际情况设计应对突发事件的管理预案。

引导案例

有报道一名女子在酒店入住，在客房楼层遭遇一名陌生男子袭击，若干酒店客人经过均未搭救，最终因一名女房客搭救，才得以脱险。

类似这样的突发事件都会给酒店品牌的未来发展蒙上阴影，更暴露出酒店业在安全管理上存在的巨大漏洞。

酒店作为一个人群密集的公共场所，公共安全是首位。这就要求酒店企业必须将“关注宾客、密切动态、提前预防”作为重中之重，切实做好酒店预防和处理突发事件的相关预案。

任务实施

一、宴会突发事件与公关危机的内涵

❶ **宴会突发事件**　它是指在酒店负责的区域内，突然发生的对宾客、员工和其他相关人员的人

身和财产安全，造成或者可能造成严重危害，需要酒店采取应急处置措施予以应对的火灾、自然灾害、酒店建筑物和设备设施安全事故、公共卫生和伤亡事故、社会治安事件，以及公关危机事件等。

❷ **酒店公关危机** 它是指影响酒店生产经营活动的正常进行，对酒店的生存、发展构成威胁的，可以使酒店形象受到损害的某些突发事件。

如果出现酒店宴会服务现场突发事件，若没有预案计划或应变能力，很容易由突发事件变成酒店的公关危机，在一定程度上影响酒店企业的前途命运。

二、宴会突发事件的特点

❶ **突发不确定性** 依据酒店突发事件发生的特点来说，宴会部易发生的突发事件有：宾客的突然死亡、突发的火灾、停水、停电，以及台风、地震等自然灾害。

❷ **危害性** 一般来说，酒店突发事件都会对酒店造成一定的影响和危害，这种影响可能会涉及宾客和员工的人身财产安全，也可能会涉及酒店整体利益的损害。这正是酒店建立突发事件应急管理的目的所在。

❸ **可预防性** 就突发事件本身发生的不确定性来说，它具有一定的突发性、偶然性，但就从技术和管理的角度来说有些突发事件完全有可能避免。

三、宴会突发事件的类型及应对措施

根据 2006 年国务院正式发布了全国应急管理体系的总纲领《国家突发公共事件总体应急预案》，以及其他学者的研究，结合酒店宴会实际情况针对酒店突发事件的性质及产生原因，对酒店突发事件做分类，如表 5-3-1 所示。

表 5-3-1　宴会突发事件

突发事件类型	突发事件具体分类表现
自然灾害	地震、海啸、台风、暴雨、洪涝等突发性自然灾害
安全事件	火灾，服务操作问题，或设施设备问题及操作时诱发的突发事件
社会事件	偷盗犯罪、打架斗殴、黄赌毒、恐怖行为，社会新闻媒介不利的报道等突发事件
公共卫生事件	宾客及员工食物中毒，食品及环境卫生问题

案例分享
5-3-1

（一）自然灾害

突发性地震、海啸、台风、暴雨等自然灾害所引发的后果很严重。这些不可抗力的现象发生可能会对酒店造成不可估量的损害。

例如台风，台风多发生在夏季的东南沿海地区。国家气象局也会对台风进行预警，此时，酒店宴会部应当做到如下几点。

【练一练】对于南方酒店来说，哪些自然灾害经常发生？我们又该如何预防？

（1）台风报警时，视台风等级情况，为保证宾客及员工的生命财产安全，宴会部应及时与销售部及预订部沟通，取消或推延会议举办时间。

（2）台风报警时，宴会部安排本部门员工，与工程部和保安部确定台风应急预案，并召开协调会。在台风到达期间各部门工作人员需坚守岗位，未经允许或接替不得离岗。

（3）宴会部与工程部共同对宴会的天棚、墙外装饰、招牌灯进行检查，必要时给予加固；要做好电力设备的保障工作，防止因台风引起线路故障或电击伤人事故。要确保下水道畅通，避免引起水淹；工程部人员应检查好酒店的应急供电设备是否能够正常运作，对于一些酒店的外开门和窗户等要进行加固。

（4）宴会部与保安人员要留意和指导车辆的停放，避免被吹落物砸坏的同时要加强警戒，防止犯罪分子趁机作案。宴会部同时记录与宴者的车辆的存放位置，并逐一通知与宴人员将车辆放在安

全的地方，尤其是设有地下停车场的酒店，应检查停车场排水系统及停电排水设备设施，避免由于地下车库进水浸泡车辆而给酒店带来巨额赔偿。

（5）若台风到达，酒店应当组织宾客及员工远离有危险的或者存在潜在危险的建筑设施，将宾客及员工进行适当的疏散和避难，宴会部应提供相应的帮助。对于一些放在高层建筑或者玻璃墙底部或者旁边的车辆，及时通知与宴人员转移，防止台风带来的危害。

（二）安全事件

安全事件包括突发火灾、煤气泄漏、停电、停气、停水，电梯困人、通信瘫痪、宾客受伤急救。这类事件多是由酒店内部经营操作及管理上失误所引起的，伴随着普遍性及危害性。宴会部是酒店中人员最密集的场所，必须要进行严格的监管。

案例分享

5-3-2

❶ 突发火灾　在酒店突发事件中屡见不鲜，不仅可以造成酒店的人员财产损伤，同时也会造成恶劣的社会影响，给家庭及社会带来巨大的灾难，处理不好就会使酒店承担巨大的经济赔偿，甚至是直接导致酒店企业的倒闭。

（1）火情报警。发生火情，宴会就近按下消防报警按钮，并呼喊附近员工参与灭火救援，并拨打酒店内部消防电话组织宴会厅宾客走消防通道离场；根据火情就近取灭火器进行灭火。

练一练

5-3-1

（2）火情处理。宴会人员发现火灾立即报警并组织附近员工参与灭火救援；火灾现场或附近区域的工作人员应立即赶往失火地点，自发组成志愿消防队，在火灾初期进行报警、扑救和人员疏散。

（3）人员疏散。由熟悉酒店的宴会人员担任总指挥，第一时间将宾客从安全通道疏散至安全区域；有秩序地从消防通道带领宾客，尤其是帮助行动不便的宾客撤离危险区域。

❷ 酒店突然停电　宴会部的处理步骤如下。

（1）汇报及检查。宴会部员工在第一时间将停电信息通知上级部门及各有关部门。由部门在店负责人组织各部门员工采取相应的应急措施，宴会服务人员要对宴会部公共区域及消费包房进行认真检查，防止有人点燃蜡烛或乱丢烟头引发火灾事故。

案例分享

5-3-3

（2）维持现场秩序。了解停电原因，做好对宾客的提示和耐心的解释工作。宴会部服务人员保持冷静的同时控制好宾客的情绪，尽量满足宾客合理的需求。若宾客要求离店，应做好引导工作，紧急情况下，还要做好人员的疏散工作，并引导宾客走安全通道撤离，检查宴会部电梯中是否有被困乘客，同时服务人员提醒宾客保护好自己的财物，以免有不法分子借机偷窃。

（3）关闭电器。为防止恢复供电时电流过大造成电器的损坏，宴会部员工须对大功率电器等重要设备进行认真检查，并关闭电源、电器和各种开关，采取相应的防范措施。

（4）寻求解决方法。平时与供电部门保持联系，遇停电时，即借用发电车或发电机应急，保证营业，保证营业区的照明，如一时无法供电，可缩小营业区域，及时在营业区内点上蜡烛，照常服务接待。

【练一练】酒店突然停水，宴会部的处理步骤应该是什么？

（三）社会事件

社会事件包括偷盗犯罪、打架斗殴、黄赌毒、公共恐怖行为，社会新闻媒介不利的报道等突发事件。

盗窃及财物丢失事件是酒店常见突发事件，宾客的钱财被盗、财物丢失以及酒店财物丢失，酒店对待此类事件时，不仅要提防外部盗贼的犯罪行为，还要加强对内部人员的监管和预防。酒店宴会部，是人员聚集场所，往往一个宴会上会有几百人同时出场，为了不给酒店的声誉带来损害，应该加强管控。

案例分享

5-3-4

打架斗殴事件容易发生在宾客酒后，一方或双方由于小的争执到身体上的接触，轻则使用拳脚，重则使用酒瓶等武器，导致双方受伤，最终警方介入处理，不仅可能需要酒店进行赔偿，严重的还会影响酒店的正常经营秩序。

（1）当宴会发生斗殴事件时，酒店工作人员应立即制止劝阻及劝散围观人群。

(2) 如双方不听制止，事态继续发展，场面难以控制，应迅速报告公安机关及知会酒店相关部门人员；保安人员迅速到场戒备，防止损坏酒店物品及其他宾客和员工的生命财产安全。

【练一练】宴会部突发偷盗犯罪，处理步骤应该是什么？

(3) 如酒店物品有损坏，则应将斗殴者截留，要求赔偿。现场应保存录像资料、拍好照片以供日后索赔；如有伤者则予以急救后交警方处理；现场须保持原状以便警方勘查，并协助警方辨认滋事者。

(4) 如果斗殴者乘车逃离，应记下车牌号码、颜色、车型及人数等特征。

(5) 应协助警方勘查现场，收缴打架斗殴工具。

(四) 公共卫生事件

案例分享
5-3-5

练一练
5-3-2

食物中毒多发于大型活动，如婚宴、会议聚餐等。高星级酒店发生的可能性较小，但此类事件关系到宾客的生命安全，酒店及各部门在发现宾客或员工有中毒情形时，应采取以下措施。

(1) 拨打急救中心电话120呼救。如医务人员没有及时赶来，中毒者有生命危险，应由酒店派车将中毒者送往附近医院进行抢救，并通知中毒者的单位或亲友。

(2) 保护好中毒者所在的现场，不允许人和人触摸有毒或疑似有毒的物品，做好样本的留存(包括在场的药物、容器、饮品、食物及呕吐物等)以便检查。

(3) 宴会部应将中毒者私人物品登记后交予警方。

(4) 控制住现场，疏散闲杂围观人员。

四、建立宴会突发事件应急管理机制的原则

针对宴会突发事件的诱因和分类的剖析，需要制订适合宴会的应急管理机制，最终减少突发事件带来的损失，通过研究我们要掌握以下三个原则。

❶ **时效优先原则** 在宴会突发事件发生较短的时间内，以最短的时间、最高的效率将其消灭在萌芽之中。也就是在时间和效率的两个维度上，采取行之有效的处理方案，减少突发事件对宴会部的影响。

❷ **相互协作原则** 宴会部只是酒店众多部门中的一个部门，其正常的经营运行需要酒店各部门的支持，尤其是销售部和餐饮部，需要保持良好的沟通。当遇到突发事件时，需要各部门共同制订宴会突发事件应急方案，在发生应急事件时，联合解决问题，互通有无，共同承担解决应急事件的责任。

❸ **灵活多变原则** 对于宴会突发事件的应急管理方法来说，万变不离其宗，在维护宾客、员工以及酒店利益的基础上，减小影响范围，减少突发事件带来的不良影响。所以，围绕这个中心点，宴会部要根据不同的情况，列出不同的处理方法，找到最佳的解决方案。

五、宴会部门突发事件应急管理机制

由于酒店的营业场所的公开性、流动性以及人员复杂性，在处理突发事件时其应急管理应该考虑到多方面影响因素。通常情况下需要建立一个突发事件的应急管理机制，主要包括以下内容。

❶ **建立突发事件预警机制** 根据突发事件的危害程度、紧急程度和发展态势，可以将突发事件划分为红色一级(特别严重)，橙色二级(严重)，黄色三级(较重)，蓝色四级(一般)事件。酒店宴会也可以参照这个方法，将宴会突发事件进行预警分析，建立一套预警方案，对宴会部门处理突发事件起到明确的指导意义，如建立火灾预警机制、日常安全预警机制等。

❷ **建立各部门协同机制** 各部门能否在突发事件发生之时高效率、及时解决，成了突发事件管理的关键。所以要在平时建立起各部门之间的良好沟通及协同作战机制，通过内部协调与调配，减少突发事件发生时出现的问题。

❸ **建立应急保障制度机制** 制订紧急事件管理人员权责分配制度，紧急事件处理人员调度制

度等，平时要提高酒店各部门紧急事件处理水平，定期举办应急事件演练，避免在出现紧急事件时出现混乱局面，从而以保障酒店的发展。

④ **建立风险评估机制**　对突发事件的风险，如安全和经济风险，声誉和无形资产的影响进行评估，有助于酒店制订突发事件管理方案。

六、宴会部门应对突发事件的措施

① **部门树立"安全第一，宾客至上"的思想**　宴会部建立培训制度，从宴会经理、主管、领班到普通员工均应有培训体系，都要树立这个思想。做好岗前、岗位和岗后培训，增强员工安全意识，规范员工安全行为。

② **部门做好突发事件预案**　由于突发事件种类繁多等特性，所以宴会部门要针对各种类型的突发事件，结合酒店的设备设施及人员情况，参照以往的经验教训及好的案例，找到适合本部门处理突发事件的最佳方案，制订详尽而科学的预案流程和应急处理办法。

③ **落实责任，有奖有罚**　宴会部门要按照制订好的突发事件管理办法，规定部门及岗位的责任人，将责任落实到每个人。同时配合平时的现场检查工作，对做得好的进行奖励；对安全意识不强的，防患意识不到位的，要严格要求，不改的要严肃处理进行惩罚。

④ **预防为主，重在演练**　酒店及宴会部门根据相关规定组织消防知识学习及消防演练，不定期地组织部门突发事件处理演练，提高员工的防范意识及实际操作能力。

模块六

宴会经营管理

扫码看课件

单元一 宴会预订与销售

单元描述

宴会的设计与管理，首先要从受理预订开始。本单元设置了宴会预订与销售方式和宴会预订与销售服务流程两个任务。

单元目标

1. 能够按照宴会预订流程接待宾客预订，能够准确填写在宴会预订中产生的表单等。

2. 掌握宴会预订方式及其特点，掌握主题宴会预订的流程，掌握了解宾客信息的方法，明确宴会合同规定的各项内容。

3. 在接待宾客预订时，从衣着打扮到言谈举止应礼貌、规范，要热情地接待宾客，彰显酒店员工的素质，树立酒店服务质量高水准的品牌形象；养成认真、细致、耐心的良好品质；培养员工诚实守信的工作作风，为酒店树立良好信誉。

引导案例

某酒店宴会预订部的秘书小谢，第一次接到一家客户的大型宴会预订电话。在记录了宴会日期、时间、主办单位、联系人情况、参加人数、宴会的类别和价格、宴会厅布置要求、菜单要求、酒水要求等基本情况后，小谢就急忙带上预订单与合同书要亲自到客户的单位去确认。同事老关拦住她说："你最好请对方发一个预订要求的传真过来，然后根据要求把宴会预订单、宴会厅的平面图和有关详细情况反馈给对方，并要求对方第二次传真预订。有必要时，还要请客户亲自来酒店看一下场地和布局情况，然后填写宴会预订表格、签合同并排入宴会计划。"小谢按照老关所说的程序把信息反馈过去，几天后，她接到了客户的传真。果然，这一次对方对宴会的布置、参加人数等要求均比电话所讲详细了很多，双方在价格上又进行了一番商谈。为了发展客户，争取客源，酒店最终同意给客户让利。客户交纳了订金并在规定期限的合同上签字，这个预订终于成功了。通过这次预订，小谢熟悉了大型宴会预订的程序与方法。

思考：

小谢先前接受宴会预订工作时有哪些不妥的地方？怎样才能做好宴会预订工作？

知识拓展 6-1-1

任务实施

一、宴会预订与销售方式

（一）电话预订

电话预订是宾客提前通过电话预订宴会。这种方式具有便捷、经济的优点，但对预订人员语言表达技巧、业务熟练程度、公关意识等要求很高。电话预订工作流程如图 6-1-1 所示。

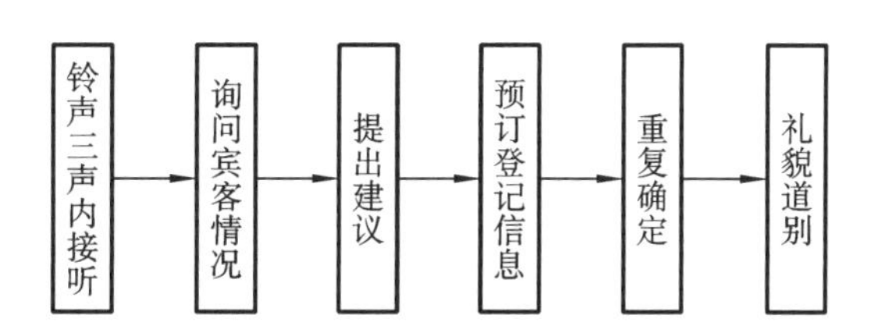

图 6-1-1　电话预订工作流程图

（二）面洽预订

面洽预订是宾客亲自到酒店通过面谈的方式进行宴会预订，一般分为宾客临时上门预订与预约上门预订两种。这种方式有利于宾客更多地了解酒店，有亲身体验，能否预订成功一般可以很快给出答复，但宾客要花费一定的时间进行咨询。酒店预订人员会带一些酒店宴会相关资料与宾客面对面洽谈宴会预订事项，可靠性比较强。这种预订方式对预订人员的仪容仪表、举止谈吐要求比较高。面洽预订工作流程如图 6-1-2 所示。

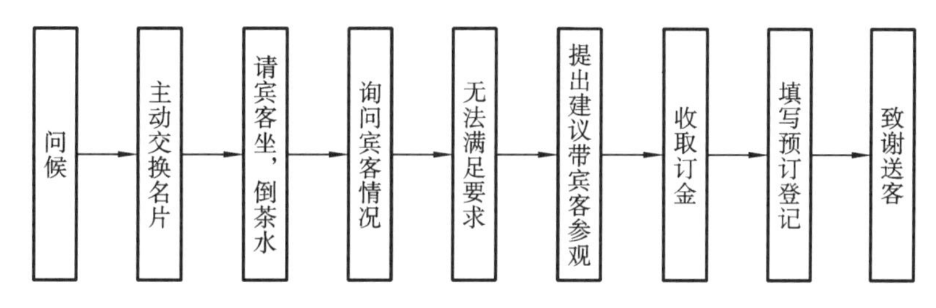

图 6-1-2　面洽预订工作流程图

（三）销售预订

销售员登门拜访宾客时的预订，既宣传酒店、推销产品、扩大知名度，又为宾客提供方便。优点：直接接触，印象深刻；双向沟通，方便交流；纠正偏见，改善关系；了解要求，得到许诺；介绍情况，提供预订。缺点：成本费用较高、覆盖面较小、工作量较大。销售预订对大型宴会和其他大型会议、活动比较有效。销售预订工作流程如图 6-1-3 所示。

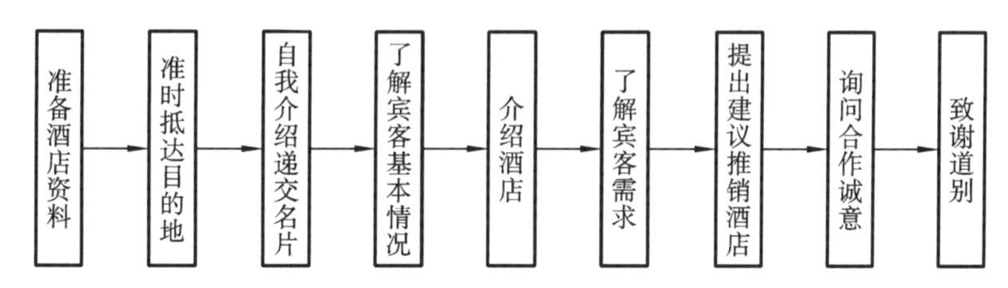

图 6-1-3　销售预订工作流程图

（四）网络预订

网络预订是宾客通过酒店在门户网站、微信公众号、第三方平台等发布的宴会预订信息进行宴会预订。此方式灵活快捷，但无法直接与宾客进行双向沟通，同时受信息时效性影响较大。

二、宴会预订与销售服务流程

宴会预订与销售服务流程见图 6-1-4。

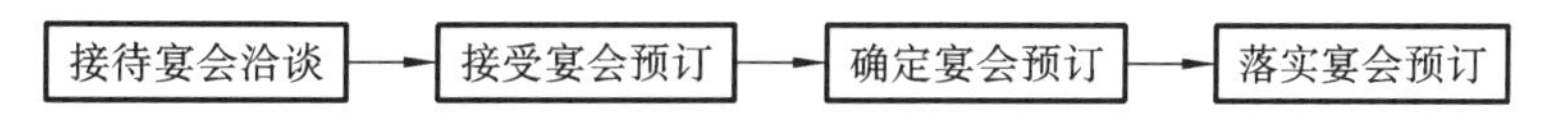

图 6-1-4　宴会预订与销售服务流程

（一）接待宴会洽谈

一般宾客的问题不外乎场地是否有空闲，宴会、会议的费用，宴会厅规模，宴会厅能提供的相关仪器设备，菜单的内容，现场平面图，订金以及宴会活动相关厂商资料的获得等。

❶ **宴会时间** 宴会举办的具体日期(年、月、日、星期)与时间(早、中、晚餐，宴会持续时间)。宴会中的祝酒词、演出的具体时间。大型宴会布置场地的时间和员工准备工作的时间。

❷ **宴会主题** 宾客举办宴会的目的与性质。

❸ **宴会规模** 出席人数，宴席桌数。大型宴会应预留 10%的席位和出品。

❹ **宴会标准** 宴会消费总数、人均消费标准、每席价格标准、是否包括酒水费用，有否服务费、预订费用以及其他费用等，付费方式与日期。

❺ **宴会菜单** 宴会菜式、主打菜肴的要求，可供变换、替补的菜点，可供选择的酒单。

❻ **宾客信息** 预订人的姓名、单位名称和联系方法。宾客年龄、性别、职业、风俗习惯、喜好禁忌(必须首先考虑宗教饮食禁忌)，有何特殊要求。有无司机及其他人员，如有，他们的用餐方式与标准。要根据身份最高的主要宾客、重要陪客的喜好来决定菜单制作、服务方式与宴会布置。

❼ **宴会场地** 宴会厅的大小、氛围和布局。宴会标识文字与色彩。有无祝酒词、音乐或文艺表演、电视转播、产品发布、接见、会谈、合影、采访、鸡尾酒会等涉及活动会场与设备的要求。要否台型设计、宴会背景墙等。

❽ **细节要求** 如行动路线；汽车入店的行驶路线，停车地点，宾客入店专用通道礼宾礼仪；VIP宾客的红地毯、总经理的门前迎候、服务人员的列队欢迎、礼仪小姐的迎送献花等。有无宾客席次表、座位卡、席卡等。

（二）接受宴会预订

❶ **填写宴会预订单** 接受主题宴会预订也称宴会预约，宴会预约阶段是指宾客有意预约宴会，但尚未对宴会做出最后决定，属于对宴会的暂时性确认阶段。暂时性确认的宴会预订情况有三：一是宾客处于询问和了解宴会情况的阶段，如不及时预订，宴会厅将就会被他人订满；二是宴会已经确定，但在费用和宴会厅地点上还在进行比较和选择；三是宾客因有其他相关事宜无法最后确定宴会时间。宴会预订单如表 6-1-1 所示。

表 6-1-1 宴会预订单

公司名称： 联系人姓名： 联系人电话： 地址： 宴会形式：□会议 □中餐宴会 □婚宴 □寿宴 □西餐宴会 □冷餐 □鸡尾酒 □自助餐 □其他 宴会地点：	宴会日期： 宴会时间： 预算人数： 保证人数： 餐标： 酒水：
宴会布置要求：	付款方式： 现金□ 信用卡□ 公司支票□ 挂账□
备注：	菜单：

经手人： 批准人：

客户代表：

❷ 填写宴会安排日记簿　宴会预订安排日记簿用于记录宴会预订情况、供预订人员在受理预订时核查预订信息(图 6-1-5)。预订人员受理预订时，首先询问宾客宴请日期与具体时间、人数等，然后根据日记簿记录的宴会厅使用情况与宾客洽谈宴会预订事宜，达成意向后在日记簿上填写有关事项。宴会安排记录簿在营业时间内，始终置放在预订工作台上，营业结束后须妥善保管。没有确定的宴会预订可用铅笔书写，以便修改；已确定的宴会预订可用碳素笔书写。宴会安排日记簿一般一日一页，主要内容有：宴会日期，宴会名称，预订人姓名及联系电话，宴会类型，预计出席人数，预订宴会厅名称，是已经确认的预订还是暂时预订等。

图 6-1-5　宴会安排日记簿

❸ 对已预订宾客的跟踪　宴会预订人员主动与已填写宴会预订单的宾客保持密切联系，进行有效沟通，直到宾客完成宴会确认为止。因为大多数宾客在正式确定预订前，可能还会就菜单、价格、场地、环境等方面进行研究，之后再答复酒店，因此预订人员需详细记录每次与宾客沟通的结果，除存档备案外，还需准确无误地将资料转达给相关人员，确保宴会预订的成功。如果预订的宴会确定可以举办，宴会预订人员就要着手落实签订宴会确认书、签订宴会合同、收取宴会订金等；如果宴会具体内容确定不下来，问清原因，及时给宾客解决建议，之后密切跟踪查询。

（三）确认宴会预订

❶ 与宾客确认宴会接待计划　在填写完成宴会预订单后，积极与宾客跟踪沟通，如果得到了主办单位或个人的确认要举办宴会，需进一步与宾客确认宴会接待计划，计划包括宴会活动、酒店行动计划、结算价格及方式等宴会细节；如宾客需使用的场地涉及大型或特殊布置时，需要跟宾客确定布场细节。

❷ 签订宴会合同　预订人员需将双方确认的接待计划等事项记录在宴会合同书上，同时明确若干规定或说明，双方签字，以保障和明确宾客与酒店双方的权利与义务。宴会合同书举例如表 6-1-2所示。

表 6-1-2　宴会合同书

编号　　　　　　　　　　　　　　　　　　　　　　年　　月　　日

宾客姓名		公司名称	
活动日期		宴会场所	
通信地址		联系方式	

宴会布置要求

项目	数量	单价	金额	备注
食品				
酒水				
香烟				
鲜花				
宴会布置				

续表

车队				
租用设备				
支付订金				
预订人数				
保证最低人数				

宾客签字：

③ 收取宴会订金　根据宴会合同的约定，酒店为宾客预留宴会活动场地，若宴会活动取消，必将导致酒店蒙受较大经济损失。因此，一般情况下，合同签署当日，宾客或主办方向酒店支付宴会订金，以保障双方的权益，保证宴会准备工作的顺利进行。宴会的订金一般不超过宴会总费用的20%，重要的大型宴会收取总费用的20%以上，但不超过50%。

若在预订宴会的宾客未付订金之前，其他宾客欲订同一场地，预订人员需打电话询问先预订宾客的意愿。如宾客表示确定使用该场地，需及时到酒店交付订金，否则预订权将给予下一位预订宾客。一般对订金的处理主要涉及以下几个方面（宴会合同中会约定更详细的订金处理方案）。

(1) 如果宾客超过合同约定的限期取消预订，订金将不予退还。

(2) 对于预订后届时不到的宾客，按全价收费。

(3) 取消预订时，宾客需在宴会前一个月通知酒店，酒店不收任何费用；若是在宴会举办前一个星期通知酒店，订金将不予退还，酒店还要收取宴会总费用的50%作为罚金。

（四）落实宴会预订

① 发布宴会通知单　酒店举办宴会需多个部门合作完成，预订人员正式确认宴会预订成功后，需向宴会相关部门发布宴会通知单，明确各部门的工作任务及有关细节要求，以便工作人员随时跟进工作，确保宴会活动顺利进行。宴会通知单举例详见表6-1-3。

表6-1-3　宴会通知单

公司名称		日期		星期	
组织者		电话			
地址		预计人数		保证人数	
活动形式		付款方式			
预订员		预付款			
用餐安排				价格	
人数	时间	地点	餐别	食品	
				饮料	
				场租	
				咖啡茶点	
				杂项	

特殊要求

指示牌		用花/公共区域	

续表

菜单 日期	乐队	
	酒水部	
	装饰	
	美工	
	工程部	
	摆台	

❷ 宴会预订变更与取消

(1) 宴会预订变更:宴会预订变更一般主要是针对宴会参加人数的增减、台型的变化、宴会活动项目的变化、布场标准的变化等。酒店宴会相关部门的准备工作要随宾客的宴会变更需求做出调整,确保宾客满意。通常,宴会预订变更流程如下。

①变更接待。宾客通过电话或面谈形式对已预订的宴会进行更改时,预订人员应注重礼貌礼仪,态度和蔼。

②了解需求。详细了解宾客更改的项目、原因,尽量满足宾客要求。

③认真记录。将更改内容记录于宴会变更簿,并向宾客详细说明有关项目更改后的处理原则。

④回复确认。尽快将变更处理的信息传递给宾客,与宾客再次确认变更。

⑤填写宴会更改通知单。准确填写,及时送至相关部门和工作点,通知单接收者签字确认。宴会预订更改单举例如表 6-1-4 所示。

表 6-1-4　宴会预订更改单

年　　月　　日

宴会预订单号		合同编号	
宴会日期			
宴会地点			
公司名称			
更改内容	从		到
日期			
时间			
地点			
人数			
其他			

餐饮部经理:　　　　　　　　　　制表人:

⑥跟踪落实。检查更改内容的落实情况,处理更改后费用收取等事宜,与宾客保持密切联系。

⑦修改客史档案。将更改原因及处理方法记录存档,同时向上级汇报。

(2) 宴会预订取消:预订就具有不确定性,由于种种原因,宾客提出取消已预订的宴会,预订人员应做好如下工作。

①受理取消。积极与宾客沟通,弄清取消预订的原因,根据原因尽量提出解决方案,挽留宾客。

②取消预订。在该宴会预订单上盖"取消"印,记录取消预订日期、取消原因、取消人姓名以及受理取消的宴会预订人员姓名,及时通知宴会相关部门。将取消的宴会预订单存档。

③如是大型宴会、大型会议等预订的取消,预订人员应立即向上级汇报,由上级领导进行处理。

④预订主管或经理可向宾客去函致歉,积极与宾客保持良好的关系。

⑤如果暂定的大型宴会预订被取消，预订人员要填写一份“取消宴会预订报告”说明情况，这对改进宴会销售工作具有重要意义。

③ 建立宴会客史档案 一般宴会客史档案包括：宴会预订单、宴会确认书、宴会合同书、宴会通知单、宴会预订更改单、宴会预订取消单、宴会菜单、宴会酒水单、宴会台面图及台面说明书、宴会台型设计图、宴会议程策划书、宴会场景设计说明书，宴会服务管理流程设计方案、宴会突发事件、营业收入、宾客反馈和其他信息等。

宴会客史档案详细记录宴会预订的资料及举办情况，宾客喜好的场地、场景、菜式、台型、台面、背景音乐、席间乐曲等信息，经过统计分析为宴会销售与服务提供可靠资料，同时对于忠诚的宴会宾客，预订人员便可有目的地进行沟通销售，提高宴会预订效果。

单元二 宴会成本管理与价格管理

单元描述

宴会是酒店餐饮部或社会餐厅经济收入的重要来源。在宴会中，菜品生产是降低宴会成本、提高宴会经济效益的关键。本单元设置了宴会产品成本管理和宴会产品价格管理两个知识模块和能力训练。

单元目标

1. 能够计算宴会菜品的成本，通过成本核算找出降低菜品成本的方法；掌握利用营销策略来制订价格的方法。

2. 理解宴会产品成本、价格的概念及分类，理解宴会产品价格制定的原则，掌握宴会产品成本核算和价格制定的方法。

3. 养成以宾客需求为导向的思维方式，灵活使用宴会定价策略。

引导案例

小心思——烤鸭架变废为宝

北京很多酒店都制作烤鸭，片好鸭肉后，很多宾客就不要鸭架了，残留在鸭架子上的烤鸭肉积累起来也不少。×××酒店为了节约成本，让烤鸭师傅将残留的烤鸭肉分别取下，剁成小丁后加入少许笋丁、香菇丁炒出香味。再取价格低廉的鸡胸肉剁成蓉，抹在油豆皮上，然后将炒香的鸭架子肉放在鸡肉蓉上，将油豆皮卷成卷，油炸后改刀成块，搭配味汁蘸食。此菜成本只有 6 元，售价为 28 元，毛利率接近 80%。

任务实施

一、宴会产品成本管理

（一）宴会产品成本

宴会产品成本是指在一定时期内，宴会生产经营活动中所发生的支出与耗费的总和。

❶ 宴会产品成本构成

（1）原料成本。宴会食品和饮料产品的原料成本，由主料、配料、调味料组成。因此，菜点原料价格的高低、涨发率及出净率的多少直接影响菜品的成本及售价。普通餐饮原料成本率一般在 45%

左右，宴会原料成本率应低于普通餐饮原料成本率。

（2）人工成本。宴会经营中所耗费的人工劳动的货币表现形式，包括工资、养老金、失业金、医保金、公积金、住房补贴金及员工各种福利补助等。宴会人工成本高于普通餐饮人工成本。

（3）生产成本。宴会经营中的各种费用，如水电费、燃料费、设施设备费、物料用品费、洗涤费、办公用品费、交通费、通信费、器皿损耗费、贷款利息等。宴会的生产成本高于普通餐饮生产成本。

（4）销售成本。宴会菜品销售中的费用，如公关费、推销费、广告费等。

❷ 宴会产品成本分类　从成本管理角度，宴会成本可分为可控成本和不可控成本。

（1）可控成本。在短期内可以控制、改变其数额的成本，又称变动成本。如宴会的菜品原料成本、饮料成本、人工成本、水电费、燃料费、修理费、管理费、广告和推销费用等。

（2）不可控成本。短期内无法改变的成本，如折旧费、税费、贷款利息、正式员工的固定工资费用等。

（二）宴会成本控制

宴会成本控制的重点是菜肴的成本控制。菜肴的成本控制是绝对不能走偷工减料的路，而要从酒店自身的潜力挖掘做起，否则就不可避免地会将自己的市场拱手让给别人。宴会成本控制有以下几条主要途径。

❶ 原料采购供应的成本控制　宴会的食品原料种类繁多、消耗量大；为了降低采购供应成本，要想方设法缩短和优化食品原料的供应链，减少中间环节，降低库存费用。

❷ 原料储运阶段的成本控制　由于肉类、水产类食品容易变质，水果蔬菜容易腐烂，许多粮食制品也容易反潮变质，每年因为储运阶段原料的变质所造成的经济损失也很大。而这种损失相当大的一部分最终会转嫁给宴会的消费者。如果能够通过合理的物资调运，压缩库存，使用各种先进的保鲜工具和保鲜方法，就可以显著地降低储运阶段的成本，最终使酒店与宾客都从中受益。

❸ 加工阶段的成本控制　在菜肴的粗加工、细加工阶段，容易出现因对食品原料处理不当所导致的浪费现象。如果采用 ABC 分析法找出种类少、成本比重高（比较贵重）的食品原料，并在该食品原料的加工制作过程中有意识地采用“折损率”定额控制，就可以有效地减少在这一环节中的浪费，达到降低宴会成本的目的。

❹ 人力资源配置的成本控制　宴会的经营淡旺季是比较明显的，酒店如果以旺季的人力需求来定编制，势必在淡季时就会出现许多人无所事事的现象，造成人力资源利用上的浪费。在宴会销售旺季雇用一些经过训练的临时工、钟点工来代替固定工，以预订的宴会数来定所要临时聘用的员工数（一般每席雇用一人），工作时间从餐桌摆台、席间服务一直到宴会结束台面的收拾整理为止，以钟点（婚宴一般定为每次 4 h）来计算酬金。这样做，就可以有效地降低宴会的人工成本。

❺ 能源消耗的成本控制　宴会厅采用节能显著的设备与生产工艺，加强宴会厅空调、照明电器的节能管理，避免不必要的菜肴重复加热。餐具洗涤消毒器、微波炉要注意尽量满负荷运转，节能使用。

二、宴会产品价格管理

（一）宴会产品价格

宴会产品价格是指宴会中的食品和宴会中使用的一些物品销售价格的总和，是一定的成本、费用、利润和税金的货币表现。

❶ 宴会产品价格构成　宴会产品价格是由原料成本、经营费用、税金和利润等构成的。由于宴会产品销售是集产品生产、产品销售及产品服务为一体的销售过程，所以在宴会产品成本外的一些其他费用中，有些项目的费用不能进行单一核算，所以只能以“毛利”来统称（图 6-2-1）。

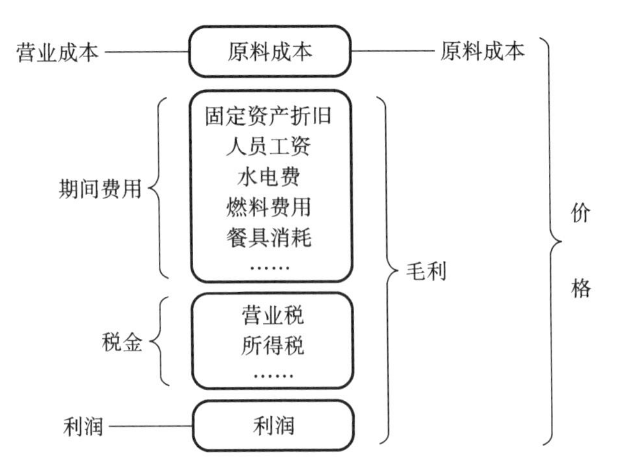

图 6-2-1　宴会价格构成图

❷ 宴会产品价格计算公式

公式一：宴会产品价格＝宴会产品成本＋期间费用＋税金＋利润(其中宴会产品成本主要是食品原料成本)

公式二：宴会产品价格＝宴会原料成本＋毛利(费用、税金和利润之和)

因此，毛利＝宴会产品价格－宴会产品成本(原料成本)

公式三：毛利率＝毛利÷宴会销售价格

毛利率的高低直接反映出宴会的经营管理水平。

(二) 宴会产品定价

❶ 宴会产品定价原则

(1) 目标性。价格要反映产品的价值。宴会出售的所有产品的价格必须是以其价值为主要依据制定。一要明确目标市场。根据宴会产品质量及市场竞争水平来决定不同宴会的销售价格。宴会价格要接近宴会市场的竞争价格。二要明确目标利润。酒店需要争夺或扩大市场占有率时，宴会价格要略低于市场的宴会价格；酒店要显示宴会特点及质量，树立企业形象时，应将宴会价格定得高于市场宴会价格或高于竞争对手同档次宴会的价格水平。

(2) 标准化。酒店对本店宴会的毛利率都有明确的规定，但是，不同类型的宴会，毛利率也有差异。确定宴会毛利率标准，不可太低，这样会没有盈利；也不可太高，以免缺乏竞争力。宴会毛利率虽然要根据不同的情况做适当的调整，但在一定时期内应当保持相对稳定，不能频繁或做较大幅度的变动，否则将对酒店的信誉有损伤。毛利率的标准：高星级宾馆、高档次餐厅毛利率高；高档次宴会、高质量菜肴、高服务要求的宴会毛利率高；特色宴会毛利率高。酒店独家创新的宴会或是在某些方面具有特色的宴会，如“全羊席”“全鱼席”“风景宴”“仿古宴”等毛利率高；工艺复杂、技术性较强的宴会比工艺相对简单的宴会毛利率高；名师主理的宴会比普通厨师主理的宴会毛利率要高：团体宴会毛利率比私人宴会毛利率高；一般客户宴会毛利率比常客户宴会毛利率高；西餐宴会比中餐宴会毛利率高：旺季宴会比淡季宴会毛利率高。毛利率可参考同行或同类酒店的水平。

(3) 灵活性。一方面，对于价格长期稳定供给的原料，其产品价格也要保持相对稳定；对于季节性强的原料，由于原料供应价格变动幅度较大，在定价时也可遵循灵活定价的原则。另一方面，对老客户的照顾、团体的优惠、新产品的开发等方面可区别对待。如开发新的宴会品种，其他酒店暂时没有或无法仿制的宴会(如满汉全席)，在其价格无法相比的情况下，其价格可高一些。忠诚客户或桌数多、规模大的宴会，价格可低一些，可采取打折销售、赠送及其他各种优惠方式，来刺激宾客消费。

(4) 制定价格要服从国家政策，接受物价部门指导。宴会产品定价要按照国家物价政策在规定范围内制定。定价人员要贯彻按质论价、分等论价、时菜时价的原则，按合理的成本、费用、税金加合理的利润来制定宴会餐饮产品价格并接受当地物价部门的定价指导。

② 宴会产品定价方法

(1) 计划利润法。目标食品成本率是酒店为获得预期的营业收入扣除营业费用后，获得一定盈利而必须达到的食品成本率。目标食品成本率可以通过分析上期营业记录或通过对下期营业的预算得到。

(2) 贡献毛利法。宾客除须支付其宴会菜肴的成本以外，应该平均分摊酒店的其他费用，如设施设备使用、环境气氛烘托成本。先对酒店的营收进行预测，再确定每桌宴会菜肴对毛利的贡献。

(3) 分类加价法。各类宴会的获利能力，不仅应根据其成本高低，而且还须根据其销售量大小来确定。不同标准的宴会菜肴使用不同的加价率，因而各种宴会的利润率高低是不同的。根据经验，高成本的菜式应适当降低其加价率，而低成本的菜式可尽量提高其加价率。

(4) 售价毛利率法。这是根据宴会菜肴的标准食品成本和售价毛利率来计算宴会销售价格的定价方法。此法以宴会菜肴的售价为基础(即100%)，从中扣除预期毛利所占售价的百分比(即售价毛利率)，算出剩下宴会菜肴成本占售价的百分比，又称为内扣毛利率法。

产品价格＝单位产品标准成本÷(1－售价毛利率)

【计算例题】 海南仔鸡：主料进价为9.86元/千克，净料率为82.5%，盘菜用量0.48千克，配料成本和调味料成本分别为0.8元和0.5元，销售毛利率为62%，确定海南仔鸡的价格。

单位产品成本＝0.48÷82.5%×9.86＋0.8＋0.5≈7.04(元)

海南仔鸡价格＝7.04÷(1－62%)≈18.5(元)

(5) 成本毛利率法。这是根据宴会菜肴的标准食品成本和成本毛利率来计算宴席销售价格的定价方法。此法以食品标准成本为基础(即100%)，加上毛利占标准成本的百分比(即成本毛利率)，再以此计算宴席菜肴的销售价格，又称外加毛利率法。

产品价格＝单位产品标准成本×(1＋成本毛利率)

【计算例题】 海南仔鸡：主料进价为9.86元/千克，净料率为82.5%，盘菜用量0.48千克，配料成本和调味料成本分别为0.8元和0.5元，销售毛利率为62%，请换算为成本毛利率，并确定海南仔鸡的价格。

单位产品成本＝0.48÷82.5%×9.86＋0.8＋0.5≈7.04(元)

成本毛利率＝销售毛利率÷(1－销售毛利率)＝62%÷(1－62%)≈163%

海南仔鸡价格＝7.04×(1＋163%)≈18.5(元)

(6) 跟随法。这是以其他同类酒店的价格水平为依据，对宴会菜肴进行定价的一种方法。但盲目使用会忽视食品原料成本，容易引起亏损。

在实际定价过程中，应综合考虑以上方法。较常用的宴会价格定价方法，是先确定大概的产品轮廓与价格，然后按预算营收的边际贡献来确定外加毛利率或内扣毛利率，再来确定具体菜肴的主料、配料的配比的定价方法。

单元三　宴会质量管理与控制

单元描述

宴会质量的好坏决定了宾客满意度的高低，直接影响了酒店经营利润。本单元将从宴会服务质量的内容、控制要素、目标、控制方法等方面进行介绍。

单元目标

1. 能够根据酒店的实际情况合理选择相应的控制方法进行宴会服务质量控制。
2. 理解宴会服务质量的内容、控制要素、目标。
3. 培养语言表达、沟通和协调能力；树立团队合作精神；树立主动、热情、耐心的服务意识。

“破窗理论”的思考

犯罪学家凯琳曾注意到一个现象：在她上班的路旁，有一座非常漂亮的大楼，有一天，她注意到楼上有一扇窗户的玻璃被打破了，那扇破窗与整座大楼的整洁美丽极不谐调，显得格外刺眼。又过了一段时间，她惊奇地发现：那扇破窗不但没得到及时维修，大楼上反而多了几个带烂玻璃的窗子。

这一发现使她忽有所悟：如果有人打坏了一个建筑物的窗户玻璃，而这扇窗户又得不到及时维修的话，别人就可能受到某些暗示性纵容的影响去打烂更多的玻璃，久而久之，这些破窗户就给人造成一种无序的感觉。其结果是：在这种麻木不仁的氛围中，犯罪就会滋生。这就是凯琳著名的“破窗理论”。

换句话说，当我们置身于一个异常优雅整洁、地面非常干净的环境中的时候，环境的优美就会给我们一种不自觉的提示：这里不能随地吐痰，不能随手乱丢纸屑果壳。但是，如果有人丢了废纸，且没有人来及时清扫的话，对于其他人就会有种暗示：原来这里是可以丢废纸的。丢得越多对后来者来说就越有一种纵容感。接下来的事情就可想而知了，可以说这里很快就会成为一个大垃圾场。凯琳是研究犯罪心理的。虽然她想阐明的是外在的环境也是一个导致犯错或犯罪的诱因，但是，我觉得这个原理也适用于人内在的心灵。其实，人的心灵就如这样一座整洁美丽的大楼。如果当初有一扇窗户的玻璃碎了，得不到及时维修，那么久而久之，这座大楼就有可能变得千疮百孔。

一幢美丽的大楼不进行维护和管理，就会千疮百孔，一家酒店、一场宴会不进行质量控制与管理，也会很快跌入低谷。

请你阅读以下资料，思考并回答问题。

传统的宴会质量管理都将质量管理的目光放在宴会产品的生产制造过程中，通过控制产品的生产过程，使得产品的质量符合某种技术标准，并以此确认为是合格的产品。这种观点是否合理？为什么？请简要叙述对其的理解。

任务实施

服务质量对酒店宴会产品的生产及产品的销售至关重要，宴会销售的竞争就是服务质量的竞争。优质的宴会服务质量可以提高其知名度和美誉度，因此，不断提高宴会服务质量，以质量求效益是宴会销售与发展的必经之路，也是宴会管理者共同努力的目标和日常管理的核心部分。

一、宴会服务质量的内容

宴会服务质量是指宴会服务活动所能达到规定要求和满足宾客需求的能力与程度，它包括有形产品服务质量和无形产品服务质量两个方面。有形产品服务质量，宾客容易感知，也易于评价，比如为宾客提供的设施，宴会菜品等实物产品。无形产品服务质量是无形的，在服务过程中，服务人员的服务态度、服务效率、服务方式、服务礼仪、服务技巧等是否满足宾客需求，与宾客的个性、态度、知识、行为方式等因素有关。与有形产品服务质量不同，无形产品服务质量一般是不能用客观标准来衡量的，对质量的评价更多地取决于宾客的主观感受。

（一）有形产品服务质量

❶ **设施设备质量** 宴会设备设施是宴会赖以存在的基础，是宴会提供服务的依托。宴会设施

设备包括客用设施设备和营运设施设备两大类。客用设施设备是指直接供宾客使用的设施设备。营运设施设备也称生产设施设备，如厨房设备、制冷供暖设备等。宴会设施设备质量，一是指设施设备的舒适程度，二是指设施设备的完好程度。

❷ **实物产品质量**　宴会实物产品通常包括菜点酒水和客用品配备，直接满足宾客物质消费的需要。菜肴的原料选择、烹调工艺、风味特色及客用品的质地、数量，都构成了宴会服务质量的重要组成部分。

❸ **环境质量**　宴会环境是由宴会场地的空间布局、内外部交通流线设计、室内装潢、灯光、音响、室内温度等构成。在宴会环境的设计上要体现科学性、功能性、合理性、艺术性及整体性，在此基础上应带给宾客方便性、舒适性、易识性及安全性。

❹ **服务项目**　宴会服务项目大体上可分为两大类：一类是基本服务项目，即在宴会合同中明确规定的，对每个宾客几乎都要发生作用的那些服务项目；另一类是附加服务项目，是指由宾客即时提出的，不是每个宾客必定需要的服务项目。服务项目的多寡反映了宴会的服务功能和满足宾客需求的能力。

（二）无形产品服务质量

宴会无形产品质量是指宾客接受服务的方式及其在服务生产和服务消费过程中需求满足的程度，也称其为过程质量。过程质量说明的是宴会服务提供者是如何工作的，通常包括员工服务态度、服务效率、服务程序、服务礼仪与服务技巧等，这些构成了宴会服务质量的主体，也是宾客在宴会消费过程中最期望的。

❶ **服务态度**　服务态度是提高服务质量的基础。它取决于服务人员的主动性、积极性和创造精神，取决于服务人员的素质、职业道德和对宴会工作的热爱程度。在宴会服务实践中，良好的服务态度表现为热情、主动、真心和细致的服务。

❷ **服务效率**　服务效率是服务工作的时间概念，是提供宴会服务的时限。服务效率衡量的依据有三类：一是用工时定额表示的固定服务效率，如宴会摆台用 5 min 等。二是用时限表示的服务效率，如宴会预订人员接听电话不超过 3 声铃响，租借物品 5 min 内送还宾客等。三是有时间概念，但没有明确的时限规定，是靠宾客感觉来衡量服务效率，如宾客的委托代办服务何时完成等，这一类服务工作在宴会服务中是大量存在的，强调服务人员要根据宾客的需要，提供恰到好处的服务。

❸ **服务程序**　服务程序是以描述性的语言规定宴会某一特定的服务过程所包含的内容与必须遵循的流程和要求。首先，服务程序是从对服务作业的动作、过程、规律的分析研究中设计出来的；其次，服务程序的对象是每个具体的服务过程；再次，服务程序以强制性的形式规定了服务过程的内容与标准。要保证宴会服务质量，必须要求有一套完整、适用的服务程序与标准。

知识拓展

6-3-1

❹ **服务礼仪**　服务礼仪是提高服务质量的重要条件。宴会服务人员是直接对宾客提供服务，因而服务人员服务礼仪直接影响服务质量。服务礼仪是以一定的形式通过信息传输向对方表示尊重、谦虚、欢迎、友好等的一种方式。服务礼仪中的礼节偏重于仪式，礼貌偏重于语言行动。服务礼仪反映了酒店和员工精神文明和文化修养，体现了员工对宾客的基本态度。服务礼仪的内容十分丰富，主要表现在仪容仪表、礼节礼貌、语言谈吐、行为动作上，要求举止端庄；待客有礼，尊重风俗习惯；语调恰当，语言文明；动作规范，姿态优美。

❺ **服务技巧**　服务技巧包括操作技能、沟通艺术和应变能力，它取决于服务人员的技术知识和专业技术水平，是服务质量的技术保证。宴会服务人员在为宾客提供服务时要采用一定的操作方法和作业技能，服务技巧就是将这种操作方法和作业技能在不同场合、不同时间、对不同对象进行服务时，根据情况灵活而恰当地运用。提高服务技巧的关键是抓好服务人员的培训工作，使服务人员掌握丰富的专业知识，具备娴熟的操作技术，从而带来使宾客愉悦的服务效果。

二、宴会服务质量的控制要素

通常认为，影响质量的因素主要有五个，即人员、机器、材料、方法和环境，如图 6-3-1 所示。为了保证和提高宴会产品质量，既要管理好宴会生产过程，还必须管理好宴会设计和使用的过程，要把所有影响宴会质量的环节和因素控制起来，形成综合性的宴会质量体系。

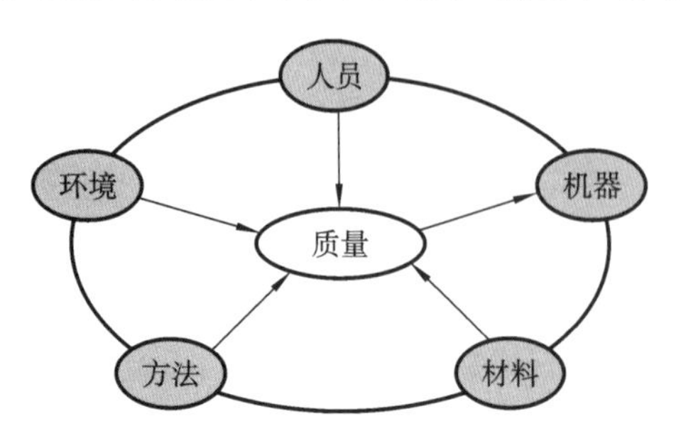

图 6-3-1　质量的控制要素

❶ **人员**　首先，服务的对象是有物质和精神两个方面需要的人；其次，服务一般是以和宾客面对面的接触服务为主要形式，即使不是面对面的服务，也是与宾客需要紧密联系着的，并对接触服务有很大影响的。因此，要达到服务质量标准和控制服务过程，起着直接、决定性作用的是宴会服务人员。从这个意义上讲是“宾客至上，员工第一”。

❷ **机器(设施设备)**　宴会服务既要靠人，也要靠物质，这个“物质”在很大程度上依赖于先进的设施设备和技术。宴会厅是一组多功能综合性的建筑，空调系统、计算机管理系统和互联网等已成为宴会成功举办的必备之物。宴会设施设备是服务质量的重要组成部分。

❸ **材料**　我们所说的宴会材料包括两个方面：一是销售宴会的菜品、酒水及服务中用到的各种消耗品等有形物质；二是信息，包括市场信息、商品信息和技术信息等无形的物质。信息技术的发展，如多媒体和互联网络等将给宴会销售带来巨大的变化。

❹ **方法**　宴会服务不再是简单的体力消耗，而需要相应的服务标准、服务流程、服务技巧和管理能力作保证。宴会服务语言、技术、应变和协调管理等能力的高低都直接影响宴会服务质量的高低。

❺ **环境**　宴会环境的安全、优美、便捷和有序是达到服务特性要求所必需的条件。宾客都愿意在舒适环境中用餐、在有秩序的环境中进行交流等活动。宴会环境是服务过程中应不断提高的重要因素。

通过控制人力、物力、环境和信息等要素来控制宴会服务过程以提高宴会服务质量，这是质量管理的重要思路和原则。

三、宴会服务质量控制的目标

质量目标是在质量方面所追求的目的。服务质量的控制必须围绕质量目标来进行并让员工来关注它的实施和实现。宴会服务质量控制有如下三大目标。

❶ **使宾客满意**　服务质量控制的目的就是要在宴会服务过程中提高宾客满意度。宾客满意度是衡量宴会质量管理有效性的总指标。

❷ **持续改进的过程**　宾客的需求和期望是不断变化的，酒店必须不断地改进自己的宴会产品及服务的提供过程。服务业的竞争和现代科学技术的进步也促进了宴会服务与管理的持续发展和改进。

❸ **预防宴会服务过程中不合格产品的产生**　“预防为主”就是要变“事后把关”为“事前预防”，把管结果变为“管过程”和“管因素”，使质量问题消失在质量的形成过程中，做到防患于未然。正如质量标准管理体系所强调的那样：质量体系应该强调预防性活动以避免发生问题，同时在一旦发生故障时，不丧失做出反应和加以纠正的能力。

四、宴会服务质量的控制方法

质量控制管理是指一个组织以质量为中心，以全员参与为基础，目的在于通过让宾客满意和本组织所有成员以及社会受益而达到长期成功目的的管理途径。由此可见，质量控制管理的全过程应该包括产品质量的产生、形成和实现的过程。因此，要保证产品的质量，不仅要管理好生产过程，还需要管理好设计和使用的过程。宴会服务质量控制按照宴前、宴中、宴后的时间顺序可分为预先控制、现场控制、反馈控制（图 6-3-2）。

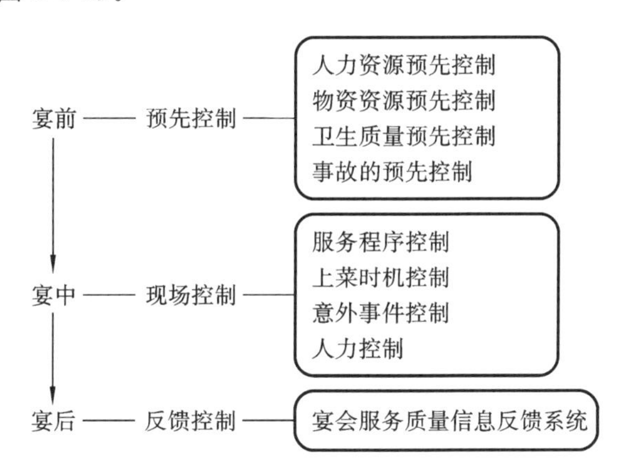

图 6-3-2　宴会服务质量控制内容

❶ 确立现代餐饮服务质量意识

（1）培养以质量求生存的意识，质量的保证是客源保证的基础。

（2）确立服务质量的成本意识，由于服务质量偏差而导致宾客不满，不仅影响了企业形象和产品的销售，还浪费了大量的人、财、物资源，这便是隐性成本。

❷ 以宾客需求为核心设计服务质量标准

（1）了解宾客需求：宾客需求具有多样性特点。在宴会服务中要注意区分合理需求与不合理需求，努力创造条件满足其合理需求。同时也要区分一般需求和特殊需求、主导需求与从属需求，便于明确提高服务质量的方向，挖掘服务潜力，努力开拓服务内容的新领域，以满足宾客不断变化的需求。

（2）服务质量的设计：宴会服务质量设计分为规范化设计与个性化设计。规范化设计要满足的是目标市场宾客的共性需求，而个性化服务是为了满足宾客的特殊需求而提供的，它是员工对服务原则的灵活而艺术化的应用。

（3）引导消费：事实上，宾客对如何满足自己的需求并非很清楚，因此服务人员在与宾客接触过程中，要根据情况，适时创造需求，引导消费，使其物质和心理需求得到最大程度的满足。

❸ 实施全面质量管理　全面质量管理是指以质量为中心，以全员参与为基础，以通过让宾客满意和本组织成员及社会受益而获得长期成功为目标，应用一整套科学、合理的质量管理体系、手段、方法所进行的系统的质量管理活动。以全面质量管理为原理进行宴会服务全面质量管理的工作程序如图 6-3-3。

❹ 落实 5S 管理精神　体现“预防胜于补救”理念的一种新形式质量管理方法，近年来被广泛应用。其最终目的是提升员工的品质，让其养成良好的工作习惯，自觉维护工作环境整洁明了，对同事和领导文明礼貌，一起营造一个安全、高效、和谐、朝气的工作环境。

常清理：将需要与不需要的东西分类，丢弃或处理不需要的物资，管理需要的物资，改善工作环境，提高工作效率。

常整顿：使工作场所内所有的物品保持整齐有序的状态，并有必要的标识，要求杜绝乱堆乱放、用品混淆、该找的东西找不到等无序现象的出现。在最有效的规章制度和工作流程下完成宴会服务工作。

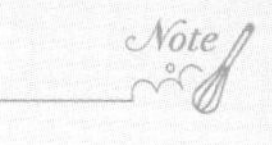

常清洁：使工作环境及设备等始终保持清洁的状态。

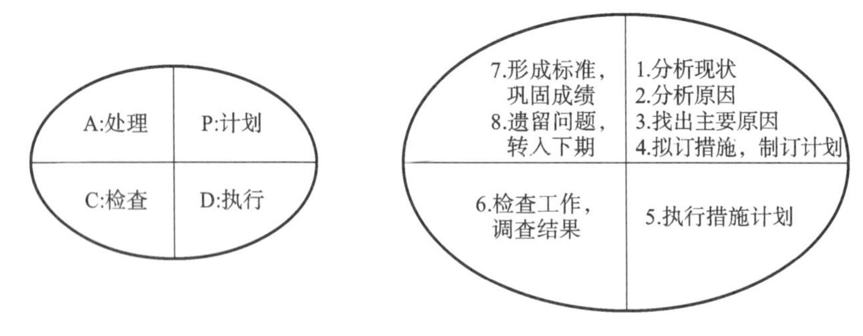

图 6-3-3　宴会服务全面质量管理工作程序

常维持：养成能够长期保持的好习惯，并辅以一定的监督检查措施。

常自律：树立讲文明、积极敬业的态度。

⑤ 正确处理宾客投诉　宴会服务质量构成的综合性及宾客需求多样性的特点决定了无论酒店的档次多高，设施设备多么先进完善，都不可能使宾客百分之百满意，即使是世界上最负盛名的酒店也会遭到投诉。因此，宾客投诉是不可避免的，关键在于餐饮企业要善于把投诉的消极面转化成积极面，通过处理投诉促使企业不断提高服务质量，防止投诉的再次发生，同时将对宾客的危害减小到最低程度，最终使宾客满意。要在分析宾客投诉原因的基础上，根据处理投诉的原则进行投诉处理，其程序如下。

(1) 认真倾听，适当记录：倾听是注视宾客，不是点头示意，准确领会宾客意图，把握问题的关键所在；适当记录，以示重视；简单地重复宾客的意见以示理解。

(2) 表示同情和歉意，并真诚致谢：用恰当的表情表示对宾客遭遇的同情，用适当的预期给宾客以安慰，并向宾客表示道歉。

(3) 立即行动，及时处理：如果能马上弥补服务过失时，应该明确地告诉宾客将采取什么样的措施，并尽可能让宾客对决定表示同意；如果不能立即采取措施，则应区别不同情况。妥善安排宾客，然后着手调查，并把情况与宾客沟通，向宾客做必要解释，争取宾客同意处理意见。

(4) 认真落实，监督检查：向有关部门落实处理意见，监督、检查有关工作的完成情况。再次倾听宾客的意见，并再次感谢宾客。

(5) 记录存档：记录投诉和处理情况，存档备查。

⑥ 开展优质服务竞赛和质量评比活动　宴会部可以定期开展优质服务竞赛和质量评比活动，可使员工树立全员质量意识，提高执行宴会服务质量标准的主动性和积极性，形成比、学、赶、帮、超的质量管理局面。

(1) 定期组织，形式多样。要求明确活动意义，确定参与对象及要求、制定评比标准与方法等。形式应丰富多样，以激发广大员工的参与热情。

(2) 奖优罚劣，措施分明：制订出具体的奖惩措施，方法也要灵活多样。

(3) 总结分析，不断提高：每次活动结束后，质量管理人员及员工都应认真总结分析，总结经验与不足，从而不断改善与提高宴会服务质量。

⑦ 建立宴会服务质量效果评定体系　建立宴会服务质量效果的评定体系，根据评价内容，对照评价结果，从而客观地评价宴会服务质量管理效果，同时要提出存在的质量问题，分析其产生的原因，找出切实可行的改进措施，不断提高宴会服务质量。

(1) 外部质量审核机构评价：如行政主管部门及质量认证机构所做的专业评价。

(2) 内部质量审核机构评价：利用餐饮部服务质量管理体系中的质量管理机构。

(3) 宾客评价：即进行宾客满意度调查等。

主要参考文献

[1] 刘根华，谭春霞.宴会设计[M].重庆：重庆大学出版社，2018.

[2] 叶伯平.宴会设计与管理[M].5版.北京：清华大学出版社，2017.

[3] 王秋明.主题宴会设计与管理实务[M].2版.成都：四川大学出版社，2019.

[4] 张红云.宴会设计与管理[M].武汉：华中科技大学出版社，2018.

[5] 周妙林.宴会设计与运作管理[M].2版.南京：东南大学出版社，2014.

[6] 曾丹.悦之华筵——中餐主题宴会设计[M].北京：首都经济贸易大学出版社，2018.

[7] 王敏.宴会设计与统筹[M].北京：北京大学出版社，2016.

[8] 潘雅芳.休闲宴会设计：理论、方法和案例[M].上海：复旦大学出版社，2016.

[9] 全国旅游职业教育教学指导委员会.餐饮奇葩未来之星——教育部全国职业院校技能大赛高职组中餐主题宴会设计赛项成果展示2017[M].北京：旅游教育出版社出版，2019.

[10] 刘澜江，郑月红.主题宴会设计[M].北京：中国商业出版社，2005.

[11] 丁应林.宴会设计与管理[M].北京：中国纺织出版社，2008.

[12] 周泽智.周泽智高端婚礼宴会创意与设计——绽放的奇迹[M].北京：东方出版社，2014.

[13] 王钰.宴会设计[M].北京：高等教育出版社，2017.

[14] 刘丹.宴会菜单设计[M].大连：大连理工大学出版社，2019.

[15] 杨囡囡.宴会设计[M].济南：山东人民出版社，2016.

[16] 董道顺，李正.宴会设计与管理[M].芜湖：安徽师范大学出版社，2016.

[17] 叶宏，陈晖.西式宴会设计与管理[M].长春：东北师范大学出版社，2014.

[18] 王珑.宴会设计[M].上海：上海交通大学出版社，2011.

[19] 茅建民.主题筵席设计与之作[M].北京：中国轻工业出版社，2012.

[20] 杨铭铎.饮食美学及其餐饮产品创新[M].北京：科学出版社，2007.

[21] 李泽厚.美学四讲[M].天津：天津社会科学院出版社，2002.

[22] 张玉能.美学教程[M].2版.武汉：华中师范大学出版社，2010.

[23] 徐文苑.中国饮食文化概论[M].北京：清华大学出版社，2005.

[24] 范正美.经济美学[M].北京：中国城市出版社，2004.

[25] 杨铭铎.中国现代快餐[M].北京：高等教育出版社，2005.

[26] 周明扬.餐饮美学[M].长沙：湖南科学技术出版社，2008.